Set Ethical Boundary of Violence
Study on New Development of Humanitarian Intervention

给暴力设置伦理的边界
人道主义干预新发展研究

刘 波◎著

知识产权出版社
全国百佳图书出版单位

图书在版编目（CIP）数据

给暴力设置伦理的边界：人道主义干预新发展研究/刘波著.

—北京：知识产权出版社，2016.9

ISBN 978-7-5130-4093-8

Ⅰ.①给…　Ⅱ.①刘…　Ⅲ.①人道主义—研究　Ⅳ.①B82-061

中国版本图书馆 CIP 数据核字（2016）第 063122 号

内容提要

全球化下，主权国家与市民社会的互动模式正在以一种新的方式突显，以"保护的责任"为代表的人道主义干预新理论所产生的影响与后果更为深刻。本书探讨冷战后国际安全概念的内涵和外延变化，探索如何在秩序和正义间寻求平衡；研究当前国际社会人道主义干预的形成动力、理论框架、运行机制、行动项目；分析在日益碎片化的世界中，由主权国家内部冲突引发的新危机管理方式；研判当代中国面临的人道主义干预新课题，并就中国如何既不失自我道义立场，又能切实维护秩序和自身国家利益，提出对策建议。

责任编辑： 安耀东

给暴力设置伦理的边界：人道主义干预新发展研究
GEI BAOLI SHEZHI LUNLI DE BIANJIE：RENDAO ZHUYI GANYU XINFAZHAN YANJIU

刘　波　著

出版发行：知识产权出版社 有限责任公司	网　　址：http://www.ipph.cn
电　话：010-82004826	http://www.laichushu.com
社　址：北京市海淀区西外太平庄 55 号	邮　编：100081
责编电话：010-82000860 转 8534	责编邮箱：an569@qq.com
发行电话：010-82000860 转 8101/8029	发行传真：010-82000893/82003279
印　刷：北京中献拓方科技发展有限公司	经　销：各大网上书店、新华书店及相关专业书店
开　本：720mm×1000mm　1/16	印　张：15.25
版　次：2016 年 9 月第 1 版	印　次：2016 年 9 月第 1 次印刷
字　数：245 千字	定　价：58.00 元

ISBN 978-7-5130-4093-8

前　言

　　人道主义干预是国际政治领域中一种特殊现象，它在二战特别是冷战后，一些西方大国对科索沃、达尔富尔的干预，尤其是中东剧变中"利比亚干预新模式"的实践，呈现出一些新方式、新特点、新趋势，反映出新时代国际社会伦理回归趋势。当前，以发达国家为主的试图在世界社会内超越主权国家的后现代化运动，与多数发展中国家为主的试图在国际社会内寻求主权国家的现代性，相互交错，鲜明地构成了一幅21世纪国际关系的动态图景。

　　由于全球化和相互依赖的加深，世界上发生大规模全球性战争的可能性减小，相反以"人道主义"为目标的地区和国内冲突持续不断，人道主义干预问题构成了当代国际政治纷争的原因之一。从冷战后发生在索马里、卢旺达、海地、科索沃、利比亚、叙利亚等人道主义干预案例具体情况来看，国际社会在某些地方的武力干预明显超过了限度，引发了新一轮的人道主义灾难事件，而在另外一些地方的武力干预力度又显然不足，尤其是后期重建明显滞后；一些地方亟待解决的是保障外部武力干预后的实际成效，而另外一些地方亟待解决的是保障武力干预的程序合法性问题，以避免武力被滥用；一些地方的案例表明，人权比国家主权更为重要，更需要保护，而另一些地方的武力干预明显是强权国家披着道德的外衣，打着"人道主义干预的幌子"，欺负弱小国家。可以看出，尽管人道主义干预有一定的伦理和法理依据，但在当前国际社会发展仍然不够充分成熟的情况下，存在着广泛的争议和诸多不足之处。如何解决人道主义干预所存在的道德理想与实践结果的背离性，如何规制人道主义干预，制定人道主义干预合法化的标准，进一步使其规范化，寻求人道主义干预国际"最大公约数"，将是人道主义干预在理论上面临的一项重要课题。

一方面，基本人权价值至高无上，它不因国别的文化、风俗、历史传统和宗教而被否定。对那些无视生命价值，大规模侵犯人权和种族屠杀、族裔清洗等行为，国际社会所进行的维护和平与正义的人道主义干预，有其合理合法的因素。

另一方面，人道主义干预与人权保护的良好愿景之间的关系既非充分也非必要。由于文化的相对性，以及各国和各地区经济、社会发展水平的差异，人道主义干预并不能保障国际社会人权的普遍实现性。同样，国际社会的人权保护的实现途径是多重性的。二者这种辩证关系，是本书需要深入探讨的主题。

本书对人道主义干预的形成动力、理论框架、运行机制、行动项目的分析，有利于重新认识西方国际干预的政治内涵。相比较而言，西方对人道主义干预探讨具有更强规范性、体系性和连贯性，引介分析人道主义干预的起源、人道主义干预的道德诉求、人道主义干预的规范，对国内开展同类研究有重要的理论意义。对中东剧变中的利比亚、叙利亚等国际干预的外部干预动机、干预成本、干预强度、国际影响等多维度分析，不仅可以丰富国际干预理论内涵，而且对未来国际社会尤其是西方大国对他国国内冲突进行干预的图谋，具有一定的警示意义。当前全球治理新格局下，为了更好地主导在人道主义干预领域的话语权，西方世界推进话语创新和升级，以"责任主权"为由建构"保护的责任"，介入利比亚危机，并试图在更大范围予以深入推进。面对西方的话语压力，探索中国在国际压力之下如何既维护国家利益又塑造负责任大国形象，如何更有效地选择"介入"关键点，如何在回应国际诉求、推动国际合作与实现中国国家战略利益之间选择"平衡点"，可为今后我国面对人道主义干预事务时积累经验，也可为中国外交更大作为与想象力提供参考借鉴。

从科索沃到利比亚，开创了"新干预时代"：日益强调国际社会共同承担责任，重视国际社会对使用武力支持，把干预解读为"国际行动"，通过国内武装反叛和外国干预双管齐下、设立"禁飞区"等削弱并瘫痪对方反击能力。这种"新时代"的到来充分表明，各国不可避免地受到人道主义干预制度规范的社会化倾向的影响。

"保护的责任"理论正在以前所未有的速度引起国际社会高度关注。"保护的责任"强调"责任逻辑"，而人道主义干预强调"权利"逻辑，在规范程度和形成过程等方面有很大不同。"保护的责任"试图调和"干涉"的话语敏感性，从"干预"到"保护"，国际社会的认知度、接受度更高。但是，从更宽泛的角度来说，"保护的责任"既包括预防、做出反应的责任，更包括重建的责任，而目前国际社会更多关注的是前面两个，尤其是做出反应的责任，这有悖于国际人权保护的实质要义。

历史发展到今天，我们必须谨慎地思考当代中国所面临的人道主义干预课题。无论是达尔富尔危机，还是利比亚干预、叙利亚危机，都表明国际社会对中国担负起更多国际责任的客观诉求。中国应对人道主义干预在坚持"审慎的原则"下，应更加积极、主动，既不能为不合理、不合法的国际干预埋下伏笔，又要在积极回应国际诉求、推动国际合作与实现中国国家战略利益之间选择好平衡点。

目　录

第一章　导论 ··· 1

　第一节　研究的主题及意义 ·· 1

　　一、研究的主题 ·· 1

　　二、研究的意义 ·· 4

　第二节　国内外研究现状 ·· 6

　　一、国外研究现状 ·· 6

　　二、国内研究现状 ··· 16

　　三、相关研究述评 ··· 23

　第三节　研究的主要内容及创新 ··································· 24

　　一、研究的基本思路和主要内容 ································· 24

　　二、研究方法 ··· 25

　　三、研究的重点和难点 ··· 26

　　四、主要观点及创新之处 ······································· 26

第二章　人道主义干预内涵、概念及历史演变 ······················· 28

　第一节　人道主义由来及内涵 ····································· 28

　第二节　人道主义干预的概念界定、特征 ························· 34

　　一、干预概念的界定 ··· 34

　　二、人道主义干预概念界定 ····································· 38

　　三、当代人道主义干预的特征 ··································· 44

　第三节　人道主义干预的历史回顾 ································· 47

　　一、20 世纪以前的人道主义干预 ······························ 48

　　二、冷战期间的人道主义干预 ··································· 52

三、冷战后的人道主义干预 ·· 55

第三章　人道主义干预的理论研究 ································· 61

第一节　正义战争：西方人道主义干预的源起 ················· 61

第二节　自然法：西方人道主义干预理论的规范性 ·········· 64

第三节　政治自由主义：西方人道主义干预理论的道德诉求 ······ 67

第四节　西方人道主义干预理论中的多元主义和社会连带主义 ······ 68

一、多元主义的人道主义干预观 ······························· 70

二、社会连带主义的人道主义干预观 ························· 73

三、西方人道主义干预理论研究缺失及批判 ··············· 76

第五节　主权与人权：人道主义干预的实质 ··················· 82

一、国家主权的基本范畴 ··· 83

二、主权与人权的对立统一关系 ······························· 85

三、主权与人道主义干预紧张性 ······························· 88

四、主权与人道主义干预一致性 ······························· 89

第六节　人道主义干预在理论上的可行性与限制性 ·········· 90

一、人道主义干预的可行性因素 ······························· 91

二、人道主义干预的限制性因素 ······························· 97

第四章　人道主义干预在理论上的新发展：从"干预的权力"
到"保护的责任" ··· 106

第一节　"保护的责任"的概念与理论发展 ··················· 107

一、"保护的责任"理论渊源 ··································· 107

二、"保护的责任"理论的提出 ······························· 108

三、"保护的责任"理论的发展 ······························· 110

四、"保护的责任"理论的完善 ······························· 111

五、"保护的责任"理论从概念到实践 ····················· 112

第二节　"保护的责任"与人道主义干预关系辨析 ·········· 114

第三节　国际社会有关"保护的责任"的立场分析 ·········· 118

一、积极支持的态度 ··· 118

二、选择性支持的态度 …………………………………………… 119

三、谨慎态度 ……………………………………………………… 119

四、反对的态度 …………………………………………………… 121

第四节　"异化"的人道主义干预：利比亚国际干预中的

"保护的责任" ……………………………………………… 122

第五节　"保护的责任"的未来：概念框架或国际规范？ ……… 128

一、共有知识："保护的责任"未来国际规范路径分析……… 128

二、"保护的责任"的不确定性 ………………………………… 132

第五章　人道主义干预在实践上的新发展：嵌入中东剧变的分析 …… 136

第一节　国际社会对利比亚国际干预的态度与反应 …………… 136

第二节　中东变局中国际干预的新特点 ………………………… 138

一、美国从台前走向幕后，英法充当"急先锋" ……………… 139

二、培植反对派，塑造"内战式"干预新模式 ………………… 141

三、注重干预的合法性，扩大干预共识 ………………………… 142

四、干预手段多样化，高科技、新武器、私营军事公司不断使用 … 143

五、新兴大国作用上升但仍为有限 ……………………………… 144

六、地区主要国家和国际组织更加积极地发挥作用 …………… 145

第三节　中东变局中人道主义干预国际法实践分析 …………… 146

一、理由正当性问题 ……………………………………………… 148

二、授权合法性问题 ……………………………………………… 148

三、手段合理性问题 ……………………………………………… 149

四、程度合适性问题 ……………………………………………… 150

五、后果可控性问题 ……………………………………………… 150

第四节　中东变局中的国际非政府人权组织 …………………… 151

一、问题的提出与论域建构 ……………………………………… 151

二、国际非政府人权组织对中东变局的影响 …………………… 153

三、国际非政府人权组织在中东变局中的行动特点 …………… 158

四、结论 …………………………………………………………… 162

第五节　人道主义干预发展新趋势 ······················· 163

一、实践上的新趋势 ································· 163

二、理论上的新趋势 ································· 168

第六章　中国应对人道主义干预的基本思路 ········· 183

第一节　从科索沃到叙利亚：历史比较视野下的中国人道主义干预的

立场选择 ···································· 184

一、科索沃危机 ······················· 186

二、达尔富尔危机 ······················· 187

三、利比亚危机 ······················· 188

四、叙利亚危机 ······················· 189

第二节　中国对人道主义干预的对策 ·················· 190

一、回应人道主义干预和"保护的责任"在国际社会中

扩散传播，有效选择"介入"关键点 ················· 191

二、增强人道主义干预国际议题设置引导能力，完善干预链条，

参与行动机制制定 ···················· 194

三、坚持正确的义利观，支持联合国维持和平行动，共同

构建和谐世界 ···················· 197

四、塑造"负责任大国形象"，健全国内人权保障机制，维护

海外利益 ···················· 199

参考文献 ··· 203

第一章　导论

第一节　研究的主题及意义

一、研究的主题

人道主义干预一直是国际政治、哲学、国际法等学科的研究热点，尤其是冷战结束后发生在索马里、卢旺达等国的种族屠杀和清洗行为，"震惊了国际社会的良知"，引发了有关主权与人权、主权与国际干预的激烈讨论。诚如汤姆·法瑞（Tom Farre）在《"9·11"前后的人道主义干预：法律与合法性》中所言："各种有关'人道主义干预'的研讨会、论坛等方面的探讨程度，远胜于大规模杀伤性武器的扩散速度。"❶ 21世纪以来，随着全球化不断扩展，各国相互依赖程度日益加深，以"保护的责任"为代表的西方人道主义干预理论、政策与实践都有了新的发展，其产生的影响与后果更为深刻。

实践层面上，近年来多次战争皆以人道主义干预为借口。如1998年以美国为首的北约发动的科索沃战争，1999年的联合国维和部队应对东帝汶事件，以及"9·11"之后，美国把恐怖主义与人道主义干预联系在一起，以"反恐自卫"和"人道干预"的双重借口，发动了伊拉克和阿富汗两次局部性战争。2008年，无论是格鲁吉亚还是俄罗斯都以"人道主义保护"之目的引发了一场

❶ FARRE T J. Humanitarian intervention before and after 9·11：Legality and legitimacy[M]//HOLZGREFE J L, KEOHANE R O. Humanitarian intervention：Ethical, legal, and political dilemmas. New York：Cambridge University Press, 2003.

围绕南奥塞梯的地区冲突。而 2009 年包括中国在内的国际社会，针对索马里和亚丁湾海域的海盗行为，开展了一场旨在维护船员生命安全的人道主义护航行动。2011 年，联合国安理会相继通过 1970 号、1973 号决议，在利比亚设立领空禁飞区，授权"采取一切必要的手段"，以保护平民以及保障运送人道主义援助的安全，随后引发法、英、美等北约国和阿联酋、卡塔尔等阿盟地区组织成员国对利比亚的持续轰炸。2013 年开始，乌克兰深陷人道主义危机，百万民众流离失所。2014 年，联合国安理会一致通过关于叙利亚人道主义问题的第 2139 号决议，敦促叙利亚各方采取有效措施，确保人道救援工作人员安全，并协助联合国开展人道援助工作。2015 年，沙特组织联军干预也门，对也门什叶派叛军展开攻击，目的是"保护也门民众人权和捍卫也门总统哈迪领导的合法政府"。2015 年，"伊斯兰国（ISIS）"随意践踏人权，多次在网络上播放砍头画面，现已成为最具危害性的国际恐怖主义组织。2016 年，欧洲难民危机持续发酵，进入欧洲的难民已超过 60 万，欧盟应对人道主义危机步履维艰。

理论层面上，人道主义干预本质是世界主义的道德信念，是未来成熟的世界社会政府处理一国人权灾难的国际行为模式。在西方社会，人道主义干预及其相关理论有着悠久的历史渊源和新近的现实情境。近年来频繁的种种人道主义干预事件，表明价值伦理正在以一种全新的方式回归。全球化的发展导致主权国家与市民社会的互动模式正在以一种新的方式突显，对人权的国际保护在世界范围内得到广泛的认同，传统的以主权为核心的民族国家正在越来越受到诸多挑战，主权的弱化成为历史发展的必然趋势，绝对性之主权正在日益被超越，国际社会秩序与正义之间的紧张性，越发表现为以人为本的正义优先。特别是一些国家政府在全球化处境中陷入"治理难"的窘境，引发了民族国家之式微的人道主义干预问题。1994 年，联合国在卢旺达种族大屠杀中的失败表现，备受批评。而1999 年以美国为首的北约高举"人道主义干预"大旗，武力干预科索沃，同样遭到国际社会广泛批评和质疑，撕裂了国际社会道义团结阵线。就在人道主义干预陷入理论发展的困境时，"保护的责任"作为新的一种规范回应了国际社会在普遍道德情境下对主权的再思考问题。2005 年世界首脑大会确定"保护的责任"原则，从"干涉的权利"到"保护的责任"，人道主义干预理论辩护不断推陈出新，西方人道主义干预的合法性基础从而得以强化。2011 年，法、英为首的西方国家和阿盟等地区组织援引联合国大会确认的"保护的责任"原则对利比亚进行武力干预，再次引发国际社会诸多理论探讨。不难看出，从"科索沃到利比亚"，横贯人道主义干预的理论线索为：主权国家是否应当承担起保护本国民众的"人权责任"，一旦主权国家保护失效，国际社会是否应该积极履行"保护的责任"，国际干预的动机是否裹挟着国家利益、地缘政治和意识形态等因素，国际干预是否具备国际道义，对这些问题的回答是本研究需要重点探讨的主题内容。

从人道主义干预的实践层面和理论层面分析，可以看出本研究主题主要涵盖以下几个方面。

（1）全球化下国际人权保护与人道主义干预之间的关系。一方面，基本人权价值至高无上，它不因国别的文化、风俗、历史传统和宗教而被否定。对那种无视生命的价值，实行大规模侵犯人权和种族屠杀、族裔清洗等行为，国际社会所进行的维护和平与正义的人道主义干预有其合理合法的因素。另一方面，人道主义干预与人权保护的良好愿景之间的关系既非充分也非必要。由于文化的相对性，以及各国和各地区经济、社会发展水平的差异，人道主义干预并不能保障国际社会人权的普遍实现性，同样，国际社会的人权保护的实现途径是多重性的。二者这种辩证关系，是本研究需要深入探讨的主题。

（2）人道主义干预的相关理论问题。对人的关怀及其永恒性的探讨在学理意义上既是人道主义干预的起点，也是人道主义干预的终点。从本质意义上来说，人道主义及其干预的诉求是政治哲学发展的结果。国家主权原则、不干涉内政原则、禁止使用武力原则、正义战争、自然法、政治自由主义等是人道主义干预的理论源泉，对这些理论问题的探讨是本研究的重要组成部分。人道主义干预是近代主权国家互为表里关系的历史理念和制度，是人权与主权互动与争鸣的结果，因此对主权、人权、自然法和正义战争等问题的分析，是理解西方人道主义干预的理论基础。

（3）从人道主义干预到"保护的责任"，人道主义干预新发展是本研究探讨的主题。在联合国的主导下，"保护的责任"在国际社会迅速扩散，尽管其仍不是一项成熟的国际规范，有被滥用的危险，但对其进行深入研究，结合利比亚等案例分析其强制行动产生的效果、国际社会的立场、存在的缺陷是本研究的主题。

（4）国际社会是一个大家庭，每个国家对人权保护和人道主义干预等问题有着不同的认知，"求同存异"，聚合每个成员的"共同点"，寻求认知"最大公约数"，成为一项新课题。以美国为首的西方学术理论圈，其理论研究视角和现实政策的采取大多源自基督教文化的影响，然而广大发展中国家和广大非基督文化圈的国家，他们对人权和人道主义干预的普遍性和相对性有着不同的认识。面对国际分歧，坚持道义优先的原则，如何去对话、聚合甚至消弭二者之间的认识差异，构建超越文化差异被广泛接受的理想状态的人道主义干预"最大公约数"，在人权保护和人道主义干预问题上达成一种国际规范共识，成为人道主义干预问题研究的新课题、新任务。

（5）从中国的视角，如何应对人道主义干预。经济全球化所带来的人权与主权关系新认识不可避免地影响到发展中的中国。纵观人道主义干预的案例，大多发生在发展中国家或是转型"治理失败"的国家，同广大发展中国家一样，我国正处于重要的社会转型期并面临着急剧的社会变革，我国在追求经济与社会发展以努力维护集体人权的同时，如何保障包括政治权利在内的个体人权，将是中国在现代政治文明进程中必须努力解决的一个课题。中国进一步加强在人权发展和人道主义干预等国际议题上的设置能力和话语权，发挥建设性作用，不仅仅是中国作为"负责任的发展中大国"应该承担的责任，更是维护国家利益、树立良好的国际形象的客观需求。

正是基于上述理论和现实的研究目的，本研究对人道主义干预问题进行深入的分析与研究，有助于认识、了解西方人道主义干预的新发展，有助于我国参与国际社会的人权保障合作，有助于塑造良好国际形象。用发展和辩证的眼光看待"人道主义干预"问题，这不仅是个重大的理论问题，也是一个重要的现实问题。

二、研究的意义

（1）研究人道主义干预的形成动力、理论框架、运行机制、行动项目，有利于重新认识西方国际干预的政治内涵。国内学术圈对人道主义干预的道德判断更多是基于文化传统、历史底蕴和现实政策需求。相比较而言，西方对人道主义干预探讨具有更强规范性、体系性和连贯性。本研究分析了人道主义干预的起源问题、人道主义干预的道德诉求与制度选择、人道主义干预的规范与本体，以及人道主义干预的行动项目。这对国内开展同类研究有重要的理论意义。

（2）分析西方人道主义干预的新发展、新内容、新趋势，有助于认识国际政治的本质、洞察国际关系的规律、把握未来国际干预范式的新特点和新趋势。重点对中东剧变中利比亚等国际干预的外部干预动机、干预成本与强度、国际影响等做多维度分析，不仅可以丰富国际干预理论内涵，而且对未来国际社会尤其是西方大国图谋对他国国内冲突进行干预具有一定警示意义。

（3）提出中国应对人道主义干预思路，有利于更好地维护国家利益，更多地推动国际合作，更快地塑造负责任大国形象。冷战结束以来，西方国家以"人权高于主权"为依据塑造了"干涉的权利"，引发了科索沃战争与伊拉克战争。21 世纪初，为了更好地主导在人道干涉领域的话语权，西方世界推进话语创新和话语升级，以"责任主权"为由建构了"保护的责任"，介入了利比亚危机，并试图在更大范围予以深入推进。❶ 面对西方的话语压力，探索中国在国际压力之下，如何既维护国家利益又有益于塑造负责任大国形象，如何更加有效地选择"介入"关键点，如何在回应国际诉求、推动国际合作与实现中国国家战略利益之间选择"平衡点"，将有利于为今后我国面对人道主义干预事务时积累经验，也有利于为中国外交更大的作为与更丰富的想象力提供参考借鉴。

---

❶ 陈小鼎,王亚琪. 从"干涉的权利"到"保护的责任"：话语权视角下的西方人道主义干涉[J]. 当代亚太,2014(3).

第二节　国内外研究现状

一、国外研究现状

国外学者围绕秩序与正义之间的关系假设，对人道主义干预给出了不同的回答：有的强调正义是建立长期秩序的前提条件，也有的认为人道主义干预会危及国际社会秩序。依据内容及方法不同，国外研究可划归为三大类。

一部分是从人道主义干预的理论层面进行研究。这部分有着鲜明的学派阵地和理论特色，大多以国际体系、国际社会、世界社会三个核心变量来开展学术研究。国际关系传统现实主义集大成者华尔兹（Walzer）提出四种可以进行国际干预的"例外"情况：先发制人、平衡在先、拯救被屠杀人民、分离主义运动。另一位传统现实主义大师斯坦利·霍夫曼（Stanley Hoffman）提出，从理论层面需要对《联合国宪章》进行调整，允许联合国授权下的和平强制措施的实施。❶英国学派代表人物赫德利·布尔（Hedley Bull）主要从"规范""文化""社会"三个方面来论述人道主义干预问题。布尔通过对"国际社会"这一核心议题的分析，指出文化认同是维护国际社会稳定的基础，文化上的差异性是人道主义干预的一个重要诱发因素。不过，布尔并没有厘清在全球化和相互依赖的背景下，国家之间文化上的差异在多大程度上会引发人道主义干预，尤其更为重要的是，一旦国际社会发生人道主义干预事件后，如何去规制它的进展，也就是说，布尔对如何推进人道主义干预的机制化进程的研究显得有些苍白。蒂姆·邓恩（Tim Dunne）在《发现国际社会：英国学派的历史》一书中，按照人物年代顺序对英国学派内的多元主义❷和社会连带主义有关人道主义干预问题论争进行了详细的梳理。邓恩提出人道主义干预是英国学派研究的核心议题，"对人道主义干预问

---

❶ HOFFMAN S. The politics and ethics of military intervention[J]. Survival,1995,37(4):29-51.

❷ 多元主义研究的本体为单位国家，认为当代国际社会的范畴规模仅限于维持国际社会共存的秩序上。在他们看来，尊重主权和不干涉原则总是第一位的，国家无权因人道理由干涉他国。

题的研究贯穿英国学派的始终"。理查德·哈斯（Richard N. Haass）将人道主义干预从理论上分成三个问题：国际社会是否应该进行干预；一旦干预，国际社会如何干预；为何干预。约翰·文森特（John Vincent）是英国学派中对人道主义干预问题研究的集大成者。他从社会连带主义的角度出发❶，集中研究了当代国际法中规范国际关系的两个基本原则——不干涉原则与人权原则。文森特提出了较为合理的"基本人权"抑或"最低限度的人权"概念，在人权讨论方面引起的争议最少，建立了一种跨文化的共识。❷ 需要特别指出的是，文森特是个道德同情者，他肯定了第三世界发展中国家的经济和社会权利具有优先权的观点。此外，文森特承认国际社会里文化价值观的多样性。"必须加强西方文化之外的国际关系思想考察，避免过度将大国意志作为普遍意义的解释要素。"❸ 迈克·纽曼（Michael Newman），对"不干涉原则"的使用范围进行了深入研究，认为威斯特伐利亚体系确认的主权原则，在发生大规模人权侵害、种族屠杀和族裔清洗的情况下，国际社会"理应"采取维护人类"脸面"的干预行为。克里斯·布朗（Chris Brown）从文化多样性角度，分析了人道主义干预的合法性问题。❹ 罗伊斯·斯米特（Reus-Smit）则从规范的角度分析了国家主权维持国际社会稳定的合法性问题。规范在维持国际秩序方面起两方面的作用：一是规定了什么是合法的行为主体，只有它们才享有作为国家的权利；二是规定了正当的国家行为的

---

❶　社会连带主义具有浓厚的道德观念，认为国家不仅在国际社会秩序维护上形成一致，而且也在国际正义的观念上形成了统一共识。基于国际社会成员在国际正义问题的认知统一，社会连带主义强调一种超越主权国家的国际共同体的存在，主权国家受到这种国际共同体意志的限制，正义的干预是合法的，合法的人道主义干预规范得以形成并内化。

❷　GONZALEZ-PELAEZ A, BUZAN B. A viable project of solidarism? The neglected contributions of John Vincent's basic rights initiative[J]. International Relations, 2003, 17(3):336.

❸　VINCENT J. The factor of culture in the global international order[J]. The Yearbook of World Affairs, 1980, 34:252-264.

❹　BROWN C. International relations theory: New normative approaches [M]. Hemel Hempstead: Harvester Wheatsheaf, 1992:125.

基本标准。❶ 美国学者史蒂芬·斯特德曼（S. J. Stedman）提出人道主义干预的四条法则：无论在任何地方，凡是一个国家或国家之内的集团不能满足人民的人道主义要求时，国际社会就有义务进行干预；人道主义干预提倡一种新的充满人道主义的社会秩序，在这种秩序中政府要受到控制，必要时可以通过外来暴力施加这种控制；人道主义干预的目标是把国际社会的道德义务和实行通过联合国干预各国内部争端的希望结合在一起；主权的含义已经发生了重大变化，主权已经不属于国家，而是属于国家的人民。❷ 冷战结束后，尼古拉斯·威纳（Nicholas J. Wheeler）结合冷战前后国际社会发生的人道主义灾难事件，较为清晰地阐述了社会连带主义的人道主义干预观。他严谨地分析了国际干预的客体、主体，并从不同的角度，全面考察了国际人道主义干预的合法性问题。他的《拯救异者——国际社会中的人道主义干预》一书从理论与实践两个层面对人道主义干预问题进行了较为详尽的论述，提出人道主义干预的四个合法条件："一是拥有正当的理由；二是把使用武力作为最后的手段；三是使用暴力的程度需要合适；四是使用武力需要取得积极的人道主义结果。"❸ 威纳是英国学派社会连带主义的代表人物，他在该书中对人道主义干预的合法性问题给出了明确的回答，即合法性的检验标准是基于人权保护的连带一致性。他将国际社会理解为一个受规则制约的行动体系。威纳明确表达了"社会连带主义的人道主义干预理论，反对多元主义关于国家惯例是界定合法的人道主义干预的标准假说"。可见，威纳认为人道主义干预并不是对主权的一种侵犯。他用"有条件的主权"概念，指出那些严重违反人权的国家失去了主权国家应得到的尊重，也就是说，主权已经不能成为阻止国际干预的借口了。这主要是因为在社会连带主义看来，在后国际社会里的规范、规则、制度已经发生了转变，不同历史阶段的国际社会，主权的门槛有着不同的限定。当然社会连带主义人道主义干预观只是英国学派内的一种观点。与此

❶ REUS-SMIT C.The moral purpose of the state：Culture，social ldentity，and institutional rationality in international relations[M]. Princeton：Princeton University Press，2000：30.

❷ STEDMAN S J. The new internationalists[J].Foreign Affairs，1993，72(1).

❸ WHEELERS N. Saving strangers：Humanitarian intervention in international society[M].Oxford：Oxford University Press，2000.

同时，英国学派内多元主义者辩驳了社会连带主义学者有关人道主义的观点。布尔认为，"在多元主义看来，人道主义干预等社会连带主义方案在当前是早熟的，实施这些只能是破坏而不是加强当前的国际秩序的长期稳定性"。❶ 作为早期多元主义者的文森特对国际干预也是持谨慎的怀疑态度。"在当代国际社会的实践当中，没有强有力的证据表明人道主义干预的合法性，各国无法就人道主义干预问题达成一致性，因此人道主义干预难以在当今世界取得普遍的合法性。"❷ 罗伯特·杰克逊（Robert Jackson）也明确捍卫国际社会中的多元主义观念，对国际人道主义干预持谨慎态度。詹姆斯·马亚尔（James Mayall）则认为以社会连带主义为理由的人道主义干预实际上掩盖了强国的经济和政治利益考虑。❸ 另外，凯·奥德松（Kai Alderson）和安德鲁·赫瑞尔（Andrew Hurrell）在其合著的《国际社会中的赫德利·布尔》一书引言中，强调布尔思想中的多元主义和社会连带主义的双重性，并指出布尔对人道主义干预问题持一种"复杂的心态"。❹ 从理论层面对人道主义干预问题做出重要贡献的还包括建构主义的代表人物之一玛莎·费丽莫（Martha Finnemore）。费丽莫从文化、身份对国家利益的建构主义视角，探析了人道主义干预的国际规范的构建。有趣的是，费丽莫把 1971 年印度单边干预东巴基斯坦的行为视为典型的单边人道主义干预行为。通过对人道主义干预历史演变的分析，费丽莫得出三点结论：首先，干预的主体发生变化；其次，干预的手段发生变化，军事干预不再是唯一的方法；最后，人道主义干预的国际规范正在变得机制化。此外，新自由主义学者奈伊（Nye）通过变量分析，设计出人道主义干预的强度图谱，提出干预从弱到强的整体趋势。作为具有革命主义研究传统的法兰克福学派第二代领军人物，哈贝马斯（Jürgen Habermas）强调，当"国家权力异化为恐怖活动"致使"传统的内战变为大规模的暴行"别无他法时，就"必须允许邻近的民主国家采取符合国际法的合法救援行动"。这

---

❶ BULL H. Intervention in world politics[M].Oxford：Clarendon Press，1984：195.

❷ VINCENT J.Grotius，human rights，and intervention[M].Oxford：Clarendon Press，1990：247-252.

❸ MAYALL J. World politics：Progress and its limits[M].New York：Polity Press，2000：5.

❹ ALDERSON K，HURRELL A. Hedley Bull on international society[M].London：Macmillan Press Ltd.，2000：27.

种救援活动就是人道主义干预行为。当然哈贝马斯这种维持正义的行动，是有条件的：大规模侵犯人权和最后的手段。罗尔斯（Luers）则提出"法外国家"理论来证明人道主义干预的合法性❶，即自由人民可以正当地向"法外国家"发动战争的条件，以及"帮助"不自由的人民的道德根据。也就是说，如果出现了像希特勒那样对犹太人的种族屠杀，那么国际社会应当进行人道主义干预。捷克查理大学教授 Veronika Bilkova 从道德层面和实用性层面分析了人道主义干预过程中各种力量的运用。❷

2001 年之后，"保护的责任"成为国际关系有关人道主义干预研究的新问题、新范式。"保护的责任"突出强调人权的重要性，指出一国如果无法承担起保护该国民众基本人权的目标，那么国际社会应该主动"介入"，承担起"保护的责任"。可见，"保护的责任"与英国学派社会连带主义的主张基本相同，分别从理论上和实践上赋予了人道主义干涉的合理性和合法性。加利·埃文斯（Gareth Evan）是"保护的责任"理论重要奠基人之一，他认为 2001 年"干预和国家主权国际委员会"所确认的"保护的责任"提出，是人道主义干预新的"指导原则"和"行动指南"。❸艾利克斯·贝利（Alex J. Bellamy）认为，在一个全球化和相互依赖的时代，联合国要帮助一些国家履行其保护基本人权的职责。❹戴维·钱德勒（David Chandler）认为"保护的责任"强调国际社会正义优先于秩序，将对人的保护置于首要地位，声称要保护地球上所有人的人权，无

---

❶ 所谓"法外国家"的概念，最早见于 1993 年罗尔斯的论文《万民法》，复经《广岛后五十年》一篇短文的发挥，于 1999 年的短著《万民法》最终完成。罗尔斯将"法外国家"定义为："拒绝奉行合理的万民法"的体制。也就是说，法外国家是指 20 世纪极权主义体制的实践，大致即相当于纳粹德国之类的体制。

❷ BILKOVA V. The use of force in humanitarian intervention：Morality and practicalities[J]. Journal of International Relations and Development，2008，11（1）.

❸ EVAN G.The responsibility to protect：Ending mass atrocity crimes once and for all[R].Washington，D.C.：Brookings Institute Press，2008：3.

❹ BELLAMY A J.Kosovo and the advent of sovereignty as responsibility[J].Journal of Intervention and State Building，2009，3（2）：163-184.

论其生活在哪个国家，地球上哪个角落。❶ 梅德能·埃尔伯特（Madeleine Albright）和理查德·威尔逊（Richard Williamson）提出"保护的责任"核心论点："保护的责任"作为规范和信条，其基础在于一整套预防和监督冲突的手段。❷ 艾玛·马辛汉（Eve Massingham）认为"保护的责任"不同于人道主义干涉，因为"保护的责任"明确限定了干涉的条件，限制了干涉行动中使用的武力，最关键的是保护责任被联合国所接受，而且将干涉行动置于安理会的控制下。❸ 爱丽丝·巴洛（Alicia Bannon）对联合国文件进行文本分析，提出"保护的责任"国际规范发展路径是从不成熟到成熟的过程。❹ 巴蒂斯库（Cristina G. Badescu）和魏斯（Thomas G. Weiss）考察了国际社会中对"保护的责任"误读和滥用的例子，并由此证明"保护的责任"规范传播的另一种途径。❺ 当然，西方学者有关"保护的责任"研究认识也非铁桶一块。一些西方学者在论及"保护的责任"理论时认为，在维护安全与和平的武力干预事由之外，保护基本人权的责任也可以成为武力干预的新合法事由，但该观点尚有许多争议，有待进一步研究。❻ 而菲利普·昆夫（Philip Cunliffe）则认为，"保护的责任"继续复制了人道主义干涉的困境，侵犯了国家主权。

另一部分是从政治学、国际法、伦理学、军事学等多学科角度开展人道主义干预理论综合研究。

---

❶ CHANDLER D.Rhetoric without responsibility,the attracts of ethic foreign policy[J].British Journal of Politics and International Relations,2003,5(3):295-316.

❷ ALBRIGHT M,Williamson R. The United States and R2P:From words to action[EB/OL].(2013-07-01)[2015-12-21].http://www.usip.org/publications/the-united-states-and-r2p-words-action.

❸ MASSINGHAM E.Military intervention for humanitarian purposes:Does the responsibility to protect doctrine advance the legality of the use for humanitarian ends[J].International Review of the Red Cross,2009,876.

❹ BANNON A.The responsibility to protect:The UN world summit and the question of unilateralism[J].Yale Law Journal,2006,115:1159-1164.

❺ BADESCU C G,WEISS T G. Misrepresenting R2P and advancing norms:An alternative spiral?[J].International Studies Perspectives,2010,11:354-374.

❻ REBECCA J H. The responsibility to protect from document to doctrine—but what of implementation? [J].Harvard Human Rights Journal,2006(2):289.

国际关系新自由主义代表人物罗伯特·基欧汉（Robert Keohane）在其主编的《人道主义干涉——伦理、法律和政治困境》一书中，从伦理、法律和政治视角讨论人道主义干涉的理论和政策问题，收录了若干带有强烈自由主义倾向的文章，这些文章大多从国际法角度分析了国际社会人道主义干预的理论与实践问题。❶ 美国著名政治学家戴维·福塞斯（David Forsythe）从美国例外论、孤立主义、自由主义和现实主义四个思想传统探讨了美国人权政策的理论基础及对外人道主义干预的政治学和法学理论支撑。杰尔斯·劳贝尔（Laubel）的《人道主义军事干预》较为全面地论述了人道主义干预。他从现实存在的危害人权的现象出发，对《联合国宪章》等文件中所规定的国际制度进行了分析，探讨了在维护世界和平与秩序的行动中安理会授权的重要意义，还揭示了大国和大国联盟在人道主义军事干预的历史上以人道主义为名谋取自身地缘政治利益的客观事实，并探讨了当代美国对外政策面临的现状和存在的主要问题。魏斯的《人道主义干预：行动中的理念》，对人道主义干预的具体步骤进行了较为详细的论述。同时，该书还谈到了人道主义干预的潜在危险性。❷ 罗纳德·丹尼尔斯（Roland Dannreuther）的《当代国际安全议程》对干预所引起的"困境"以及人道干预与恐怖主义的关系进行了深入的探讨。❸ 美国杰克·唐纳利（Jack Donnelly）的《普遍人权的理论与实践》提出人权和文化的相对性，认为相对性和普遍性是一种必然的矛盾，该书最后一部分对国际双边及多边干预的优先性问题进行了重要的探讨。❹ 大卫·戈伊科奇（David Gekeqi）的《人道主义问题》一书从历史哲学的角度，分析了"人道主义的多义性"和18世纪美学思想中的怀疑主义与共同人性概念。他通过对人性及怀疑主义的论述，试图引发一种人道主义干预的内在伦理依据。❺ 安尼·奥夫德（Anne Orford）新近的《重读人道主义干预：人权与国

❶ HOLZGREFE J L, KEOHANE R O. Humanitarian intervention: Ethical, legal and political dilemmas[M]. Cambridge: Cambridge University Press, 2003.

❷ WEISS T G. Humanitarian intervention: Ideas in action[M]. Cambridge: Polity Press, 2007.

❸ DANNREUTHER R. International security: The contemporary agenda[M]. Cambridge: Polity Press, 2007.

❹ 唐纳利.普遍人权的理论与实践[M].王浦劬,等,译.北京:中国社会科学出版社,2001.

❺ 戈伊科奇,卢克,马迪根.人道主义问题[M].杜丽燕,等,译.上海:东方出版社,1997.

际法的武力使用》一书从"国际社会共同体"与"后冲突结构"两个方面探讨了人道主义干预与国际法的互动关系。该书还从国际关系的批评理论、女性主义、后殖民理论以及国际关系心理学等诸多方面探讨文化和经济对人道主义军事干预的影响。❶另外还有威尔·费维（Well Fei）的《国际法原则下的人道主义干预》对冷战期间人道主义干预与国际法律制度之间的关系进行了论述，认为冷战后国际法的主体已经逐步从国家过渡到国家与个人并存的结构状态，因此，人道主义干预在国际法意义上是成立的。丹宁·莱斯（Daniel Rice）结合国际法武装对"人道主义干预"进行行为模式分析，指出武装人道主义干预需要谨慎对待，否则会影响地区和国际社会的安全与稳定。法国著名学者安德雷列尼（Andelie）在《为战争辩护：从人道主义到反恐怖主义》一书中通过正义战争理论以及该理论在人道主义干预与和平建设中的具体运用，分析了诉诸武力的道义性概念。并从历史与运作层次研究了反恐战争以及反恐战争与一般战争的关系问题，最后探讨了国际合法性问题以及规范合法性的相关规则。詹妮弗·威尔斯（Jennifer M. Welsh）的《人道主义干预与国际关系》一书，就人道主义干预对国际社会所产生的挑战，进行了深入分析。并从联合国和国际组织的角度回答了人道主义干预所引发的持续性争论。一方面，国际社会秩序要求国际干预必须谨慎进行；另一方面，国际社会正义又要求维护人类社会的共同价值与人权利益，因此在秩序与正义之间，国际社会有关人道主义干预的"平衡性"是当前需要解决的重点问题。❷日本知名人权问题研究专家大沼保昭认为，国际社会进行人道主义干预是一种现实的需要，但是主张这类干预的决定必须具有真正的全球代表性，投票表决时只有在充分考虑不同地区文明的正义观、取得了足够超越文化、宗教、社会体制等方面的差异的绝对多数的场合才能合法化。❸弗朗西斯·科菲·艾比（Francis Kofi Abiew）主张确立人道主义干预合法化的条件，甚至建议以联合国大会或安理会决议的形式制定标准以指导实施人道主义干预。艾比有关人道主义干预的机制化

---

❶ ORFORD A.Reading humanitarian intervention：Human rights and the use of force in international law[M]. Cambridge：Cambridge University Press，2003.

❷ WELSH J M. Humanitarian intervention and international relations[M].Oxford：Oxford University Press，2004.

❸ 大沼保昭.人权、国家与文明[M].王志安，等，译.北京：生活·读书·新知三联书店，2003.

研究，对近期国际学术界有关"保护的责任"机制化建设以及规范重塑具有重要的启发作用。❶ 安德鲁·菲亚拉（Andrew Fiala）的《正义战争解析：战争的道德意义》一书，对正义战争问题进行了深度剖析，并很有见解地提出了人道主义干预与"世界民主的碎化"的内在联系，认为世界民主的碎片化发展是人道主义干预的重要原因之一。❷ 莫拉·菲克斯德乐（Mona Fixdal）认为，"采用军事手段及时进行'人道主义干预'逐步成为国际社会的重要议题，武装干涉是一种'道德责任'，是'正义战争'"。❸

还有一部分是关于人道主义干预的个案研究。这一部分主要是在 1999 年科索沃战争之后，西方国家尤其是美国学者，结合案例，进一步对人道主义军事干预的目标进行分类。奥利弗·拉姆斯伯塔姆（Oliver Ramsbotham）和汤姆·伍德哈沃斯（Tom Woodhouse）的《解读当代国际冲突中的人道主义干预》通过对波斯尼亚和索马里的案例的经典分析，指出人道主义干预的内在张力，即干预的成本与道义价值问题，"发生在卢旺达和索马里等地的人道主义干预失败案例充分体现出，人道主义干预的成本问题是制约国际正义实现的重要现实要素"。❹ 李维特（Jeremy Levitt）通过冷战前后翔实的案例阐释了区域行为体在人道主义干预中的参与状况，并对未来人道主义干预的发展方向做了展望，"未来国际社会人道主义干预应该更多的体现为地区组织主导模式"。❺ 沙拉·鲁美格（Shelly Luma）的《巴拿马和美国对外政策中的人道主义干预神话既不合理也不合法，既不公平也不公正》是对美国干预巴拿马的评论，对美国这种打着"人道主义"

---

❶ ABIEW F K. Assessing humanitarian intervention in the post-cold war period：Sources of consensus[J].International Relations，1998：14（2）：73.

❷ FIALA A. The just war myth：The moral illusions of war[M].New York：Rowman & Littlefield Publishers，Inc.，1998.

❸ FIXDAL M. Humanitarian intervention and just war[J].Mershon International Studies Review，1998，42（2）：283-312.

❹ RAMSBOTHAM O，WOODHOUSE T. Humanitarian intervention in contemporary conflict[M].New York：Polity Press，1996.

❺ LEVITT J.Humanitarian intervention by regional actor in internal conflicts：The cases of ECOWAS in Liberia and Sierra Leone[J].Temple International & Comparative Law Journal，1998，12（2）：333.

的旗帜，建立在国家利益基础上的干预行为，鲁美格探讨了无论是从国际司法实践角度，还是从国际人类正义角度，美国对巴拿马的干预都是不合法的。吉泽尼斯（Gizelis）和考斯克（Kosek）认为地区参与对人道主义干预的成败有重要影响，"地区国际组织和重要国家的参与，是国际社会人道主义干预的重要支撑力量，无论是索马里还是卢旺达，案例都充分表明，地区力量的参与是国际社会人道主义干预成功与否的重要原因"。❶ 丹麦国际问题研究所所长赛德·克里斯德森（Svend Age Christensen）于 1999 年完成《人道主义干预》报告。该报告从干预升级的可能性、不情愿承担伤亡、区域安全能力薄弱，以及大国在军事干预和主权范围方面缺乏一致看法等方面，分析了冷战结束后国内战争日益成为国际社会不稳定根源的重要原因。❷ 汤姆·法瑞对 "9·11" 前后的人道主义干预案例做了一个纵向比较，认为无论是从合理性角度还是从合法性角度来说，对于种族屠杀的这种极端行为必须采取人道主义干预，而这种干预的主体不仅包括联合国也包括其他全球或者地区国际组织，同时也应包括一些国家。❸ 法瑞的观点被称为 "Chapter VI-1/2" 的和平强制现象，这种和平强制应该由那些有能力进行人道干预的国家来执行。❹ 而托尼·郎福德（Tonya Longfor），则从 "失败国家" 的案例来分析人道主义干预的合法性问题。他认为，当一个国家由于内部冲突、经济崩溃、政府倒台等原因造成国家没有一个起作用的政府时，国家便不再能为大多数公民提供保护，这时国家便失能了。因而在国家失能的情况下，外部力量进行人道主义干预是合法的。❺ 以色列学者 Shyli Karin Frank 通过中东地区水资源的

❶　GIZELIS T I, KOSEK K. Why humanitarian succeed or fail：The role of local participation［J］.Cooperation and Conflict,2005,40(4)：363-383.

❷　周琪.人权与外交——人权与外交国际研讨会论文集［M］.北京：时事出版社,2002：331-351.

❸　FARRE T J. Humanitarian intervention before and after 9·11：Legality and legitimacy［M］//HOLZGREFE J L. KEOHANE R O. Humanitarian intervention：Ethical, legal, and political dilemmas. Cambridge：Cambridge University Press,2003.

❹　BARNETT M N.The United Nations and global security：The norm is mightier than the sword［J］.Ethics & International Affairs,1995(9)：37.

❺　LONGFOR T. Things fall apart：State failure and the politics of intervention［J］.International Studies Review,1999：64.

案例研究，指出中东地区的水资源争夺本质上是国际干预与国家主权的辩证关系。❶

从上面分析可以看出，国外学者对人道主义干预问题的研究已进入一个新的发展阶段，他们对干预的主体、手段、制度规范等问题进行了富有创新性的探讨。总体上，这些研究，有着一条共同的演变线索：从分享共同的规则、规范、价值的国际社会，逐渐向后国际社会即以国家、个体、跨国行为体为多中心的世界社会演变。在这一演变过程中，突显了个体人的价值，多维度地考量人权与主权的关系，强烈要求对人文的关怀。但同时我们也可以看出，美欧等西方学者对人道主义干预问题难以跳出西方价值观的藩篱，很多研究只是做分离式的阐释，而没有考虑和吸纳其他地区的文化差异性和相对性，忽视对国家之间发展差异的多重考量。国际社会理论要想提出一个完整、成熟并获得广泛认可的人道主义干预理论还有一段很长的路要走。因此，国外学者对人道主义干预问题的研究认识，为我们提供的不只是一种供批判的理论话语，更是一种未完成的思维框架。

二、国内研究现状

国内学者早期有关人道主义干预的研究主要是因国际社会干预频频发生，做出中国话语的阐释，在内容上侧重于围绕人权、主权、霸权、国际秩序、国际法等核心概念对人道干预理论进行基础性介绍与评析。冷战结束后，随着国际社会大量人道主义干预现象的出现，特别是科索沃事件的发生❷，一些国内学者对人

---

❶ FRANK S K. NATO advanced research workshop on implementing ecological integrity [J]. Restoring Regional and Global Environmental and Human Health, 1999(7).

❷ 以美国为首的北约对南联盟科索沃地区的干预，在国内学术界引起了一场对人道主义干预和新干涉主义的广泛讨论。大部分学者从政策层面谴责北约这种未获得联合国安理会授权的非法干预行为：从世界和平与安全来看，它不是维护人道主义的成功先例，而是一场可怕的人道主义灾难，它是一个错误战略的危险试验，也是一次遗患无穷的政治失败。这种一致的认知，反映了国内学术群体在情感和价值上的偏好。但不可否认的是，从学理层面，针对科索沃的这次干预行动，需要冷静的理性分析。

道主义干预进行了有益的探讨并出版了一批相关专著。❶ 如魏宗雷主编的《西方"人道主义干预"理论与实践》❷，杨成绪主编的《新挑战——国际关系中的"人道主义干预"》❸，周琪主编的《人权与主权——人权与外交国际研讨会论文集》❹，张蕴岭主编的《西方新国际干预的理论与现实》❺，贾庆国主编的《全球治理：保护的责任》等。❻ 近年来，人道主义干预理论不断推陈出新，"保护的责任"成为理论研究新重点，尤其是美、英、法等西方大国依据"保护的责任"对利比亚、叙利亚等中东国家实施了大规模干涉，引发国内对人道主义干预理论新发展进行深入的探讨。国内学者对人道主义干预进行的有益探讨，概括起来主要包括以下几类。

一是国家主权与国内人权关系。国内学者多数认为，在利益结构上，人权的普适性原则与国家利益的矛盾冲突贯穿于人道主义干预问题研究的始终。从某种意义上来说，人道主义干预的实质就是主权与人权的关系问题。冷战时期，由于美苏两极对峙，人权斗争的实质还是为了维护美苏两极秩序的产物。冷战后，人

---

❶ 国内对人道主义干预问题的研究主要可以概括为以下四个方面：一是普遍否定人道主义干预及其理论。人道主义干预的理论是一种强权政治的理论；借口"人道主义"而干预他国内政的行为，已成为国际不法行为，严重者则构成国际罪行。人道主义干预，经历了一个从合法到非法、从承认到禁止的发展过程，以"人道主义"为理由的武装干预丝毫也不能解脱对被干预国的领土完整或政治独立构成的严重侵犯。二是对人道主义干预持基本肯定的模糊观点。干预有合法与非法之分。区分干预是否合法的标准，主要是看是否符合国际法的基本原则，特别是主权平等原则和不干涉内政原则。另外，还要看干预的目的和手段是否符合宪章和其他有关国际公约的规定。三是认为人道主义干预有其合理性，但有必要对其进行限制。人道主义干预具有一定的合理性，因为人权确已在一定程度上由纯内政向国际保护方向演变，完全排除人道主义干预既不可能也不可取。当然对其也不能完全放任，有必要对其作出严格限定。四是认为人道主义干预趋势越来越增强应从制度上加以规范。应考虑将其纳入法制的轨道，即在联合国宪章和人权公约的基础上强化立法，对发动人道主义干预的条件、程度、监督和程序等各方面的问题进行规范。认为应当制定和发展限制滥用主权的国际法准则与机制，尤其要限制大国和强国在国际关系中滥用主权。

❷ 魏宗雷，邱桂荣，孙茹.西方"人道主义干预"理论与实践[M].北京：时事出版社，2003.

❸ 杨成绪.新挑战——国际关系中的"人道主义干预"[M].北京：中国青年出版社，2001.

❹ 周琪.人权与主权——人权与外交国际研讨会论文集[M].北京：时事出版社，2002(1).

❺ 张蕴岭.西方新国际干预的理论与现实[M].北京：社科文献出版社，2012.

❻ 贾庆国.全球治理：保护的责任[M].北京：新华出版社，2014.

道主义干预问题出现新的变化，一些国内学者认为，人道主义干预新时期更多的是与推进世界正义和共同利益联系在一起。但是就当前而言，多数学者还是认为人道主义干预裹挟着国际权力与利益争斗的结构企图。周琪在《人权与外交》中论述了人权普遍性与特殊性关系，人权与主权管辖范围等问题。❶ 罗艳华在《国际关系中的主权与人权：对两者关系的多维透视》一书中，用历史学、法学、国际政治学、文化研究等多学科的研究方法对主权与人权的关系进行较为深入的、系统的研究。❷ 钱文荣在《人道主义干预与国家主权——科索沃战争的教训》一文中，指出科索沃这场战争引发国际社会对人道主义与国家主权的关系，人道主义干预的实施条件、方式及原则等问题进行深刻的反思。❸ 吴征宇在《主权、人权与人道主义干涉——约翰·文森特的国际社会观》一文中，对英国学派有关人权与主权关系，有关人道主义干预问题进行翔实的阐释。周启朋认为，人权理论的演化体现于国际、学术和实践三个层面：其中，国际层面的变化具体表现在国际人权政策纲领和发展纲领两个方面；学术层面的变化则表现于"主权相对论"或"人权高于主权"、安全理论和治理理论等三个方面；实践上的变化体现于从政治干涉到武力干涉、人权"普世化"的发展及受信息时代的影响而产生的单向传播的演变。贺鉴在《霸权、人权与主权：国际人权保护与国际干预研究》一书中，从国际人权保护的角度，分析了主权与人权的辩证关系。❹

二是概念推演。李少军的《干涉主义及相关理论问题》一文深入分析了干涉的理论界定、基本概念和历史演变，认为干涉与主权是两个相关概念。主权是把一个个国家变成可以合法共存的体系，从而构成一种秩序，这种秩序逐步衍生成一种规范，即"不干涉原则"。李少军把干涉主义作为一种政策取向，其追求的目标可划归为两类：一类是为了"利益"，另一类是为了"价值"。❺ 朱锋教授认为，目前国内学术界有一种"一边倒"的看法：只要是"人道主义干预"都

❶ 周琪.人权与主权——人权与外交国际研讨会论文集[M].北京:时事出版社,2002.

❷ 罗艳华.国际关系中的主权与人权:对两者关系的多维透视[M].北京:北京大学出版社,2005.

❸ 钱文荣.人道主义干预与国家主权——科索沃战争的教训[J].和平与发展,2000(3).

❹ 贺鉴.霸权、人权与主权:国际人权保护与国际干预研究[M].湘潭:湘潭大学出版社,2010.

❺ 李少军.干涉主义及相关理论问题[J].世界经济与政治,1999(10).

是不可接受的。事实上，要对"人道主义干预"做具体问题具体分析。他认为
联合国维和行动在很大程度上也是一种"人道主义干预"，"人道主义救援"在
本质上也是"人道主义干预"的一种。如果我们把一切"人道主义干预"都视
为反动的，这将不利于加深中国参与国际社会合作的程度。❶ 邱美荣、周清在
《"保护的责任"：冷战后西方人道主义介入的理论研究》一文中提出，冷战结束
以来，"保护的责任"逐渐成为西方国际干预的指导原则。"保护的责任"虽然
在观念上得到了国际社会的广泛接受，但目前尚未成为一种新的国际规范。❷ 周
弘认为，"人道主义干预"经常和"人道主义干涉"混用，人道主义干预是指如
何使用武力对他国进行干预的问题。黄超在《"框定战略"与"保护的责任"：
规范扩散的动力》一文中，认为能够通过国际规范兴起、普及和内化的生命周期
模型来阐释"保护的责任"规范的演进，进而在"框定理论"的框架下，剖析
规范倡导者是如何使用适当的"框定战略"，推动"保护的责任"规范在国际社
会的扩散。❸

　　三是关于干预规制性条件。时殷弘的《论人道主义干涉及其严格限制——一
种侧重于伦理和法理的阐析》，从伦理和国际法理角度深入探讨了人道主义干预
问题，指出"一项人道主义干涉要能够是合理与合法的，必须同时具备至少六项
限制性的先决条件，特别是必须有严格限定的正当理由，必须由联合国作为唯一
合法的国际干涉权威来发动、进行或监管，必须仅仅将武力的使用当作不得已的
最后手段，而其使用方式和预期后果必须是适当的"。❹ 张蕴岭认为，"在合理的
角度来说，国际干预的加强是人类进步的一个重要体现，因为人类同处一个地
球，人们对任何地方发生生灵涂炭都不可袖手旁观，应该运用国际力量加以制

❶ 朱锋．"人道主义干涉"：概念、问题与困境[M]//杨成绪．新挑战——国际关系中的"人道主义干预"．
北京：中国青年出版社，2001：180．

❷ 邱美荣，周清．"保护的责任"：冷战后西方人道主义介入的理论研究[J]．欧洲研究，2012（2）．

❸ 黄超．"框定战略"与"保护的责任"：规范扩散的动力[J]．世界经济与政治，2012（9）．

❹ 时殷弘，沈志雄．论人道主义干涉及其严格限制——一种侧重于伦理和法理的阐析[J]．现代国际关
系，2001（8）．

止"。❶ 伍艳在《浅议人道主义干预的立法规制》一文中，依据对自然法流变的分析，探索性地指出，人道主义干涉是外部力量对一国内政的强力干预。站在人类道义的高度，可以发现：当一国内部发生大规模严重侵犯基本人权的行为时，允许适当的外部干预，在一定程度上是有着伦理的可接受性和实践的必要性。❷伍艳对人道主义干预问题的研究，从某种意义上说，其思考的维度突破了传统实践视域上的规限，具有一定的创新意义。石慧以社会学方法为研究路径对人道主义干预进行了研究，认为人道主义干预是客观存在于国际社会中的社会事实，并对人道主义干预的评判标准和具体规则进行了阐释。❸ 王剑虹在《对"人道主义干涉"的国际法思考——兼论"人道主义干涉"的正当性与合法性问题》一文中，对"人道主义干涉"的正当性和合法性进行详细论述，认为"人道主义干涉"既不具有正当性，也找不到能证明其合法性的法律依据，而只会给国际社会带来更多不安定因素，并不能真正实现保护人权的目的。❹

四是与国际人道法关系。董云虎是国内最早研究世界人权和中国人权的代表人物之一，他从国际法的视角，阐释了联合国人权发展的脉络线索。徐显明、齐延平从国际法的视角，探讨了国家的人权保护责任与国家人权机构的建立问题。❺ 刘杰在《国际人权体制——历史的逻辑与比较》一书中，从自然法角度探讨人道主义干预合法性问题，提出必须把促进性国际干预和干涉区别开来。朱文奇在《国际人道法》一书中，指出国际人道法的核心只是"保护"，它只是关心在战争期间如何才能有效地保护那些战争受害者，也就是那些不直接参加，或原来参加后又退出战争的人，它的存在只是为了减轻战争给这个世界带来的灾难。杨泽伟的新著《主权论——国际法上的主权问题及其发展趋势研究》从国家主权概念的剖析入手，兼用政治学与法学相结合的方法，系统地论述了国家主权与

---

❶ 张蕴岭.西方新国际干预的理论与现实[M].北京：社科文献出版社，2012.

❷ 伍艳.浅议人道主义干预的立法规制[J].现代国际关系，2002(10).

❸ 石慧.对人道主义干涉现象的新解读——以社会学方法为研究基础[J].现代法学，2005(3).

❹ 王剑虹.对"人道主义干涉"的国际法思考——兼论"人道主义干涉"的正当性与合法性问题[J].伊利教育学院学报，2013(1).

❺ 齐延平.国家的人权保护责任与国家人权机构的建立[J].法制与社会发展，2005(3).

国际干预的关系，并提出"国家主权不仅是一种权利，而且更是一种责任"。❶
这种责任主权的提法，在国内学者中，具有前瞻性。就人道主义干预问题，杨泽
伟认为，"历史经验表明缺乏明确的合法化的条件，容易导致滥用人道主义干预。
因此，制定人道主义干预合法化的标准，进一步使其规范化，能够增强对滥用人
道主义干预的法律限制。有鉴于此，任何国家计划或准备卷入人道主义干预行动
时，应事先或在干预过程中立即向联合国递交令人信服的证据"。❷

五是与联合国关系。杨泽伟在《人道主义干涉在国际法中的地位》一文中，
研究了联合国成立以来的集体人道主义干涉，特别是 20 世纪 90 年代的实践之
后，进一步指出未经联合国安理会授权的任何单方面人道主义干涉都是非法
的。❸ 门洪华就联合国人权保护体制等进行了深入的分析。朱陆民讨论了后冷战
时期联合国人权国际保护的合法性问题。❹ 李云龙认为人道主义干预要有充足法
律依据，符合《联合国宪章》规定，得到联合国批准和授权。谷盛开博士探讨
了"人道主义干预"的语义内涵，并从法理角度对西方人道主义干预理论分歧
的焦点作了基本归纳，并提出"人道主义干预"应该遵循秩序与道义平衡的原
则，必须保障联合国在正当国际干预法律化、规范化过程中的主导作用，在干预
主体、方法、目标以及约束机制等方面对非联合国的"人道主义干预"做出严
格限制。曲星在《联合国宪章、保护的责任与叙利亚问题》一文中，认为《联
合国宪章》没有赋予安理会在一个主权国家进行政权更迭的权力，"保护的责
任"因宽泛的条件，容易被西方国家滥用。❺ 李开盛从国际非政府组织"大赦国
际"和"人权观察"角度，分析了国际人权组织对发展中国家的人权干预情况。
崔洪建明确将人道主义干预中地区组织主导的模式与联合国主导的模式进行了比
较，并认为联合国的合法性是地区组织不可比拟的，但地区组织进行人道主义干

---

❶ 杨泽伟.主权论——国际法上的主权问题及其发展趋势研究[M].北京:北京大学出版社,2006.

❷ 杨泽伟.联合国改革与现代国际法:挑战、影响和作用[J].时代法学,2008(3).

❸ 杨泽伟.人道主义干涉在国际法中的地位[J].法学研究,2000(4).

❹ 朱陆民.冷战后联合国人权保护的合法性危机[J].当代世界与社会主义,2005(2).

❺ 谷盛开.西方人道主义干预理论批判与选择[J].现代国际关系,2002(6).

预的有效性更高。❶

　　六是案例分析。秦亚青以美国为案例，分析霸权国利益与对外干预行为三种模式：理想主义模式、帝国主义模式和现实主义模式。刘明在《国际干预与国家主权》中通过大量的案例对国际干预与国家主权的关系进行实质性分析。❷ 韦宗友在《西方国际干预理论视角下的"失败国家"问题》一文中指出，在西方国际干预主义者看来，"失败国家"不仅丧失了"保护的责任"，制造了人道主义灾难，还因其无法有效控制国境和提供良治，而成为恐怖主义滋生的源头，对国际安全构成威胁。赵怀普在《冷战后欧洲人道主义干预：理论、政策与实践》一文中，详细分析了冷战后欧洲人道主义干预理论与政策实践问题。张洋在《达尔富尔问题与国际干预》一文中，通过对达尔富尔问题中国际干预的研究，对国际干预的概念进行界定，并总结当代国际力量介入和解决国际冲突过程中的新特点、面临的困境以及发展趋势。赵怀普结合冷战后欧洲人道主义干预具体案例，认为复杂性是欧洲人道主义干预的重要特点。孔田平从冷战后的波黑案例，分析巴尔干国际干预与治理，认为联合国是国际干预的重要力量。骆明婷、刘杰在《"阿拉伯之春"的人道干预悖论与国际体系的碎片化》一文中认为，新一轮的人道主义干预不仅无助于有关国家问题的解决，反而可能导致国际体系走向碎片化，国际秩序呈现出更加不稳定的变化态势。❸

　　七是中国外交应对。王逸舟就中国参与国际干预问题，提出"创造性介入"三条件：在《联合国宪章》许可范围内、安理会通过；当事国默认、接受或欢迎；周边国家认可。阮宗泽在《负责任的保护：建立更安全的世界》一文中提出，中国作为联合国安理会常任理事国，应旗帜鲜明地倡导"负责任的保护"：要解决对谁负责的问题；何谓"保护"主体的合法性；严格限制"保护"的手段；明确"保护"的目标；需要对"后干预""后保护"时期的国家重建负责；联合国应确立监督机制、效果评估和事后问责制，中国正是本着"负责任的保

❶　崔洪建."人道主义干预"的逻辑、困境及其限度[J].国际论坛,2001(1).

❷　刘明.国际干预与国家主权[M].成都:四川人民出版社,2000.

❸　骆明婷,刘杰."阿拉伯之春"的人道干预悖论与国际体系的碎片化[J].国际观察,2012(3).

护"原则在解决叙利亚危机中发挥了建设性作用。❶ 陈拯在《"建设性介入"与"负责任的保护"——中国参与国际人道主义干预规范构建的新迹象》一文中指出，伴随着中国积极有为的外交政策，中国政府表现出积极参与国际人道主义干预规范建构。作者梳理人道主义干预规范的演进，特别是以"保护的责任"理念为中心，对中国政府在人道主义干预问题上的基本考虑、理念立场与实践作为进行了较为翔实的论述。❷ 张旗在《变革的中国与人道主义干预》一文中，对中国人道主义干预的立场变化进行详细阐释，作者从中国外交理念、人道主义干预规范和国家利益三个维度来解析中国人道主义干预观的变化。他指出，中国外交理念从"韬光养晦""负责任大国"到"奋发有为"的转变，对其在人道主义危机中的行为方式和介入力度产生了直接影响。❸

以上分析大都从法理或政治道德观念以及国际法角度对人道主义干预进行论述，涉及人道主义干预理论维度以及具体的现实操作可行性和限制性因素的方面不多。总之，国内学者大多侧重于人道主义干预的个案研究，对人道主义干预的主体、手段、制度规范及与国际法、文化相对性的关系等综合研究尚存欠缺。

三、相关研究述评

第一，西方学者对人道主义干预理论的探讨难以跳出西方价值观尤其是基督内核文化的藩篱。尽管西方有关人道主义干预整体理论研究十分深入，包括中国在内的世界大部分地区在有关人道主义干预理论的范式构建上依然难以摆脱西方理论框架的限制，但不可否认的是，其中西方有关人道主义干预的一些研究只是作分离式的阐释，没有考虑和吸纳其他地区，尤其是广大发展中国家的文化差异性和相对性，以及忽视对国家之间发展水平差异的多重考量。例如，美国很多学者认为，"人道主义干预就是通过干预来维护民主政体，实现西方文化扩展认同

---

❶ 阮宗泽.负责任的保护:建立更安全的世界[J].国际问题研究,2012(3).

❷ 陈拯."建设性介入"与"负责任的保护"——中国参与国际人道主义干预规范构建的新迹象[J].复旦国际关系评论,2013(1).

❸ 张旗.变革的中国与人道主义干预[J].世界经济与政治,2015(4).

以及自由市场经济体系的实现"。❶

第二，对人道主义干预新发展分析不够深入、系统。学术界关于人道主义干预行为及联合国维和行动相关研究成果比较丰厚，但运用国际政治、国际法等交叉学科进行综合研究比较欠缺。19世纪、20世纪、冷战前后等历史上人道主义不同干预案例有哪些区别？人道主义干预的新特点、动力与模式是什么？预防性外交边际范围是什么？这些问题是迫切需要研究和解决的。

第三，日益崛起的中国对人道主义干预中角色变迁、认知向度及应对方略的研究欠缺。中国作为发展中的大国，毫无疑问也面临着人道主义干预的话语重塑问题，目前无论是国外学者还是国内学者，对中国在人道主义干预中的角色变迁等问题研究明显滞后。尽管近两年，国内出现一些相关中国应对人道主义干预的文章，但整体研究力度仍不够深入，有待进一步加强。

第三节　研究的主要内容及创新

一、研究的基本思路和主要内容

研究的基本思路：本研究首先从人道主义干预的内涵和概念界定入手，梳理历史上人道主义干预的案例，并重点考察自科索沃至利比亚人道主义干预的历史演变逻辑；接下来结合主权、正义战争、自然法和政治自由主义，分析西方人道主义干预的理论渊源，并就人道主义干预在理论上的可行性和限制性问题进行分析；继而重点结合中东剧变案例，来探讨西方人道主义干预当下新趋势，进而构建理想状态人道主义干预"最大公约数"；最后提出中国应对人道主义干预的思路。

研究的主要内容如下：

第一，考察人道主义干预的由来、内涵、概念界定及历史案例回顾。从历史

---

❶ 哈斯.新干涉主义[M].殷雄,徐静,等,译.北京:新华出版社,2000.

渊源中梳理人道主义干预问题构成当代国际政治中引发纷争的原因，窥探人道主义干预是否具有伦理和法理依据。

第二，西方人道主义干预理论研究。结合现有不干涉内政、禁止使用武力等国际法原则，研究西方人道主义干预理论背景、理论演变，并就支撑其理论要核的正义战争、自然法和政治自由主义做全面分析。在此基础上，分析人道主义干预在理论上的可行性和限制性问题。

第三，中东剧变等国际干预案例分析。选取中东剧变中的利比亚和叙利亚等干预案例，重点分析地缘政治诱因、国内问题聚集、外部干预动机、联合国在干预中的角色与作用、大国分歧、干预强度、干预成本及国际影响等问题，探讨冷战后安全概念内涵和外延变化，以及国家内部冲突引发对新的危机管理方式需求等问题。

第四，人道主义干预新发展。重点结合人道主义干预理论的新发展——"保护的责任"，来分析人权国际规范的社会化动力与影响、国际人道法"保护的责任"硬化、人道主义干预主体共识扩大、干预过程机制化、干预手段"非接触式""内战式"干预模式的路径、联合国在维和行动授权、保护平民责任和指挥与控制功能方面新变化、非西方地区主要国家和区域组织的积极推动与介入、干预的合法性问题以及干预的规制性条件。

第五，中国应对人道主义干预的基本思路。重点分析西方人道主义干预对中国国家安全可能造成的威胁，探讨当代中国面临人道主义干预课题时，如何更好地在参与国际合作的同时维护和实现好自己的国家利益。

二、研究方法

第一，定性分析与定量分析相结合的方法。本研究对人道主义干预相关概念、西方人道主义理论进行定性分析，而对冷战后历次国际干预中军事技术、人员武装、破坏度等通过定量分析来完成，二者结合梳理理论演变与冲突发展过程中的关键变量。

第二，多学科综合方法。充分利用国际法、国际政治学、外交学、历史学、政治哲学的相关成果进行多学科综合研究，把理论研究与实证考察有机结合，注重个案研究。

第三，层次分析法。将人道主义干预的行为主体分为国际组织、国家、非政府组织和个人，更利于比较其各自作用、影响及干预特点。

三、研究的重点和难点

第一，"主权与人权"内在辩证关系需要得到充分论证。人道主义干预本质探讨就是主权和人权关系。就主权与人权关系问题，既有将国内政治体制实践应当仅局限于主权国家内部范畴，国家主权不可侵犯；也有将国内个体以及国家政治道德实践视为国际范畴，国内人权是国际社会共同关注对象。对此，需要从理论与实践两层面厘清主权与人权关系。这是本研究需要论证和解决的重点与难点问题。

第二，对西方人道主义干预新发展的分析是研究的重点。冷战后西方人道主义干预新发展在理论上表现为"保护的责任"从理念到实践的扩散，在行为模式上概括为联合国授权的集体强制行动、联合国授权的形式多边实质单边模式、未经联合国授权的单边主义行动等三种模式，分析"保护的责任"规范扩散的路径、影响和未来趋势以及比较三种模式的内在逻辑关联是本研究的重点。

第三，如何超越各国"私利"及文化差异，构建一种抽象的，能够在各国主体间意义上得到广泛接受的理想状态人道主义干预"最大公约数"是本研究一个难点。

第四，提出中国应对人道主义干预基本思路，是研究的重点也是难点。在全球治理进程中，作为新兴大国的中国在切实履行国际人道主义义务同时，如何积极推动国际合作、塑造负责任大国的形象，打破西方人权与人道主义干预话语垄断局面，塑造自己话语理论体系，构建公正合理国际秩序，是本研究需要解决的重点和难点问题。

四、主要观点及创新之处

第一，提出西方人道主义干预出现新特点和新趋势。从科索沃到利比亚，开创了"新干预时代"，日益强调国际社会共同承担责任，重视国际社会对使用武力支持，把干预解读为"国际行动"，国内武装反叛和外国干预双管齐下，设立"禁飞区"等削弱并瘫痪对方反击能力。美国从台前走向幕后，更加注重"巧实力"运用，培植反对派武装，塑造"内战式"干预模式，注重干预合法性，扩大干预共识，干预过程日益机制化，新兴大国作用上升但有限，地区主要国家和国际组织表现更积极、作用更凸显，注重非接触式高科技、新武器使用。

第二，分析西方人道主义干预中的非政府组织角色，是比较新的研究视角。西方国家尤其是美国，非政府组织通过不同渠道与舆论向政府施加压力，迫使政府对境外人道主义事件做出反应，进行政策调整。缅甸喊停中国投资的水电站项目以及科索沃、达尔富尔和利比亚等西方干预都透射出非政府组织的影响。

第三，提出人道主义干预制度规范社会化倾向，各国不可避免受到这种社会化影响，试图构建超越文化差异被广泛接受的理想状态人道主义干预"最大公约数"，中国应从推动国际合作、塑造负责任大国形象来应对人道主义干预。无论是达尔富尔危机，还是利比亚干预、叙利亚危机，都表明国际社会对中国担负起更多国际责任的客观诉求。此外，本研究还分析了如何打破"干预—异化—干预"的怪圈，详细分析"国内无政府状态"进行国际治理的现有做法以及"保护的责任"影响。中国应对人道主义干预应更加积极、主动，既不能为不合理、不合法的国际干预埋下伏笔，又要在积极回应国际诉求、推动国际合作与实现中国国家战略利益之间选择好平衡点。

第二章　人道主义干预内涵、概念及历史演变

二战结束以来，特别是冷战结束后，人道主义干预成为一个在国际关系领域引起广泛争议的话题。"毫无疑问，人道主义干预问题是当今国际政治中最具有争议的问题之一。近年来，由人道主义干预所引发的国际新闻报道逐年递增。"❶由于全球化和相互依赖的加深，世界上发生大规模全球性战争的可能性已经不大，相反，以"人道主义"为目标的地区和国内冲突持续不断。"人道主义干预问题构成了当代国际政治中引发纷争的原因之一。"❷波斯尼亚、海地、卢旺达、索马里、扎伊尔、东帝汶、科索沃、亚丁湾、乌克兰、利比亚、叙利亚等地区人道主义干预问题对国际关系产生重大影响，也成为世人关注的焦点问题。

第一节　人道主义由来及内涵

人道主义概念由来已久，它是人类优秀的历史思想传统。"自从人类社会诞生之日起，以博爱为主旨的人道主义思想就在不断地发展。至今它已成为内涵丰富、含义深刻、与现实生活密切相关的学术理论。"❸ 在西方人文哲学发展过程中，人道主义是一种源远流长的思潮。英文 humanism（人文主义、人道主义、人本主义）系从拉丁文 humanm（人的、人性的、人道精神）演化而来，这里的人道主义意涵主要是同政治哲学中的人权、自由和平等紧密联系在一起的。而 hu-

---

❶ PIETERSE J N. World orders in the making：Humanitarian intervention and beyond[M].New York：Macmillan Press Ltd.,1998：1.

❷ 杨成绪.新挑战——国际关系中的"人道主义干预"[M].北京：中国青年出版社,2001：179.

❸ 戈伊科奇,卢克,马迪根.人道主义问题[M].杜丽燕,等,译.上海：东方出版社,1997：1.

manitarianism 一词，则起源于 19 世纪的和平主义思潮❶，它主要因应国际人道主义法的发展而产生的。有关"人道主义"一词的起源，海德格尔给出了较为详尽的考证。人道主义最初是一种特殊的罗马现象，罗马人用人道的人（humanus，指有教养的人）与野蛮的人（barbarus，指外族的或操其他语言的人种）相对立。人道的人是指接受了希腊教化的罗马人，这种"教化"被译作"humanitas（人性或人道）"。❷ 可见，人道主义并不是教条，它有多种形式，被赋予多种含义。❸ 随着人类社会的不断衍生发展，人道主义一词自诞生之后，也经历了存在与实证的多义的不同发展。

　　人道主义作为对社会文化发展产生广泛而深刻影响的一种思想运动、一种思想潮流出现于 14~15 世纪欧洲文艺复兴时期。❹ 这一时期，随着欧洲生产力的发展，欧洲地区的生产关系、社会关系出现新的变化。在人文领域，出现了一些新的观念，人道主义就是这些新观念的集中体现。这一时期，人道主义作为文艺复兴"以人为本"的旗帜性内涵，其包含的关于人性及人的地位、人的尊严、人的价值等一系列问题被广泛关注。可以说，为了对抗神道主义，人道主义作为新兴资产阶级反封建、反宗教神学的思想武器应运而生。文艺复兴时期的思想家们认为人道主义即"确保人的自身生命价值实现所需享有的权利"，提倡人的尊严、权利、平等和自由，提出了"关怀人""尊重人"和"个性解放"等口号。"以意大利诗人但丁、作家薄伽丘、费齐诺、雕刻家米开朗琪罗、英国空想社会主义者托马斯·莫尔、剧作家莎士比亚等为代表的人文主义者倡导以世俗的人为中心，用人性取代神性，把人的一切现实要求，作为个人自由与个人幸福的要

---

❶　政治哲学意义上的"人道主义"一词，是 19 世纪后期才完全确立下来的。——坎帕纳."人道主义"一词的起源[J].沃尔堡与考陶尔德协会会刊,1946,9:60-70.

❷　海德格尔.海德格尔选集(上卷)[M].孙周兴,译.上海:上海三联书店,1996:365.

❸　库尔茨.保卫世俗人道主义[M].余灵灵,等,译.上海:东方出版社,1996:31.

❹　在文艺复兴时期，目前学界一般把 humanism 一词，翻译为人文主义。但是人道主义和人文主义二者之间既有相互一致性，同时也存在着差异。具体所指要视人道主义的发展阶段的历史形态而定。

求，主张任何人都是以个人的自由与幸福为人生目的与行为的指南。"❶ 这种"以人为本"的思想与人道主义思想高度契合。

文艺复兴之后，人道主义思想深深地影响了人们对世界和自我的重新认识。启蒙运动的人道主义、空想社会主义的人道主义、费尔巴哈的人道主义、西方马克思主义的人道主义等思想，随着时代的变化而不断发展。17~18世纪的西方人道主义的发展逐渐转变为以自然法和自然契约为依据，以天赋人权为中心的一种新的发展方向。荷兰哲学家斯宾诺沙、法国启蒙思想家伏尔泰、卢梭和哲学家拉美特利、狄德罗、洛克等以自由、平等、博爱为口号，阐述了人的自然权利，论述了人权是每个人都应该享有的不可剥夺的权利和基本自由。黑格尔赋予"humanism"更为广泛的意义，试图超越必然与自由、世界的有限性与精神的无限性之间的界限。与康德"大同世界"的哲学思想不同的是，黑格尔想保持事实与价值、物质世界的自然与人的本质的统一性。他将人道主义理解为人的精神上的努力，肯定人的崇高尊严，人的无可比拟的价值，人的多方面能力，力求保证人的个性的全面实现。尽管先前欧洲大陆很多国家已经传播开了人道主义思想，但直到19世纪后半期作为政治哲学意义上的人道主义概念在西方国家才普遍确立起来。"作为政治哲学的人道主义起源于支持个体自然自由的人道主义，当发展至规范过度膨胀的人道主义：主体在有规则话语的地方生存，即没有主体就不可能有规则，同样，没有规则也就没有主体时已经进入一个难以自拔的困境。"❷当人道主义在思想理论层面陷入发展困境的时候，国际人道主义法应运而生。

作为国际法的人道主义则源于国家之间的冲突战争。其实早在格老秀斯时代，三十年战争爆发，触发了学者对国际人道法的探讨。1864年，以"战地伤兵保护的方式和方法"为主要内容的《关于改善战地陆军伤者境遇之日内瓦公约》（简称《日内瓦公约》）的签署，标志着国际人道主义法的诞生，也向世界表明国际红十字运动及其在武装冲突中的特殊作用得到了国际公约的正式承认。

---

❶ 周辅成.从文艺复兴到十九世纪资产阶级哲学家政治思想家有关人道主义人性言论选辑[M].北京：商务印书馆,1966:4-6.

❷ 杜兹纳.人权的终结[M].郭春发,译.南京：江苏人民出版社,2002:258.

这个公约尽管仅有 10 项条款，却是人类历史上的一个里程碑。随着时代的变化，作战武器日益先进，作战手段也日益残酷，因战争而受难的人员类别也日趋增加，因此《日内瓦公约》也相应地作了较大的修订、扩大和补充。1867 年，第一届国际红十字大会在巴黎举行，1864 年的《日内瓦公约》所采纳的人道主义原则扩大适用于战俘。此后以红十字会为代表的国际人道主义运动影响不断扩大，人道主义被纳入国际公约。随着西方殖民战争从陆路向海路扩展，1899 年，在第一次海牙和平会议上，《日内瓦公约》的原则使用范围扩大到海战范围，人道主义的原则得到进一步的固化。1929 年，又签订了以保护战俘为主要内容的第三个《日内瓦公约》。从《日内瓦公约》国际人道主义法的诞生和发展过程可以看出，无论是和平时期还是战争时期，人道主义已普遍受到国际社会的高度重视。

第二次世界大战结束以后，联合国的成立，标志着作为政治哲学和国际法双重意涵上的人道主义与国际人权被统合在一起，即人道主义就是对人、人性、人的价值的重视和保护。《联合国宪章》第 1 条第 3 款，明确提出要解决带有人道主义特征的问题。此后很多国际公约都重申了人道主义的基本原则。❶ 1949 年，通过日内瓦第 4 公约，即《关于战时保护平民之日内瓦公约》。该公约共有 159 条正文和 3 个附件。此公约是对之前 3 个公约的补充和发展。其主要内容包括：处于冲突一方权力下的敌方平民应受到保护和人道待遇，包括准予安全离境，保障未被遣返的平民的基本权利等；禁止破坏不设防的城镇、乡村；禁止杀害、胁迫、虐待和驱逐和平居民；禁止采取使被保护人遭受身体痛苦或消灭的措施，包括谋杀、酷刑、体刑、残伤肢体及非为治疗所必需的医学或科学实验等；和平居民的人身、家庭、荣誉、财产、宗教信仰和风俗习惯，在一切情况下均应予以尊重，无论何时，被保护人均需受人道待遇，并应受保护，特别是使其免受一切暴行或暴行的威胁及侮辱与公众好奇心的烦扰；占领国不得强迫被保护人在其武装或辅助部队服务；禁止集体惩罚和扣押人质等。从公约的内容，不难看出，以《日内瓦公约》为代表的国际人道法的核心思想就是保护那些不参加，或原来参加但又退出武装冲突的平民和其他人员。尽管国际人道法不是为了阻止战争或冲

---

❶ 魏宗雷,邱桂荣,孙茹.西方"人道主义干预"理论与实践[M].北京:时事出版社,2003:28.

突的原始爆发，但由于它是适用于战争或冲突的法律规范体系，在减弱战争的残酷性，减轻战争对人类的损害等方面发挥了重要的作用，因而对国际法和国际关系会产生深远的影响。

伴随着国际人道主义法的发展，人道主义思想的内涵也在不断丰富。苏格拉底式的人道主义研究则认为："人道主义是指这样一种思想：它以人自身为中心，提出有关人的最终本性的问题，并试图在人自身的范围内来解决这些问题，就此而言，人道主义思想意味着人的修养，人的自我培育、自我发展丰富的人性。"❶《英国大百科全书》将人道主义解释成"一种把人和人的价值置于首位的观念"和"指任何承认人的价值或尊严，把人作为万事的权衡，或以某种方式及其范围、利益作为课题的哲学"。而《美国哲学百科》认为："人道主义于 14 世纪后半期发端于意大利，随即扩展到欧洲其他国家，成为近代文化的重要因素之一。凡是承认人的价值或尊严，以人为万物尺度，或以人性、人的限度、人的利益为主题的所有哲学，都被称作人道主义。"❷ 在我国，《中国大百科全书》将人道主义定义为"关于人的本质、使命、地位、价值和个性发展等的思潮和理论"。从政治哲学的角度来说，人道主义是指："诉诸基本人性的概念或可借以确定和理解人类的共同基本特征。认为历史是人的思想和行为的产物，并因此断定'意识''能动作用''选择''责任''道德价值'等范畴对于理解历史是必不可少的。"❸

从以上几种有关人道主义的定义，可以看出，它具有以下几种内涵。

（1）人道主义是人类历史思想发展的积极成果和优秀成果。以人权保护和公平正义为基本内容的人道主义已经成为全人类的共识。从某种意义上来说，人类社会发展的全部意义，就在于推动人道主义普世精神的根生与扩散。"在全球化时代，人道主义观念更是得到国际社会普遍认可的基本道义准则。人类历史犹如一条蜿蜒曲折的长河，期间经历了无数的反复和倒退，但不容否认的是：总的趋势是走向道德、正义和人权。"❹

---

❶ VERENYI L. Socratic humanism[J].New Haven,1963:1.

❷ The encyclopedia of philosophy(4)[M]. New York:Macmillan and Free Press,1972:69-70.

❸ 凯蒂·索珀.人道主义与反人道主义[M].廖申白,杨清荣,等,译.北京:华夏出版社,1999:7.

❹ 乔姆斯基.人道主义的价值[J].马克思主义与现实,1999(6).

（2）人道主义内涵极其丰富，"它既包括作为世界观和历史观的人道主义，也包括作为伦理规范和道德原则的人道主义，还包括作为政治学说和社会理想的人道主义"。❶ 因而对人道主义内涵的理解，既要看到由于学科之间的差异，所引发的概念之间的描述性分歧。同时也要看到，作为一种人类社会普世性的价值原则，具有跨学科性和超时空性。因此，对人道主义的研究范式应该是多维的，单一的研究方法已无法适应丰富的人道主义内涵发展要求。

（3）人道主义的精神实核，就是"以人为本"，尊重人自身，爱护人的生命，保持人的尊严，不迷失人的本性，维护人固有的基本人权抑或"最低限度的人权"。人是一切事物和世界的核心根本，一切权利归根结底应服务于人，因此，人道主义是人类社会的共同发展趋势。关爱诸如生命权等人权价值，是人道主义的基本诉求。无论是早期的文艺复兴时期，还是当下全球化时代，人的生命权，是人道主义价值中最重要部分。"生命权是一个人之所以被当作人类伙伴所必须享有的权利"❷，这是人道主义的人权底蕴。

（4）人道主义概念反映的是人与外部世界之间相互影响与作用的状态，这种状态经过一定的语言建构和实践操作，形成一种特殊的价值关系和世界主义道德评判标尺。因而，人道主义的目标就是如何使人化世界达到人道世界的问题。从本质意义上来说，这是一种"应然（to be）"指向，即人道主义是使得当前并不完美的世界如何达到应然的自由美好世界。它包括两个方面的基本内容：一方面，它对现实世界中的屠戮与灭绝人性的行为进行评判，即现实世界对人性发展的异化；另一方面，它努力追求人性的自由解放，扬弃异化，并在非人性现实中发现人的尊严与价值。

（5）人既是历史的创造者，同时也是被创造者，因而对人道主义的理解，应看成是一种人与自然和社会的互动建构过程。一方面，人类社会的每一次进步和发展都会推动人道主义思想的更新。从第一代人权到第三、第四代人权，从生

---

❶　谷盛开.西方人道主义干预理论批判与选择[J].现代国际关系,2002(6).

❷　米尔恩.人的权利与人的多样性——人权哲学[M].夏勇,张志铭,等,译.北京:中国大百科全书出版社,1995:158.

命权到发展权、自由权、财产权等，人道主义思想的发展离不开现实世界。而另一方面，人道主义思想所形成的规范和制度力量推动着人类社会在无数次反复和挫折中，向着更加美好的方向发展。

总之，对人道主义精神和思想的不同解读存在着一个共同的主题和共同的关怀，那就是以"人"为中心的人本关怀，对人类社会基本人权的尊重和保护。不同的人道主义理论，只不过是随着对人性理解的加深和自然、社会结构的变化而不断修正以往的传统，进而以不同的视角来挖掘对人性的理解而已。

第二节　人道主义干预的概念界定、特征

人道主义干预是一个经常引起混乱和误解的概念❶，也是国际法上一个非常有争议的问题。"如何界定人道主义干预是当前研究中难度最大的分析性挑战，因为不同的学科（法律、伦理、政治）根据自身研究的需要，来选取定义的素材。"❷干预（intervention）是一个容易令人混淆的概念，其部分原因在于，它既是个描述性（descriptive）的概念，也是个规范性（normative）的概念。它不仅描述正在发生的事情，也做出相应的道德伦理价值判断。❸ 因此我们有必要对"人道主义干预"这一概念加以准确的界定。

一、干预概念的界定

目前，学术界就干预的概念界定，存在着不同的看法。干预不仅是一个思想观念，还是一个描述事件的词汇，有时候发生在国际关系领域，有时候还发生在国际法领域。❹ 在国际法上，干预即"一国或数国为了实现自己的意图，使用政

---

❶ Advisory committee on human rights and foreign policy and advisory committee on issues of international public law.The use of force for humanitarian purposes[R].The Hague,1992:15.

❷ WELSH J M. Humanitarian intervention and international relations[M].Oxford:Oxford University Press,2004:3.

❸ 奈.理解国际冲突：理论与历史[M].张小明,译.上海:上海人民出版社,2002:224-225.

❹ VINCENT R J. Non-intervention and international order[M].New Jersey:Princeton University Press,1974:3.

治、经济、军事等手段，采取直接或间接的、公开或隐蔽的方式干预别国对内对外事务。其中最直接、最公开的方式就是武装干涉"。❶ 英国学派的集大成者赫德利·布尔，认为干预就是外部力量强制干预一个属于主权国家事务的行为。❷ 当然这种干预既包括军事干预，也包括非军事干预，特别是经济等方面的制裁措施。❸ 英国伦敦皇家学院教授劳伦斯·弗里德曼（Lawrence Freedman）也认为，干预作为国家间行为或国际行为，就是通过各种手段来改变他国政府，这是对该国基本主权的一种挑战。❹ "干预涉及两个概念，一个是干预，另一个是卷入或介入，前者具有强制性，后者包括诸如维和、人道主义救援、经济援助等的和平行动。"❺ 无论布尔还是弗里德曼，他们有关干预的定义，可归为广义上的，既包括强制手段，也包括非强制手段。而另一种观点，就是狭义上的干预。无论干预采取什么样的形式，都必须具有强制性、胁迫性、代价后果性。也就是说，这种观点的干预必须是强力的或专断的，或者是胁迫的，在实际上剥夺了被干预的国家对有关事项的控制权。国家的承认、斡旋、调停、申诉、抗议、断绝外交关系等行为虽然可对他国的利益产生重大影响，但不构成干预行为。詹姆斯·罗斯诺（James N. Rosenau）将干预区别于其他形式的影响的特性归结为两点：一是干预对被干预国产生的前所未有的长期的后果；二是此种干预的目的是改变或者保留干预国的政治结构。❻《奥本海国际法》认为联合国人权委员会的调查、向经济及社会理事会或者向有关国家提出建议、联合国大会或者经济及社会理事会的辩论或者通过决议都不大可能构成严格意义的干预。❼ 日本国际法学会主编的《国际法辞典》将干预定义为："国际法上指一国介入他国处理的事务，强制他国服从本国意志的做法，也指对其他国家事务命令式的干预或介入（dictatorial

❶　白桂梅，等.国际法[M].北京：北京大学出版社，1998：47.

❷　BULL H. Intervention in world politics[M].Oxford：Clarendon Press，1984：1.

❸　LITTLE R. Revisiting intervention：A survey of recent developments[J].Review of International Studies，1987，13：49.

❹　FREEDMAN L. Strategic coercion：Concepts and cases[M].Oxford：Oxford University Press，1998：2.

❺　FREEDMAN L. Military intervention in European conflicts[M].Oxford：Blackwell，1994：1.

❻　ROSENAU J N.The concept of intervention[J].The Journal of International Affairs，1968，22：165-176.

❼　瓦茨.奥本海国际法：第一卷第一分册[M].王铁崖，等，译.北京：中国大百科全书出版社，1995：443.

interference）。如果是仅表示意见或提出建议，那么是不能叫做干预的。"❶ 以上几种观点，均属于狭义上的干预，即这种干预可能是非武力的，但必须是一方对另一方的强制性行为。

就干预的过程而言，干预一般有一个逐步升级的过程，即从最初的声明、施压和外交谈判、斡旋、调停、威胁、经济制裁与报复和显示武力等非军事手段，到最后的武力干预。依据小约瑟夫·奈（Joseph Nye，Jr.）有关干预的强弱程度变化论述，笔者列出一个干预升级图表（见表2-1）。❷ 该图表基本包括了干预定义的所有行为模式，其强制程度由弱到强。"在国际社会中，国际干涉的强度之所以非常重要，其主要就是因为它和被干涉国自我选择能力的强弱有着正向度的密切关系，因而和被干预国独立自主的传统主权受外界力量限制程度的大小有着正比例关系。"❸

表 2-1　干预升级列表

强制程度	由联合国授权的合法干预	非联合国授权的干预
低强制性 （较大的选择余地）	人道主义救援	干预性言论和讲话
	在冲突双方进行调停、斡旋	广播、电视等新闻媒体煽动性宣传
	派遣援助团和军事观察团	外交谈判来施压
	解决难民问题	派遣军事顾问
低强制性 （较大的选择余地）	监督选举、以及冲突双方停火、撤军和各自解除武装	通过针对别国事务的决议和法案
	预防性外交（预防性部署军队等）①	第三方形式的"回飞镖模式"②

---

❶　日本国际法协会.国际法辞典[M].北京:世界知识出版社,1985:12.

❷　该图表得益于小约瑟夫·奈干预强度图谱的启发。——NYE J S,Jr. Understanding international conflicts:An introduction to theory and history[M].London:Longman,2007:147-173.

❸　NYE J S,Jr. Understanding international conflicts:An introduction to theory and history[M].London:Longman,2007:149.

续表

强制程度	由联合国授权的合法干预	非联合国授权的干预
高强制性 （较小的选择余地）	核查团	收买代理人，支持反对派
	经济制裁	经济封锁、贸易禁运
	政治上的一致性谴责	策划、资助、煽动或怂恿他国内部的颠覆活动
	维和行动	有限军事行动
	以军事强制行动为特征的第四代维和③	军事入侵

① "预防性外交"是由联合国秘书长哈马舍尔德在 1960 年首次提出，1992 年联合国秘书长加利在《和平纲领》报告中对预防性外交的解释是：采取行动以防止各方发生争端，防止现存争端升级为冲突以及在冲突发生后防止进一步扩大。1995 年 3 月联合国向马其顿派遣预防性部署部队是维和行动第一次承担预防性外交任务。

② "回飞镖模式"（Boomerang Pattern）理论由凯克（Keck）和森金克（Sikkink）提出。这一理论认为，如果一个国家或政府拒绝对本土公众的压力作出正面反应时，来自国外的一些活动家或国际组织因基于一些共同的价值观念，会利用各种渠道与舆论向有关国家的政府施加各种压力，并迫使该国政府做出相应的反应，进行相应的政策调整。如果本土的社会活动家与国外媒体及社会活动家建立网络联系（Advocacy Networks），就会产生一种明显的"回飞镖效应"，即绕过本地政府的冷落和压制，通过外部渠道向该地区和国家的上层决策者施加压力。——KECK M E, SIKKINK K. Activists beyond borders：Advocacy networks in international politics［M］.New York：Cornell University Press，1998：12.

③ "第四代维和"是由德国学者施纳贝尔提出。认为随着国家间冲突的减少和一国内部冲突的增加，将来的维和行动将进入"第四代"，即主要从事"人道主义干预"。其中，第一代维和行动是从国际安全角度考虑，避免小规模的局部冲突演变为超级大国之间的对抗；第二代维和行动是监督内战国的大选，以实现国内秩序的恢复；第三代维和行动是通过军事手段的强制性和平。——SCHNABEL A. Humanitarian intervention：A conceptual analysis［M］//MACFARLANE S N, EHRHART H G. Peacekeeping at a crossroads. Clementsport, NS：Canadian Peacekeeping Press，1997：29.

从上面的分析可以看出，强制性特别是军事强制是引起有关干预界定争议的最重要因素。首先，干预是一个描述国际社会某种现象的词汇，不纯粹是一个抽象的概念，因而界定此概念的弹性幅度很大。其次，由于当前全球化和相互依赖的日益加深，世界日益"碎片化"，国内事务和国际事务的界限日益模糊，干预所包含的范围进一步扩大，因而任何一个有关干预的定义，都不可能囊括所有碎片化的现实世界。最后，有关干预概念的不同界定、干预手段的分歧以及干预主体的争议，推动了有关干预问题的深入研究。❶

二、人道主义干预概念界定

国际关系学、国际法、伦理学以及政治学等多门学科对人道主义干预概念的界定都产生过重要的影响。但是，当前学术界对人道主义干预还没有统一的公认概念界定。❷ 人道主义干预的提法最早起源于欧洲，"1648 年威斯特伐利亚和会以前的一些国际法著作表明，人类社会共同利益的概念以及现代人道主义干预权利在格老秀斯之前就已经形成"。❸ 国际法权威雨果·格老秀斯（Hugo Grotius）在 1625 年出版的《战争与和平法》里就曾明确指出："如果统治者对他的臣民进行惨无人道的迫害，以至于没有人能够在这种迫害中得以幸存，那么在这种情况下人类社会就可以行使那些被（天然地）赋予的权利（即外部世界可以采取干预）。"❹ 尽管格老秀斯没有明确提出人道主义干预，但他的研究话语中已经明显包含着人道主义干预的思想因子。格老秀斯目睹"三十年战争"，深感重建和平与秩序的重要性。格老秀斯以自然法为其理论的出发点，阐明了战争的正当理由：自卫、恢复财产和惩罚。因而，他认为基于人道主义理由的干预是正义的战争。按照赫斯·劳特派特（H. Lauterpacht）的说法，这是格老秀斯对"人道主义干预概念进行的第一次权威性阐述"。近现代，最早从国际法角度对"人道主义干预"进行明确界定并被当代国际社会认可的，则是国际法学家劳特派特。他在《奥本海国际法》（第九次修订版）中将"人道主义干预"界定为："当一国国内存在着有

---

❶ VINCENT R J. Non-intervention and international order[M].New Jersey:Princeton University Press,1974:3.

❷ 奥利弗·拉姆斯伯塔姆(Oliver Ramsbotham)认为国际法上根本就不存在对于人道主义干预及其典型干预行为的一致认识。

❸ 杨泽伟.人道主义干涉在国际法中的地位[J].法学研究,2000(4).

❹ LAUTERPACHT H. The Grotian tradition in international law[M]//FALK R, et al.International law:A contemporary perspective.New York:Westview Press,1985:28.

组织地践踏基本人权的行为，而该国政府又无力制止这类行为的采取者、主使者或纵容者时，或一国政府无力或不愿承担在保障国内广大人民最基本的生存需要方面的其他应有责任时，国际社会未经该国同意所采取的针对该国政治权力机构（即该国政府或国内其他政治权力组织）、旨在制止这类践踏人权行为和满足该国人民最基本生存需要的强制性干预行动。"❶ 劳特派特有关人道主义干预的界定是诸多争议中较为权威的一个定义。格老秀斯和劳特派特的传统定义是以正义的人道目的为前提的。威尔·佛卫从法律上认为，人道主义干预是指"由一部分国家发起，在其他国家领土内采取包括武力在内的强制行动，其目的是为了预防并制止被干预国对基本人权，特别是人的生命权有图谋的严重和侵犯"。❷按照国际法学家皮尔·珍·弗朗特尼（Jean-Pierre L. Fonteyne）的说法，"主权者合理而公正的行事有一定的限度，人道主义干预就是为使别国人民免遭超出这种限度的专横和持续的虐待而正当使用的强制行为"。❸ 中国学者大多认为，"人道主义干预是指当国家专横地残酷迫害某一类本国国民，特别是宗教或人种的少数者时，别的国家起来对那些被压迫的少数者给予支援，并以各种形式向该政府施加压力"。❹ 以上几种表述，主要是从国际法的角度来界定人道主义干预的。

　　而从国际政治理论与实践角度对人道主义干预概念进行界定的也很多。同样也是见仁见智，众说纷纭，难以形成一致。这一方面是因为时代不同，发展的差异；另一方面也"由于国家间总的国际政治观念和价值取向有所歧异，再加上干预者各怀特殊的政治动机而任意规定和解释，国际社会乃至一般舆论对人道主义干预概念一直存在重大争议"。❺ 当然这是一个客观事实，

❶　JENNINGS R, WATTS A. Oppenheim's international law [M].9th ed. London：Harlow Essex,1992：430-432.

❷　VERWEY W D. Humanitarian intervention in the 1990s and beyond：An international law perspective [M]//PIETERSE J N.World orders in the making.London：Macmillan Press Ltd.,1998：180.

❸　周琪.人权与主权——人权与外交国际研讨会论文集[M].北京：时事出版社,2002：319.

❹　罗玉中,万其刚,刘松山.人权与法制[M].北京：北京大学出版社,2005：655 .

❺　时殷弘,沈志雄.论人道主义干涉及其严格限制[J].现代国际关系,2001(8).

不必过多地强求一个统一的概念。英国学派的马丁·怀特（Martin Wigh）把人道主义干预定义为：对国际法主体拥有排他性管辖权的事务的干涉。不过怀特同时指出，除非被一些导致相反结果的特殊规则证明是合理的，此种人道主义干涉就是一种违法行为。❶ 新现实主义代表人物之一的斯坦利·霍夫曼认为："人道主义干预是从非政治立场出发，为终止一国国内侵犯人权行为，未经该国许可而运用强制手段尤其是军事手段的一种干预行为。"❷ 比库·帕瑞克（Bhikhu Parekh）认为人道主义干预是指 "为了结束一国由于解体或者当政者滥用权力而引起的该国平民的肉体痛苦，并且为文人政府的产生创造条件的对该国内部事务进行的干涉行动"。❸ 英国学派文森特对 "人道主义干预" 界定为 "当一国国内发生大规模人道主义灾难时，国际社会基于'道德关切'，有道德义务和权利使用包括武力在内的手段进行干预，这种干预行为就是人道主义干预"。❹ 英国学派另一位学者亚当·罗伯茨（Adam Roberts）认为人道主义干预是指没有征得当事国的同意，为了阻止广大平民免于遭受苦难和死亡而对该国进行的军事干涉的一种行动。❺ 建构主义代表人物之一的玛莎·费丽莫将人道主义干预定义为 "一种军事干涉，目标是保护外国平民的生命和福祉，对主权有巨大的损害"。❻ 小约瑟夫·奈则通过对 "干预强制性图标" 的定量分析，认为人道主义干预就是 "因为人道的原因，而影响另外一个主权国家内部事务的外部行为，这种影响行为改变了国际关

---

❶ WIGHT M. Politics power［M］.Harmondsworth：Penguin Books，1979：191.

❷ HOFFMANN S，et al. The ethics and politics of humanitarian intervention［M］.Oxford：University of Notre Dame Press，1996：18.

❸ PAREKH B. Rethinking humanitarian intervention［M］//PIETERSE J N.World order in the making.New York：Macmillan Press，1998：147.

❹ 文森特.人权与国际关系［M］.凌迪，等，译.北京：知识出版社，1998：10.

❺ ROBERTS A. Humanitarian war：Military intervention and human rights［J］.International Affairs，1993，69（3）：429.

❻ FINNEMORE M. Constructing norms of humanitarian intervention［M］//KATZENSTEIN P J.The culture of national security：Norms and identity in world politics.New York：Columbia University Press，1996：154.

系运行的一些原则"。❶ 詹妮弗·威尔斯认为"人道主义干预就是为了阻止人权侵犯行为和防止这种灾难的扩散，外界通过强制行为来干预一国内部事务"。❷《保护的责任》将人道主义干预定义为，"以人道主义为目的但未获得同意的外部武力运用，干预的目的是为了阻止威胁或实际的大规模屠杀，强迫移民和侵犯人权的行为"。❸

从上面有关人道主义干预的定义，不难发现人道主义干预一般包括以下几个方面：干预的目的在于防范有可能发生之非人道事件，或是阻止已发生之非人道事件的继续蔓延。所谓"非人道事情"，也就是严重地侵犯基本人权或类似于种族屠杀行为；具备干预的两要素：主体和客体；被干预体的主权肯定会受到破坏性影响；干预可以是和平压力的方式，也可以是武力解决方式。依据是否经联合国安理会授权，这种干预可被分为两大类：其一，经联合国授权的人道主义干预，又称集体人道主义干预；其二，未经联合国安理会授权的人道主义干预，称为单方面的人道主义干预。由于当前国际社会的发展程度还不够成熟，因而作为一种规范层面上的人道主义，在本研究中如无特殊说明，即指由联合国授权的人道主义干预。

在界定人道主义干预概念的同时，还有必要区分一下人道主义干预和人道主义援助、新干涉主义。这是几个极易引起混淆的概念，尤其是中国语言的丰富特色，使得国内的运用比较混乱。"干预是强制性的，意味着可能会使用武力，而援助是与减轻人类痛苦和灾难联系在一起的。"❹ 人道主义干预不仅涉及国际伦理，同时还包括国际政治和国际法。而人道主义援助更多涉及的是道德伦理。人道主义干预的根据是人权的国际保护，人道主义援助主要

---

❶ 奈.理解国际冲突：理论与历史[M].张小明,译.上海：上海人民出版社,2002：225.

❷ WELSH J M. Humanitarian intervention and international relations[M].Oxford：Oxford University Press, 2004：3.

❸ International Commission on Intervention and State Sovereignty. The responsibility to protect[R].Ottawa, 2001.

❹ PIETERSE J N. World orders in the making：Humanitarian intervention and beyond[M].New York：Macmillan Press Ltd.,1998：4；42.

侧重于对战争受难者实施人道主义保护，尽量减轻战争给人类带来的痛苦和灾难这个方面。根据冷战后的国际社会实践，"某国国内发生人道主义灾难事件，该国政府如果拒绝国际社会的人道援助，则将威胁国际社会的稳定与安全。根据《联合国宪章》第七条，联合国可以强制授权进行干预"。❶ 可见，只有当人道主义援助无法解决人道主义危机时，才有可能进行人道主义干预。

1999 年 3 月下旬，随着以美国为首的北约对科索沃事件干涉的升级，"新干涉主义"逐步明朗化❷，国内学术界有关"新干涉主义"的讨论也达到了高潮。"新干涉主义"在本质上是一种"有选择性"的干预案例，是在"人权高于主权""人权无国界"等理论的基础上演化出来的，是以捍卫人权和打击恐怖活动为借口，以武力干涉他国内政为手段的社会思潮和外交策略。"新干涉主义"是"人道主义干预"泛化和异化的重要表现，导致有关"人道主义干预"概念理解上的混乱，也造成了国内一些学者对"人道主义干预"持完全的负面评价。很多国内学者将人道主义干预和"新干涉主义"完全等同视之，停留在对二者的政策性应景批判，这严重制约了对人道主义干预问题的深入研究。"新干涉主义"强调人权的普遍性和绝对性，否定主权原则和不干涉内政原则，它是以美国为主导的西方国家，打着"人道主义"的幌子建立世界秩序的一种有效手段，本质上是霸权主义和强权政治的产物。尽管人道主义干预与"新干涉主义"有很多相似之处，但人道主义干预并不否定人权的相对性，承认国际社会文化的多样性，它有着自身丰富的历史发展路径和特征要义。在某种程度上，如果规制合适，范围和程度有限，并获联合国授权，它能维护人类社会的共同利益，防止侵犯人权行为的发生，保障人民的生命安全免遭种族清洗等人类罪的侵害，两者有着重要区别。

---

❶ GRIFFITHS M,LEVINE I,WELLER M. Sovereignty and suffering[M]//HARRISS J. The Politics of humanitarian intervention.London:Pinter,1995:46-47.

❷ MANDELBAUM M. A perfect failure[J].Foreign Affairs,1999,78(9/10):2-5.

当前国内研究中，"人道主义干预"是一个有争议的带有贬义色彩的词汇。❶ 这一方面是因为长期意识形态的紧张对抗性和对国际社会的一种抵触性认知长期作用的结果，另一方面更是因为人道主义干预的概念本身就存在着一种紧张性或者矛盾性。"人道主义"（humanitarian）被用于描述人类社会普世性的价值原则和国际社会的正义行动。但"干预"（intervention）却包含着一种非法使用武力的负面含义，违反了《联合国宪章》中关于"主权平等""不干涉内政"、禁止使用武力或武力相威慑的明确规定。而将这两个表面矛盾的词放在一起必然会产生一种意涵复杂的激烈争议。"人道主义干预这个提法实际上是自相矛盾的。"❷ 在国内由于翻译和选择角度的不同，"humanitarian intervention"一词，有时候常被译成"人道主义干涉"。本研究在处理这一问题时，采用"人道主义干预"译法。一方面，因为在中文语境中，"干预"的语气比"干涉"弱，贬义色彩较淡，基本属于一个略带贬义的中性词。从当前国际社会人道主义实现与保护的角度出发，这种提法为科学严谨的讨论和研究提供了更多的空间可能性。另一方面，本研究的"人道主义干预"概念在发展到"保护的责任"时，更多是指 2005 年世界首脑大会确认的原则，也就是基于道德价值的考量，旨在实现人类的共同福利和维护最基本的人权价值，如果某行为体的行为足以挑战最低的价值底线（诸如生命权），实施种族屠杀和族裔清洗等行为，国际社会有责任去维护国际秩序、实现国际正义，因而国际社会在保护最基本人权的责任方面存在一种最低限度的连带一致性。本研究目标也是重点探讨如何超越各国"私利"及文

---

❶　北京大学国际关系学院朱锋教授认为，目前国内学术界有一种"一边倒"的看法，那就是，只要是"人道主义干预"都是不可接受的。事实上，要对"人道主义干预"做具体问题具体分析。他认为联合国维和行动在很大程度上也是一种"人道主义干预"，"人道主义救援"在本质上也是"人道主义干预"的一种。如果我们把一切"人道主义干预"都视为反动的，这将不利于加深中国参与国际社会合作的程度。——朱锋."人道主义干涉"：概念、问题与困境[M]//杨成绪.新挑战——国际关系中的"人道主义干预".北京：中国青年出版社,2001:180.

❷　周红乐.论人道主义干预的军事干预标准——质疑功利主义标准之"合理的成功机会"[J].研究生法学,2008(2).

化差异，构建一种抽象的，能够在各国主体间意义上得到广泛接受的理想状态人道主义干预"最大公约数"，因而本研究的人道主义干预在某些程度上是作为规范性要素加以研究的。为了避免学术研究的多义混乱，本研究统一采用"人道主义干预"一词。但有时候，根据研究需要，"人道主义干预"和"人道主义干涉"会交替使用。

三、当代人道主义干预的特征

从上面对人道主义干预定义的界定，可以看出，其具有以下几方面的特征。

（1）干预的首要或者说初始动机必须限于人道主义目的。衡量是否是人道主义的唯一标准是动机，干预的动机必须是出于纯粹的人道主义。❶ 正如约翰·文森特指出，"如果某国有计划地践踏基本人权，那么国际社会就可能面临着人道主义干预的责任"。❷那些"令世人道德良心震惊"的人道主义灾难事件❸，是外界干预的基本动因，国际社会有责任采取行动，保护他们免受屠杀。国际社会的道德规范要求各成员国必须保护好本国公民的人权。❹因而，干预必须采用与人道主义目标相一致的手段，其检验标准就是干预是否结束了剥夺人权、种族屠杀和族裔清洗的行为。❺

（2）人道主义干预的手段是包括军事在内的各种方式。人道主义干预有许多不同的手段和途径。从总体上划分，干预一般包括两种手段。一种是非

---

❶ RAMSBOTHAM O,WOODHOUSE T. Humanitarian intervention in contemporary conflict[M].New York：Polity Press,1996:43.

❷ VINCENT R J. Human rights and international relations[M].Cambridge：Cambridge University Press,1986:127.

❸ WALZER M. Just and unjust wars：A moral argument with historical illustrations[M].4th ed.New York：Basic Books,2006:107.

❹ MAYALL J. World politics：Progress and its limits[M].Polity Press,2000:131.

❺ JONES B.Intervention without borders：Humanitarian intervention in Rrwanda,1990—1994[J].Millenium：Journal of International Studies,1995,24(2)：225-248.

军事干预，即威胁和使用经济、外交或其他制裁措施。❶另一种就是武力的强制性干预，即直接的军事介入。在实施人道主义干预时，往往也会交替使用国际干预的多样性手段，干预的程序也会从外交舆论压力、经济制裁、军事行动等逐步由低强制性向高强制性干预手段过渡。不管哪种手段，必须达到强制性效果，即实现基本人权的保障和地区安全的维护。正如华尔兹所言："人道主义干预只能用于反对极端的人权侵害而非用于反对日常的压迫。"❷从当代国际社会的实践来看，人道主义干预更多的是指一种直接的强制性干预，而以武力或者以武力相威胁的方式，更是冷战后人道主义干预选取的主要手段。

（3）干预是为了保护被干预国公民免受"非人道事件"，也就是严重的侵犯基本人权，而非保护旅居国外、处于紧急危险状态下的本国国民。❸如果干预是被用于保护本国国民的安全，那么就不应该被定义为人道主义干预了。❹日本知名学者大沼保昭认为，"把人道主义干预的保护范围限于本国国民或居住该国的外国居民，是在用同一个概念谈论具有不同性质范畴的事，这使得研究变得十分混乱"。❺而国际法专家约翰·汉弗莱认为，"一些国家

---

❶ "人道主义干预应该被理解为非武力方式干预,即干预应通过非军事方式来缓解人道主义灾难。"——SCHEFFER D J. Towards a modern doctrine of humanitarian intervention[J].University of Toledo Law Review,1992:266.

❷ WALZER M. The moral standing of states:A response to four critics[J].Philosophy and public affairs,1980,9(3):214-218.

❸ MURPHY S D. Humanitarian intervention:The United States in an evolving world order[M].Philadelphia:University of Pennsylvania Press,1996:11-12.

❹ 人道主义是政府短期内通过军事手段来保护本国民众在他国人道主义灾难中的生命与安全——BAXTER R,LILLICH R B. Humanitarian intervention and the United Nations[M].Charlottesville:University Press of Virginia,1973:53; BEYERLIN U.Humanitarian intervention[M]//BERNHARDT R. Encyclopedia of public international law. Amsterdam:North-Holland Publishing Co., 1982:213-214; RONZITTI N. Rescuing nationals abroad through military coercion and intervention on grounds of humanity[M].Dordrecht:Martinus Nijhoff,1985:89-113.

❺ 大沼保昭.人权、国家与文明[M].王志安,等,译.北京:生活·读书·新知三联书店,2003:109.

为其公民的利益而发起的干预行为都不是传统意义上的人道主义干预"。● 比如，2011 年，中国在利比亚的撤侨行为，就不能归为人道主义干预行为。因而，应当将人道主义干预与保护侨居外国的本国公民所进行的干涉区别开来。

（4）干预的主体多元化，既包括联合国也包括由联合国授权的组织，甚至单个国家。人道主义干预的主体主要是国际组织。它既包括联合国等全球性政治组织，也包括一些区域性和专业性的国际组织，其中联合国是实施人道主义干预的唯一合法主体。大国在采取人道主义干预行动时也常常借助联合国的名义。联合国以外的其他干预主体一般为联合的多国组织（如北约）、非洲统一组织、阿盟、非政府的国际组织（如"大赦国际""人权观察"等人权组织）等。

（5）干预的主体与客体的不平等性以及干预对象的选择性。一般情况下，人道主义干预只在两个条件得到满足的情况下才有可能：一是从人道主义干预中获益或者受损的国家是弱国；二是一国政府或者多国政府动用了足够的资源来实施这个任务。"最后产生的结果是一个有选择地、有限地和不平等地履行人道主义干预的原则。"● 从人道主义干预的历史和实践来看，有能力进行人道主义干预的国家或组织主要是西方一些大国或多国集团，而众多的弱小国家往往成为被干预的对象。大多数弱小国家既不愿意也没有能力进行人道主义干预。而对于大国而言，即使发生了侵犯人权的情势，危及众多居民的生命安全，例如西方舆论界所称的俄罗斯在车臣的军事行动，国际社会往往是无能为力的，难以做出有效的反应，更不用说采取强制性的人道主义干预行动了。美国在卢旺达、索马里等非洲人道主义灾难中无作为，而对于波黑、伊拉克、利比亚等问题则兴趣极高。国家利益这一核心要素决定了在一些情况下人道主义干预是必要的，而在另一些情况下是要不得的，此即所谓"有选择的干预"。● 可见，干预者与被干预者的不平等性以及对干预对

● 汉弗莱.国际人权法[M].庞森，等，译.北京：世界知识出版社，1992：29.

● 周琪.人权与主权——人权与外交国际研讨会论文集[M].北京：时事出版社，2002：321.

● 周桂银.中国、美国与国际论理[J].国际政治研究，2003（4）：37.

象的选择性，是人道主义干预的又一显著特征。

第三节 人道主义干预的历史回顾

在不同的历史阶段和时代背景下，人道主义干预的表征形式、干预的内容、方式要求和效果、原则各不相同。自奴隶社会以来，随着国家的出现，就有了国际干预的萌芽。西方公认的第一次人道主义干预实例可以追溯到 19 世纪上半叶：土耳其帝国统治下的希腊爆发反奥斯曼帝国的起义，希腊人民遭到残暴镇压，英、法、俄对土耳其进行了多次联合或单独的干预。1860—1861 年叙利亚发生了基督教马龙派教徒被穆斯林屠杀事件，英、法等国派兵干预叙利亚。19 世纪上半叶人道主义干预多以保护遭受到宗教迫害的教徒为名。但在 19 世纪下半叶，随着殖民热潮的兴起，人道主义干预成为诸列强攫取殖民利益的一个工具。进入 20 世纪，"人道主义干预"被德、日、意法西斯国家滥用，使得以人道主义为理由的国际干预在相当一段时期内受到抑止，人道主义干预理论被等同于传统的殖民主义强权行为。1945 年后，联合国的成立使人道主义干预理论获得普遍性国际发展。"联合国把人道主义干预行动发展成为比较规范的国际性活动，诸如人道主义救援行动和维和行动等。"❶ 冷战时期的人道主义干预多被美苏两强所利用。冷战结束后，联合国的人道主义干预行动的次数大幅度增加，和平与武力方式交替使用，以军事"强制实施和平"的事例不断增多。例如联合国对海地、索马里、卢旺达、前南、东帝汶等地区的维和行动。当然，为须指出，美国打着"人道主义"幌子，对科索沃、伊拉克、阿富汗、利比亚、叙利亚等国际干预，旨在实现自己的战略目标，违背了价值中立原则，甚至成为国际冲突的一方，从而严重损害了人道主义干预的声誉和威信，破坏了国际道义团结阵线。

---

❶ 周琪.人权与主权——人权与外交国际研讨会论文集[M].北京:时事出版社,2002:321.

一、20 世纪以前的人道主义干预

20 世纪之前，人道主义干预与宗教文化紧密联系在一起，其集中于防止少数宗教人士遭受迫害。历史上，正是这种对本国宗教或人种等方面的少数者的迫害和压迫的行为，引起了某些西方国家以人道为理由的干预。

19 世纪与人权保护有关的近现代国际法的发展主要表现在保护少数者、禁止奴隶制和奴隶贸易以及战争法上的人道主义规则这三个方面。❶ 近代"人道主义干预"的历史始于 19 世纪，历史上最著名的人道主义干预的事例，当数 19 世纪 20 年代英、法、俄对土耳其的干预。1827 年，英、法、俄以保护遭到迫害的基督徒为名，对奥斯曼土耳其帝国进行的干预，被认为是最早的人道主义干预事件。19 世纪，土耳其帝国境内矛盾重重，统治阶级的穆斯林与被统治的基督徒之间的宗教矛盾十分尖锐。1821 年，土耳其统治下的希腊爆发起义，要求独立。1825 年，土耳其的藩属国埃及派出强大的海陆军队前来希腊镇压起义，大肆屠杀希腊人民。1827 年 8 月，英、俄、法三国发出最后通牒，要求土耳其承认希腊独立地位。在土耳其拒绝此要求后，英、法、俄出兵进行武力干涉。英、法、俄三国联合舰队打败土埃联合舰队，1830 年希腊获得独立。英、法、俄三国的干预以"宗教保护"为名，但却包含着对巴尔干地缘政治侵略的明显战略意图。

1860—1861 年，土耳其统治下的叙利亚发生了数千基督教马龙派教徒被穆斯林屠杀事件，英、法、奥、普、俄联合出兵干涉。叙利亚德卢兹穆斯林教派和马龙基督教派教徒的冲突从 19 世纪四五十年代开始。1860 年 6 月，两派的紧张关系达到极点。法国政府警告奥斯曼土耳其政府要维护社会秩序，但后者却没有做出任何反应。后来德卢兹教派屠杀了几千名马龙派教徒。这一事件导致了法国采取行动，"人道主义考虑"是法国宣称其行动的主要理由。1860 年 8 月，欧洲国家英国、法国、奥地利、普鲁士、俄国和奥斯曼土

---

❶ 白桂梅,龚刃韧,李鸣.国际法上的人权[M].北京:北京大学出版社,1996:2.

耳其政府签署了一项议定书，随后的一项条约授权一支 12000 人的多国部队到叙利亚进行为期六个月的恢复社会秩序工作。这次干涉是一个集体干预的例子。"对这次干预，欧洲国家认为，在叙利亚的人道主义干预是合法的；在奥斯曼的主权和人道主义危机之间，欧洲国家选择以侵犯奥斯曼帝国主权的代价，来保护公民的人权。"❶

虽然欧洲大陆的强国声明对土耳其的干预行动主要基于"人道主义"动机，但是欧洲列强的所有干预行动与其外交战略上的"东方政策"紧密联系在一起，突出体现为对中东欧巴尔干地区的"势力扩张"以及对奥斯曼土耳其帝国的遗产瓜分。如在干预希腊起义的行动中，英国担心俄国势力扩张到地中海，因此与俄国联合行动以对其进行约束；俄国干预土耳其的行动则与其妄图控制黑海出海口的野心有直接关系。

20 世纪之前的人道主义干预分析如表 2-2 所示。

表 2-2 20 世纪之前的人道主义干预情况

干预时间	被干预国	干预国	干预理由	干预结果
1827 年	奥斯曼土耳其统治下的希腊	英国、俄国、法国	土耳其血腥镇压希腊独立起义，造成人道主义灾难	阻止了土耳其的屠杀，希腊获得独立
1860—1861 年	奥斯曼土耳其统治下的叙利亚	英国、法国、奥地利、普鲁士、俄国	穆斯林屠杀基督教徒	阻止了种族屠杀，基督教徒得到保护
1866 年	克里特岛	法国、奥地利、普鲁士、意大利、俄国	基督教徒被迫害	阻止了种族屠杀，基督教徒得到保护
1875 年	波斯尼亚	欧洲诸列强	基督教徒被迫害	阻止了种族屠杀，基督教徒得到保护

❶ 唐纳利.普遍人权的理论与实践[M].王浦劬,等,译.北京:中国社会科学出版社,2001:245.

干预时间	被干预国	干预国	干预理由	干预结果
1877 年	保加利亚	欧洲诸列强	基督教徒被迫害	阻止了种族屠杀，基督教徒得到保护
1887 年	马其顿	欧洲诸列强	基督教徒被迫害	阻止了种族屠杀，基督教徒得到保护
1898 年	西班牙统治下的古巴	美国	西班牙残酷压迫古巴人民	美国取代西班牙统治了古巴

对这一时期的人道主义干预事件分析如下。

（1）从历史演进来看，这些人道主义干预事件都发生在 20 世纪以前。此时的国际社会处于无政府、无秩序、无制度状态。国际法尚未完善，约束力有限，没有得到大多数国家的承认和遵守；国际社会处于典型的霸权主义和强权政治的时代，国家主权没有得到大多数国家的承认，对主权的尊重和保护也无从谈起。一国的力量足够强大，就可以按照自己意愿发动对别国的武力干预，虽然干预被冠以"人道主义"的称号，但实质上属于单方面的侵略行为。

（2）从干预国和被干预国来看，这一时期的人道主义干预事件几乎全部是欧洲列强国家干预弱小或实力稍弱的国家。奥斯曼土耳其帝国及其附属的殖民地在这一时期是欧洲列强干预最多的国家。奥斯曼土耳其帝国建国于 13 世纪末，随着欧洲大陆列强的兴起，16 世纪以后，帝国开始由盛转衰，社会动荡不安。奥斯曼土耳其帝国是一个多种宗教纷繁交织的国家，其统治阶层为信奉伊斯兰教的穆斯林，而信奉其他宗教的，诸如基督教、天主教等教民受到残酷的压制和迫害。英国、法国、普鲁士、俄国、奥地利和意大利等欧洲大陆强国民众多信奉基督教和天主教，在宗教信仰方面与奥斯曼土耳其帝国受迫害教民一致，这些国家同时拥有较强的经济实力和军事实力，在国际政治中处于霸权体系的顶端。这些欧洲强国以保护教民的名义，多次干预奥斯曼土耳其帝国。欧洲强国的干预表明，早期的人道主义干预，由于干预国与被干预国之间实力的巨大差距，以及在国际体系中的霸权等级差别，体现出干预的严重不公平性和不对称性。

（3）从干预的理由来看，干预多是由于一国境内发生了人道主义灾难事件引发。例如，1827 年土耳其借助埃及军队残酷镇压希腊境内起义，1860—1861 年发生在叙利亚的基督教徒被屠杀事件。但是，要看到这些"人道主义事件"和欧洲列强之间的关系。欧洲范围内，引起干预的原因无一例外都是基督教徒遭受其他教徒的迫害。传统欧洲强国民众大多信仰基督教，基督教义宣扬耶和华为人类的救世主，普天之下的"基督教徒"都为兄弟姐妹。在欧洲列强看来，如果其他国家不能很好地对待本国的基督教徒，就犹如自己的亲人受到虐待一样是不能接受的。相反，并没有出现因为穆斯林教徒被迫害而引起欧洲强国发起干预。这就反映出 20 世纪以前的人道主义干预的片面性，以基督文化为特质的西方价值观作为干预坐标，即国际社会应该接受这样一个前提："欧洲的文化、宗教信仰不可侵犯，是人类应该遵守并保护的"，如果有违反这样原则的事情出现，就有必要进行干预，使用外交或武装力量，最终迫使被干预国接受并遵守"欧洲基督教国家的价值观和普遍做法"。在基督教文明的优越感和国际法适用于"文明"国家的意识下，人道主义干预成为西方列强的"专利"，西方列强不断利用人道主义干预在全世界攫取政治利益和经济利益。❶ 这种带有文化歧视内涵的人道主义干预是典型的"选择性干预"行为。

（4）从干预的目的和结果来看，干预的目的往往表现为"阻止人道主义灾难，阻止屠杀，保护基督徒等"；干预的间接目的，也是其根本目的，则是大国争霸的一种手段和干预别国事务的一种借口。干预的结果往往表现为，干预国通过武装力量的介入，在阻止了人道主义灾难的同时，也最大限度地攫取了自己的国家利益。干预行动的背后，往往隐藏着干预国对被干预国的

---

❶ 魏宗雷,邱桂荣,孙茹.西方"人道主义干预"理论与实践[M].北京:时事出版社,2003:19.

其他用意。近代国际法传统意义上的"人道主义干预"都集中表现为欧美列强对土耳其以及东欧国家的单方面武力干涉行为，而且，每次干涉都是基于干涉国自身的政治利益需要考量。❶ 比如，对奥斯曼土耳其帝国的一系列干预是和当时欧洲国家的"东方政策"紧密交织在一起的，其核心就是加强欧洲国家在巴尔干地区的影响，削弱奥斯曼土耳其帝国的影响，将其肢解，瓜分其领土。在这样的外交思想指导下，对于国力衰弱的奥斯曼土耳其帝国的干预就接连发起。每一次干预，都直接或者间接地促使了土耳其统治的瓦解。1827 年，英、俄、法联合干预希腊后，希腊从奥斯曼土耳其帝国独立出来。参与干预土耳其帝国，俄国是想获得并控制黑海出海口，英国想把埃及变为自己的殖民地，法国则对土耳其控制下的叙利亚垂涎三尺。1875 年对波斯尼亚，1877 年对保加利亚，1887 年对马其顿的干预，可以看作是欧洲各国争霸巴尔干地区的一系列举措。1898 年美国干预古巴，从干预的目的来看，也包含着美国占据古巴的野心，干预的结果也验证了美国的这一目的——美国统治了古巴。

分析表明，20 世纪之前的人道主义干预具有"不纯粹性"，干预的原因不仅仅是单纯的"人道主义灾难"，在干预背后，夹杂着干预国诸多其他目的；干预的结果总是干预国在阻止了人道主义灾难的同时，也攫取了自己的利益。他们的干预动机，正如国际法学家奥本海所指出的，"没有任何国家会在不涉及本身重要利益的情况下干预他国事务"。❷

二、冷战期间的人道主义干预

第二次世界大战期间，德、日、意法西斯种族屠杀和族裔清洗行为，野蛮地践踏了人类社会最基本人权，激起了全世界人民的义愤，因而战后国际人权保护问题开始受到国际社会的普遍关注。1945 年以维护并实现人类社会

❶ 龚刃韧.国际法上人权保护的历史形态[J].国际法年刊,1991:230-231.

❷ 拉布金.新世界秩序中的人道主义干预:为何原有的规则更好些[M]//杨成绪.新挑战——国际关系中的"人道主义干预".北京:中国青年出版社,2001:23.

共同利益的联合国成立，标志着国际组织进行合法人道主义干预的开始。《联合国宪章》第 2 条第 4 款规定"各会员国在其国际关系上不得使用威胁或武力"，确定了武力干预的非法性，人道主义不应该成为使用武力的理由。但在国际实践中，人道主义干预的事例时有发生。从联合国成立至 1989 年苏联解体，以美、苏为首的两大集团的对抗使世界进入冷战时期。在两极争霸的背景下，国际法的效力以及联合国的权威被低估和践踏，违反国际法的单方武力干预行动屡有发生，只有少数干预是在联合国授权下进行。

冷战期间联合国发起的以人权保护为宗旨的人道主义干预行动，依附于美、苏两极对抗体制，因而发挥的作用和取得的成就都很有限。根据人道主义干预主体和理由的不同，可以将这期间的干预行为分为三类。

第一类是单个国家以"保护本国国民安全"为理由的人道主义干预（见表2-3）。[1] 在此类人道主义干预事件中，干预国宣称是以《联合国宪章》的自卫权为法理基础，以"保护自己国民的安全"为理由，绕过了宪章的"不干涉内政原则"，将单独的军事行为解释为必要的干涉行为。但是，《联合国宪章》并没有明确规定国家是否有权为了保护在外国的本国国民而进行干预。如果本国国民在异国土地上面临迫害或生命威胁时，国家就可以以此为借口发起单方人道主义干预，无疑是对别国主权的侵犯，也违反了《联合国宪章》的不干涉内政原则。

表 2-3　单个国家以"保护本国国民安全"为理由的人道主义干预事例

干预时间	干预国	被干预国	干预理由
1960、1964 年	美国、比利时	刚果	在刚果内乱中保护美国、比利时国民
1965 年	美国	多米尼加	保护美国国民

---

[1]　魏宗雷，邱桂荣，孙茹.西方"人道主义干预"理论与实践［M］.北京：时事出版社，2003：38-50，135-190.

续表

干预时间	干预国	被干预国	干预理由
1976 年	以色列	乌干达	解救被劫持的飞机上的乘客（大部分为以色列国民）
1978 年	法国、比利时	扎伊尔	拯救欧洲侨民
1983 年	美国	格林纳达	保护美国国民
1989 年	美国	巴拿马	保护美国国民

第二类是单个国家以"阻止非本国国民遭受迫害"为理由的人道主义干预（见表2-4）。为了阻止非本国国民受到迫害而进行的单方面武力干预，严格讲，不应该属于人道主义干预。印度干预巴基斯坦，越南干预柬埔寨，坦桑尼亚推翻乌干达阿明政权，虽然干预国都宣称自己的行为是"人道主义干预"，这些干预的客观结果的确也起到了结束大规模侵犯人权的作用，但他们最根本的干预目的还是出于地缘政治战略利益考量，这显然是对人道主义干预的曲解和借用。在没有联合国合法性授权的情况下，悍然在他国领土上使用武力，严重侵犯了国家主权。由此表明，没有严格规范以及合法性授权的人道主义干预，很容易成为侵略行为的借口。

表2-4　单个国家以"阻止非本国国民遭受迫害"为理由的人道主义干预事例

干预时间	干预国	被干预国	干预理由
1971 年	印度	巴基斯坦	巴基斯坦军队犯下了屠杀和种族灭绝暴行
1978 年	越南	柬埔寨	红色高棉实施灭绝人性的大规模侵犯人权政策
1979 年	坦桑尼亚	乌干达	阿明政权严重侵犯人权
1979 年	法国	中非	博卡萨政府对中学生的屠杀
1979 年	苏联	阿富汗	缓和、尊重基本人权

第三类是国际组织以"人权保护"为理由的人道主义干预（见表2-5）。

1964 年，联合国安理会授权的联塞部队介入希腊和土耳其的人道主义争端，联合国此次的干预主要目的是防止希腊族塞浦路斯人（以下简称"希族塞人"）与土耳其族塞浦路斯人（以下简称"土族塞人"）之间再度发生战事。1974 年，联合国又再次扩大了该部队的职责范围，向居住在该岛北部的希族塞人和马龙派教徒提供人道主义援助。联合国这次干预行动，持续时间长，并得到各方的支持，很好地维护了地区稳定与安全，取得了积极的成果。此外，联合国对南非的国际干预也取得了积极效果。20 世纪，南非因推行种族隔离制度，造成大规模人道主义灾难，在联合国的授权和主导下，对南非进行了人道主义干预，其结果是结束了南非种族隔离制度，实现了民族和解。联合国在南非的行动具有重要的积极意义，通过对南非的成功干预，国际社会有关人道主义干预形成了一定的共识：第一，人权不仅仅是一个国家国内的权限，而且是国际法和国际舆论的一部分；第二，在保障国家主权和领土不受侵犯的同时，对于人权的保护是联合国应该担负起的国际职责；第三，侵犯人权是一种国际罪行，联合国可以对此依宪章第 7 章行动；第四，在出现了侵犯人权的情况下，由联合国授权的干预是合法的。❶

表 2-5　国际组织以"人权保护"为理由的人道主义干预事例

干预时间	干预组织	被干预国	干预理由
1948 年	阿拉伯国家联盟	巴勒斯坦	以色列驱逐、屠杀阿拉伯人
1964 年	联合国	塞浦路斯	监督停火线，维持缓冲区并从事人道主义活动
1970—1990 年	联合国	南非	维护人权，结束种族隔离制度

三、冷战后的人道主义干预

冷战结束后，人道主义干预进入一个新的发展时期。"1990 年之所以成

---

❶ 李红云.人道主义干涉的发展与联合国[J].北大国际法与比较法评论,2001(1).

为一个时代的分水岭，主要是因为东西方之间紧张态势的结束降低了干涉的成本。"❶ 联合国的人道主义干预行动的次数大幅度增加，和平与武力方式交替使用，以军事"强制实施和平"的事例不断增多。冷战后的人道主义干预大致分为三类。①联合国授权的较为成功的人道主义干预，主要是以联合国维和行动和制裁行动为主体的干预活动，干预结果维护了地区安全，保护了被干预国民众人权，实现了国家平稳与过渡。②联合国授权的失败的人道主义干预，主要是以联合国维和行动和制裁行动为主体的干预活动，干预结果没有结束被干预国动乱局面，以失败告终。③联合国授权之外的干预行动，主要指某组织或某国单独进行的干预行为，此类干预结果大多造成新的人道主义灾难，没有实现干预目标。❷

（1）联合国授权的成功的人道主义干预（见表 2-6）。冷战后，联合国在解决地区冲突和治理危机国家的人道主义灾难时，成功通过各种方式防止冲突扩大化，保护了平民生命财产权利，维护了地区安全稳定，防止了人道主义灾难扩大。例如，20 世纪 80 年代以来，萨尔瓦多一直处于内战状态，该国民众生命受到严重威胁。联合国在多年呼吁冲突双方停火但未能获得实质结果之后，于 1990 年开始，联合国正式宣布对萨尔瓦多局势进行干预。在联合国的强力干预下，萨尔瓦多内战双方签订和平协议，结束内战。联合国安理会于 1991 年 5 月通过了第 693 号决议，决定向萨尔瓦多派出 170 名观察员以检查该国遵守《人权协定》的情况。这是联合国派遣的第一支以人道主义为目的的人权维和观察团。1992 年，联合国秘书长加利向安理会提出建议扩大联合国萨尔瓦多观察团的任务，派遣 1000 名维和部队，以监督达成的协议。萨尔瓦多行动是联合国在冷战后开展的一次成功的维和行动，它以和平方式完成了自己的使命。

---

❶ WEISS T G,Collins C. Humanitarian challenges and intervention:World politics and the dilemmas of help[M].New York:Westview Press,1996:18.

❷ 魏宗雷,邱桂荣,孙茹.西方"人道主义干预"理论与实践[M].北京:时事出版社,2003:192.

表 2-6　联合国授权的较为成功的人道主义干预事例

干预时间	干预组织	被干预国	干预理由
1990 年	联合国	萨尔瓦多	长期内战给人民带来严重灾难，造成国内政治分裂、社会动荡、经济凋敝
1992 年	联合国、欧盟、北约	波黑	塞尔维亚族、克罗地亚族和穆斯林的冲突，导致 200 多万人流离失所，沦为难民
1993 年	联合国	海地	国内反对派政变，需要重建法制与秩序
1999 年	联合国	东帝汶	国家独立，印尼派与独立派发生流血冲突，局势恶化

（2）联合国授权的失败的人道主义干预（见表 2-7）。1992 年，索马里陷入内乱。联合国安理会讨论了索马里局势，并通过了第 733 号决议，决定派兵索马里，向索马里饥民提供人道主义援助，恢复和平、安全和稳定的秩序。1992 年 12 月，安理会又通过了第 794 号决议，同意美国以联合国名义组织一支多国部队。但是随后的美国海军陆战队的干预，由于"黑鹰事件"，并没有取得效果，索马里陷入更为混乱的无政府状态，联合国只能撤出索马里。一场耗时 27 个多月，花费 20 多亿美元，死亡 132 名维和士兵的由联合国主导、美国军队干预为主的国际干预，以维和失败而告终。索马里是一个国家因其对人权的侵害而导致外部军事干预的第一例。● 尽管这次人道主义干预行动最终以失败告终，"但是联合国对索马里的干预是自《联合国宪章》通过之后，安理会第一次授权进行的由某国主要承担的单独或集体的人道主义干预"。● 同样，1994 年，发生在卢旺达的种族大屠杀，也是联合国失败的

● 施莱，布塞.美国的战争——一个好战国家的编年史[M].陶佩云，译.北京:生活·读书·新知三联书店,2006.

● 克里斯腾森.人道主义干预的政治与道德层面[M]//周琪.人权与主权——人权与外交国际研讨会论文集.梁晓燕，等，译.北京:时事出版社,2002:339.

典型人道主义干预案例。1994 年卢旺达胡图族对图西族实行种族灭绝大屠杀，共造成100 多万生命的死亡。尽管联合国在屠杀之前也授权美国和比利时等国进行人道主义干预，但是美国政府以在索马里人道主义干预失败为"教训"，不愿意介入毫无国家利益的非洲荒漠之地。而作为传统卢旺达的宗主国，比利时政府以 10 名比利时维和军人遭到杀害为由，撤出了在卢旺达的部队，并带走了所有的武器。联合国在卢旺达种族大屠杀事件中表现消极，成为"旁观者"。大屠杀发生的第四天，联合国安理会才通过投票，象征性地在卢旺达保留 260 名维和人员，其职责仅仅是为了调停停火和提供人道主义援助。在卢旺达种族大屠杀持续了近一个半月后，联合国才决定将援助团人数增加到 5500 人，扩大其行动授权，并说服其他国家参与救援行动。但是卢旺达 100 万民众的生命无法挽回，联合国在卢旺达人道主义干预中的失败表现，推动了有关人道主义干预的世界性讨论。

表 2-7　联合国授权的失败的人道主义干预事例

干预时间	干预组织	被干预国	干预理由
1992 年	联合国	索马里	军阀武装割据，国家四分五裂，处于无政府状态
1994 年	联合国	卢旺达	图西族和胡图族之间爆发武装冲突，种族大屠杀蔓延全国①

①颜旭. 卢旺达大屠杀中美国政府的"不作为"政策及其原因［J］. 大庆师范学院学报，2007
（8）：133.

（3）联合国授权之外的干预行动（见表 2-8）。此类干预行动一般被称为"新干涉主义"，它与霸权主义、强权政治有着密切的联系，此类干涉的背后隐藏着干预者重要的地缘政治和经济利益考虑。如，1991 年，美英等西方国家派兵进入伊拉克北部地区，在伊拉克北纬 36 度以北建立了库尔德人"安全区"，美英尽管是在联合国"谴责"伊拉克对库尔德人的屠杀基础上设立"安全区"，但无疑侵害了伊拉克的主权完整，国际干预的武力和强制手段愈发明显。1992 年，美国等西方国家以 "保护伊拉克南部穆斯林什叶派免遭伊空军轰炸" 为借口，在伊拉克南部北纬 32 度以南地区建立了 "禁飞区"。1998 年，美国和英国在未经安理会授权，也未经任何事先警告的情况下开始对伊拉克发动代号为 "沙漠之狐" 的军事行动。此次干预行动导致伊拉克大量人员伤亡和财产损失。2003 年，美英等联合部队，以伊拉克藏有大规模杀伤性武器为由，绕开联合国，单方面发动对伊拉克的军事行动。此次行动导致萨达姆政权垮台，同时也给伊拉克人民带来长期的战争动荡。再如，1999 年，以美国为首的北约，打着 "人道主义灾难" 幌子，在没有联合国安理会授权情况下，对南联盟发动了一场为期 78 天的军事打击，这次干预是典型的 "新干涉主义"。❶ 尽管北约在声明中指出，发动科索沃战争，主要是因为南联盟米洛舍维奇政府侵犯了人权❷，战争将主要是促进人权而使用武力。❸ 但是，毫无疑问，北约这次干预包含着很多地缘政治、意识形态等诸多因素，并不是单纯的 "人道主义" 干预。❹ 这场地区组织主导的干预行动开创了区域组织未经联合国授权就对一个主权国家进行武力干预的极其危险的先例，使联合国的权威受到严重挑战。❺ "针对塞尔维亚的战争侵蚀了有关 '不干涉原则' 适用范围的认同。"❻

---

❶ SAINTS D. Where does Clinton doctrine go[N].Washington Post,1999-07-02.

❷ JOYNER C C,Arend A C.Anticipatory humanitarian intervention:An emerging legal norm? [J].United States Air Force Academy Journal of Legal Studies,1999/2000,10:50.

❸ PAUST J J. NATO's use of force in Yugoslavia[J].Transnational Law Exchange,1999,2:3.

❹ CASSESE A.:Are we moving towards international legitimating of forcible humanitarian countermeasures in the world community[J]. European Journa of international Law,1999(10):25.

❺ SIMMA B.NATO,the UN and the use of force:Legal aspects[J]. EJIL,1999,10(1):14.

❻ NEWMAN M. Humanitarian intervention confronting the contradictions[M].London:Hurst Company,2009:38.

表 2-8　联合国授权之外的干预行动事例

干预时间	干预组织	被干预国	干预理由
1998 年	美英	伊拉克	保护伊拉克库尔德人免遭萨达姆政权种族屠杀
1999 年	美英为首的北约	南联盟科索沃	以"国际人权保护"为幌子，保护科索沃地区阿族免遭种族屠杀
2001 年	美国为首的多部队	阿富汗	逮捕本·拉登等基地组织成员并惩罚塔利班对恐怖分子支援
2003 年	美国为首的多部队	伊拉克	伊拉克藏有大规模杀伤性武器并暗中支持恐怖分子
2011 年	法国、英国等北约国家；阿拉伯联盟	利比亚	卡扎菲政权打压和屠杀反对派，犯下"反人类"罪

从冷战后发生在索马里、卢旺达、海地、科索沃和利比亚等人道主义干预具体案例情况来看，国际社会在某些地方的武力干预明显超过了限度，引发了新一轮的人道主义灾难事件，而在另外一些地方的武力干预力度又显然不足，尤其是后期重建明显滞后。一些地方亟待解决的问题是保障外部武力干预后的实际成效，而另外一些地方亟待解决的问题是保障武力干预的程序合法性问题，以避免武力被滥用。一些地方的案例表明人权比国家主权更为重要，更需要保护，而另一些地方武力干预明显是强权国家披着道德的外衣，打着"人道主义干预的幌子"，实际是欺负弱小国家。

可以看出，人道主义干预尽管有一定的伦理和法理依据，但在当前国际社会仍然发展不够成熟、充分的情况下，还存在着广泛的争议和诸多不足之处。如何去克服人道主义干预所存在的道德理想与实践结果的背离性，如何去规制人道主义干预，制定人道主义干预合法化的标准，进一步使其规范化，寻求人道主义干预国际"最大公约数"，将是人道主义干预在理论上面临的一项重要课题。

第三章　人道主义干预的理论研究

本章结合国家主权、不干涉内政原则、禁止使用武力原则等国际法原则，重点探讨西方人道主义干预的理论背景、理论演变，并就支撑其理论要核的正义战争、自然法、政治自由主义做全面分析。

第一节　正义战争：西方人道主义干预的源起

在传统国际法中，干涉是被禁止的。人道主义干预之所以在西方有着广泛的市场，主要就是打着"人道主义"旗号，归类为"正义战争"。高举"正义"大旗，曾经在西方盛极一时的正义战争理论可以说是人道主义干预最重要的理论渊源。人道主义干预以"维护人权和伸张人道主义"的"正义"神圣目标为由而使用武力，使暴力干预手段体现出合理性。

正义战争理论是指"在确定何时、何人、何地为何种形式的政治目的而使用武力是正当的，以及对正当使用的武力应如何加以限制的理论"。❶ "正义战争"最早来源于《圣经》，"凡由上帝指令的战争皆是正义的，就是指拿起武器来抗争卑鄙的坏人"。❷西方有关正义战争的思考，缘起于中世纪教会，源流可以追溯到古希伯来、古罗马甚至古希腊时代。"古罗马人西塞罗，古希腊人柏拉图和亚里士多德，都曾就领导者和士兵在进行战争时面临的道德问题撰写过著作。"❸ 西塞罗他们所研究的问题主要涉及发动一场战争所需要的

---

❶ 吴征宇.正义战争理论的当代意义辨析[J].现代国际关系,2004(8).

❷ KHADDUR M. War and peace in the law of Islam[M].Baltimore:Johns Hopkins,1955:51-73.

❸ 考彼尔特斯,等.战争的道德制约:冷战后局部战争的哲学思考[M].北京:法律出版社,2003:18.

道德要素。

中世纪的三位基督教神学家安布罗斯、圣奥古斯丁和托马斯·阿奎那，奠定了正义战争理论的主体内容。"正义的战争不是罪恶，如抵抗侵略、恢复自然权利、惩罚他人的过错"❶，"有助于恢复遭受伤害的自然的善"❷，"正义的目的在于调整人们之间的关系，促成人们致力于公共幸福"。❸ 阿奎那认为"正义战争"必须符合三项条件：一是必须有正当理由，即正义战争必须是矫正、纠错的战争；二是必须有合法权威，即正义战争必须是具有合法地位的人发动的战争；三是必须有正当目的，即正义战争必须是惩恶扬善的战争。❹ 西班牙法学家维多利亚和苏亚雷斯提出正义战争的三个重要条件："坚决杜绝不正义战争；只有当和平手段已经完全失效的时候，才可以诉诸战争这一最后手段；正义战争要取得积极的后果。"❺ 可见，西班牙学者明确区分和系统阐述了"开战正义"和"交战正义"。1625 年，格老秀斯出版《战争与和平法》。他在该书中明确指出，"如果一国对其国民和其他国家国民的待遇明显违反国际法，则另一国为保护其国民或其他国家国民，所从事的所谓'正义战争'是有合法根据的"。❻ 可见，"正义战争"学说是人道主义干预最早的理论渊源。❼

19 世纪以来，实在法获得快速发展，并占领统治地位，部分正义战争思想被重新修正，实现法律化。两次世界大战期间，由于战争的破坏性作用，人们开始反思战争。这一时期，一些国际法积极吸收正义战争理论，例如

---

❶ CLAUDE I L. Just war doctrines and institutions[J].Politics Science Quarterly,1980,95(1):87.

❷ 徐贲.战争伦理和群体认同分歧[J].开放时代,2003(4).

❸ 阿奎那.阿奎那政治著作选[M].马清槐,等,译.北京:商务印书馆,1997:103-127,138-140.

❹ MILLER L H.The contemporary significance of the doctrine of just war[J].World Politics,1964,16(2):255.

❺ 魏宗雷,邱桂荣,孙茹.西方"人道主义干预"理论与实践[M].北京:时事出版社,2003:5.

❻ DRAPER G I A D.Grotius' place in the development of legal ideas about war[M]//BULL H,ROBERTS A. Hugo Grotius and international relations.Oxford:Oxford University Press,1992:195.

❼ 汉默顿.西方名著提要[M].何宁,等,译.北京:商务印书馆,1963:114.

《海牙公约》《非战公约》《国际联盟盟约》《联合国宪章》以及纽伦堡审判和东京审判都积极吸收了正义战争理论。❶ 冷战期间，随着大规模杀伤性武器的出现，以及美国在越南、苏联在阿富汗的战争失败，正义政治理论又开始兴起。迈克尔·沃尔泽的《正义战争和不正义战争》一书，对西方正义战争思想做了全面总结和重要发展，也提炼出正义战争的六原则：正当理由、合法权威、正当目的、成功的可能性、相称性和最后手段。根据六原则，沃尔泽认为，国际干预有时候是必要的，所有国家有责任保护其本国国民的基本人权，国际社会有在"绝对必需"的情境下，为维护基本人权进行国际干预。所谓的"绝对必需"就是"震撼人类道德良知"的那些行为。❷

冷战结束后，世界政治日趋复杂，地区冲突不断，国际干预时常发生，战争尤其是类似于"人道主义战争"再次成为当代国际政治学研究的焦点问题。正义战争理论对冷战后的形形色色战争类型，尤其是干涉战争起到重要的规范作用。❸ 按照西方正义战争的理论，基于人道主义理由的干预战争有其一定的伦理和法理依据，但是要受到严格的限制。这不仅是因为干涉战争比较容易成为某些霸权国家实施国家利益的替代工具，还因为不加约束的国际干预必将破坏国际社会的秩序。可见，正义战争理论为人道主义干预的鼓吹者提供了何时诉诸武力和如何行使武力的伦理基础。"在国际背景下使用暴力（武力）的合法性，首先来自正义战争信念。"❹

---

❶ RENGGER N.On the just war tradition in the 21st century[J].International Affairs,2002,78(2):356.

❷ WALZER M. Just and unjust wars:A moral argument with historical illustrations[M].2nd ed.New York:Basic Books,1992:3.

❸ NARDIN T,MAPEL D R. Traditions of international ethics[M].Cambridge:Cambridge University Press,1992:52-54.

❹ 沃勒斯坦,布热津斯基,等.大变局:30位国际顶级学者研判后"9·11时代的世界格局"[M].陈家刚,等,译.南昌:江西人民出版社,2002:119.

第二节　自然法：西方人道主义干预理论的规范性

自然法是西方政治法律思想的中心问题之一。自然法不是一种法律，而是一种规范，存在人类社会的每一个角落。"两千多年来，自然法这个观念一直在思想与历史上扮演着一个突出的角色。它被认为是对与错的终极标准，是正直生活或合于自然的生活之模范。"❶ 自然法强调价值伦理的重要性，把普遍的根本伦理作为国际规范，这种伦理价值取向是人道主义干预的重要诱因。自然法与正义战争理论在有关人道主义干预的理论渊源方面表现出某些交叉态势，自然法中有关正义的思想正是正义战争理论的根据。

自然法思想最早萌芽于古希腊、古罗马时期。柏拉图对自然法阐述为，"正义原则是基本法，不是统治的工具而是统治的原则"。❷ 西塞罗把自然法清晰地表述为，"通过命令的方式，这一法律号召人们履行自己的义务"。❸ "自然法是统一的，普遍存在于人类社会。"❹ 西塞罗在阐释自然法之外，还对正义和非正义进行严格的辨析，"衡量正义与非正义的标准，按照理性给予每个人以应得的东西，这就是正义的态度"。❺ 阿奎那结合自然法对干预的思想进行深入分析，"一国君主有权基于宗教的利害关系，去干预另一国的内部事务"。❻

17 世纪，格老秀斯开辟了自然法研究的一个新领域，提出自然权利学说，认为个人及其自然权利是法律的核心。"如果国家侵犯了人民的基本权

---

❶　登特列夫.自然法——法律哲学导论[M].李日章,等,译.台北:台湾联经出版社,1984:3.

❷　PLATO. Republic and other works[M].Sioux City,Iowa:Anchor Books,1973:137.

❸　西塞罗.论共和国论法律[M].王焕生,等,译.北京:中国政法大学出版社,1997:120.

❹　CICERO.On the Commonwealth[M]. Macmillan Publishing Company,1976:197-216.

❺　CICERO.De finibus bonorum et malorum[M]. Cambridge:Harvard University Press,1941:23.

❻　FONTEYNE L.The customary international law doctrine of humanitarian intervention:Its current validity under the UN charter[J].California Western International Law Journal,1974,4:214.

利，践踏了司法管辖权，其他国家有权进行干预并重新建立自然法。"❶ "如果君主对其人民实行那种任何正义之士都不会赞同的残暴统治，人类的社会连带权利在这种情况下是不能被切断的。"❷ 格老秀斯有关自然法衍生出来的干预思想，成为人道主义干预一系列原则、规则与和约的道义基础。"格老秀斯是第一个对人道主义干预原则做出权威说明，该原则表明人类暴行一开始，国家排他性的司法管辖权就失效了。"❸

19 世纪中期到 20 世纪初，受主权国家的普遍建立和实证法的影响，自然法思想一直处于低潮。不过，第一次世界大战的残酷现实，表明自然法的重要，理想主义重新回归现实，"新自然法"复兴。❹ "到了 20 世纪 20 年代，自然法在实现否定之否定后，几乎在所有国家中重新复燃。"❺ 这一时期自然法的作用主要体现为《非战公约》的签订。自然法的真正复兴是第二次世界大战结束以后。德、意、日法西斯实行的种族屠杀和族裔清洗行为，随意践踏人权，让人们重新思考自然法的思想作用，"正义高于实在法的自然法思想，重新引起多数人的关注"。❻ 二战后一系列国际法都积极吸收了自然法思想。以《联合国宪章》为中心的当代国际法基本保留了自然法的思想，"自然法被吸收进入国际法和《联合国宪章》之类国际法律文件之中"。❼ 罗尔斯根据自然法，提出正义理论，"正义是社会制度的重要美德"。❽ 可以看出，

---

❶　汉默顿.西方名著提要[M].何宁，等，译.北京：商务印书馆，1963：80-120.

❷　韩德培.人权的理论与实践[M].武汉：武汉大学出版社，1995：969.

❸　HERSCH L.The Grotian tradition in international law[M]//MALANCZUK P.Humanitarian intervention and the legitimacy of the use of force.Amsterdam：Het Spinhuis，1993：7.

❹　20 世纪 70 年代开始，自然法学者提出了"法的自然法"，有时也称"法学上的自然法"，其目的是走向具体的"起作用的自然法"道路，进而摸索从"法的自然法"发展到法律的自然法，从"具体的自然法"发展到看得见的自然法的可能性，因此也被叫做"新自然法"。

❺　NUSSBAUM A. A concise history of the law of nations[M].New York：The Macmillan Company，1947：276.

❻　张文显.二十世纪西方法哲学思潮研究[M].北京：法律出版社，1998：109.

❼　DUKE S. The state and human rights：Sovereignty versus humanitarian intervention[J].International Relations，1994，7(2)：30.

❽　罗尔斯.正义论[M].何怀宏，等，译.北京：中国社会科学出版社，2001：61.

新自然法学者对传统自然法进行修正，重视个人的权利和社会的权利，提出国际法的道德理论的最根本目的是为了"维护人权"❶，因此，新自然法学影响了人权理论的发展，推动了有关人权法从不成文的习惯法发展为成文法。

冷战结束后，随着全球化的快速发展，国际法在本体和道德两个层面出现了一些新的元素。❷"国际法过渡到跨国法，或者说变成规范国家边界的所有行为的法律，不管这样的行为是国家的、个人的、国际组织的、公司的，还是其他团体的。"❸ 也就是说，新自然法学家对绝对主权原则的否定，国际法的主体不仅包括主权国家，也包含个体人权。一旦个体是自然法的本体，那么个体人权受到侵害，人道主义干预成为必然的趋势。

从上面的分析不难看出，自然法之所以说是人道主义干预的规范，主要是因为其理论中的普遍的基本人权思想，即作为最高的法则，自然法的意义在于他维护人的自然权利和自由平等。根据自然法的要义，一个主权国家存在的根本任务就在于保障其境内民众基本人权并发展人权。从这个意义上来说，自然法也是人权法，是人道主义干预的法律源泉与实体精神。此外，自然法强调"国际社会整体利益"论，也就是说，自然法认为国际社会存在着一种普遍的符合人类基本价值的共同的"整体利益"，如基本人权等，如果这种集体利益受到侵犯，那么国际社会是可以动用集体的力量来进行干预和规制。❹ 这种"整体利益"本质上就是国际社会的连带一致性，就是英国学派的社会连带主义思想，因"连带一致性"而履行"干预"。

❶ BUCHANAN A. Justice, legitimacy, and self-determination[M]. Oxford: Oxford University Press, 2004: 15-29.

❷ BULL H. The anarchical society: A study of order in world politics[M]. New York: Columbia University Press, 1977: 38.

❸ BULL H. The anarchical society: A study of order in world politics[M]. New York: Columbia University Press, 1977: 141.

❹ VINCENT J. Human rights and international relations[M]. Cambridge: Cambridge University Press, 1986: 55.

第三节 政治自由主义：西方人道主义干预理论的道德诉求

政治自由主义理论渊源于自然法，是自然法理论的具体化产物。从这个意义上来说，政治自由主义是人道主义干预最直接的理论来源。西方自由主义认为人权具有普世性，为捍卫人类的权利，所发动的人道主义干预行动是合乎"正义"的。自由主义思想既源于自然法，同时也是西方新教政治文化的衍生产物，主要强调自由、民主、人权和民族自决等。"简单地说，自由主义既是一种学说，一种意识形态，又是一种运动，而且在许多国家成为一种占主导地位的制度。"❶而政治自由主义，是"西方自由主义的一个重要分支，是近代西方社会政治实践和理论思考的产物。中心论点认为国家是基于'人性'而建立的共同体，它的存在保障了'政治自由'的实现"。❷

17世纪的洛克是政治自由主义的鼻祖，之后政治自由主义经过启蒙思想家卢梭的论证，边沁的发展，最后由穆勒、康德发扬光大。17世纪的政治自由主义，主要强调个人主义原则，个人权利的保护与实现，国家为了个人权利采取的干预行动具有合理性。19世纪，密尔在《关于不干涉的几点看法》中虽不赞同干预，但却将不干预的适用范围，限定为"文明国家"之间，对那些野蛮的非文明国家，"文明国家"应该采取干预措施，帮助他们走向文明。此外，康德认为由主权国家所组成的国际体系之外，还存在一种基于人类共同价值组成的共同体。因此，康德提出世界民主和平思想，认为国际干预的目的是实现世界民主。"康德的思想，可以诠释为为了人道主义和普世人权的目的，使用武力干预是正当的。"❸ "康德是第一个使用世界公民权观念来挑战排他性

---

❶ 李强.自由主义[M].北京：中国社会科学出版社,1998：8.

❷ 施蒂纳.唯一者及其所有物[M].金海民,等,译.北京：商务印书馆,1997：113.

❸ WEISS T G,COLLINS C. Humanitarian challenges and intervention：World politics and the dilemmas of help [M].New York：Westview Press,1996：17.

主权国家的政治哲学家。"❶另一位政治自由主义者穆勒对军事干预持一种谨慎态度，但他也同时提出一种干预的例外，"如果一方拒绝接受价值上的安排，那么就应该使用武力干预迫使它们接受"。❷

20世纪的政治自由主义，开始正式由"传统"向"现代"转变，尤其是全球化的发展，政治自由主义发展为新自由主义。新自由主义理论强调国际法的作用，认为国家存在的主要目的就是保护本国民众的人权，如果政府严重侵犯人权，那么其政治权力的合法性就会受到质疑，就不应该受到国际法的保护。因此，新自由主义者呼吁重新界定国家主权。冷战后，政治自由主义思想被进一步发展为"民主和平论"，并成为人道主义干预的一种理论支撑。❸

从政治自由主义的路径发展来看，其本质就是强调个人人权的重要性，"个体是世界的本体，在现实生活中，个人是唯一的、具体的、真实的存在，他有生命权、能思考；而群体、社会和国家等，则没有生命、不能思考，仅仅在不确切的比附意义上有生命、能思考。因而，如果撇开个人，任何社会形式都可以被判定为无意义的虚构"。❹ 因此，从政治自由主义的角度来说，个人人权高于主权，民主、自由和人权就成为国际干预的合法外衣。

第四节　西方人道主义干预理论中的多元主义和社会连带主义

多元主义和社会连带主义以人权与人道主义干预问题所进行的论争推动

❶ 林克莱特.世界公民权[M]//伊辛,特纳.公民权研究手册.王小章,等,译.杭州:浙江人民出版社,2007:438.

❷ MILL J S. Vindication of the French revolution of February 1848:In reply to lord brougham and others[M]. New York:Haskell House,1973:379.

❸ LUBAN D.Just war and human rights[J].Philosophy and Public Affairs,1980,9(2):174-175.

❹ 边沁.道德与立法的原理绪论[M]//周辅成.西方伦理学名著选辑(下卷).北京:商务印书馆,1996:212.

了国际干预的理论创新与发展。正如文森特所言，人道主义干预自从格老秀斯时代以来就一直是围绕不干预问题所展开的论战的中心议题。[1] 国际社会中的"多元主义"概念，是在第二次世界大战后被考尼留斯·诺·威廉豪夫（Konius N. Wilhelmhauff）和霍斯·劳特帕切（Hose Lauterpacht）等一些国际法学家所发展建立起来的。他们强调国际社会中单位国家的功能，国家主权原则是维持国际社会稳定的基础。把国家而非个人作为分析单元，不同的国家有不同的利益和价值，这种以国家为基础的多元性和在价值上的相对性是多元主义的最重要的两个特征。可见，多元主义是指秩序是国际社会最主要因素，因而强调国家主权的重要性，强调道德信念实践及文化的多样性和价值的相对性，认为国际社会中的权利和义务授予主权国家，个人仅有他们自己国家所给予的权利。因此，多元主义研究的本体为单位国家，认为当代国际社会的范畴规模仅限于维持国际社会共存的秩序上。在他们看来，尊重主权和不干涉原则总是第一位的，国家无权因人道理由干涉他国。

社会连带主义的思想渊源是法国孔德的实证主义哲学以及杜尔克姆的社会连带主义理论。社会连带主义是从社会学的角度来解释的，国际社会是由个人所组成的人类共同体，每个个体都是国际社会里的组成部分。社会连带主义学说，试图通过限制或者禁止国家以武力追求政治目的，以及提倡武力只能用于追求国际共同体的目标之思想，来建立起一个更有秩序的世界。也就是说，它试图使得国内社会的基本特征在国际社会中体现出来。它主要依赖于国家之间在相当大的程度上团结一致。确认共同的目标，并且采取行动以实现共同的目标。[2]在社会连带主义理论场里，这些获得共识和一致的目标主要包括人权、经济发展、环境保护、人口资源与核武器。可见，社会连带主义强调人类社会正义是第一位的，人权的重要性高于一切，国家之所以存在就是为了保护个人的权利。因而强调作为国际社会根本成员的个体的重要

---

[1]　VINCENT R J. Non-intervention and international order[M].New Jersey：Princeton University Press，1974：283.

[2]　布尔.无政府社会——世界政治秩序研究[M].张小明，等，译.北京：世界知识出版社，2003：190-206.

性，强调利益的一致性和价值的普遍性。社会连带主义认为当代国际社会的范围和规模不仅仅是维持国家间的秩序，应该具有更大的范围，认为国家既有权利也有义务进行干预，以避免人道主义灾难的出现。

一、多元主义的人道主义干预观

多元主义的人道主义干预理论认为在国际社会中，秩序是第一位的，主权和不干涉内政原则得以最广泛的认同❶，没有国际社会秩序的稳定，就不可能维护和平与发展，对超越主权国家的统一性表示怀疑。"多元主义认为国家之间在法律执行上不可能体现休戚相关、利害一致或潜在的一致性，只是在某些最低的目标上保持一致。"❷在多元主义看来，人道主义干预等社会连带主义方案在当前是早熟的，实施这些只能是破坏而不是加强当前的国际秩序。❸ 也就是说，国家在维持国际秩序方面达成一致，但是并没有在正义观念和普世价值等方面形成一致的共识；国际社会中的主权国家坚持独立和不干涉原则，国家意志高于国际共同体意志。❹ 正如文森特所言，"除非是以秩序为媒介，否则很难发现正义是如何出现的"，由此可见，多元主义人道主义干预观中，秩序从性质上讲具有优先的地位。❺ 国际社会是一个受规则、规范和利益制约的容器，容器承担的功能是维护整个内部物体的正常运行。"提出不干涉原则保护了哪些领域的问题，就等于是在问哪些事务属于国家的内部司法管辖范畴。"❻ 用迈克尔·华尔兹的话说，这个容器使得主权国家能够

---

❶ WHEELER N J, DUNNE T. Hedley Bull's pluralism of the intellect and solidarism of the will[J]. International Affairs, 1996(1):94.

❷ BULL H. The Grotian conception of international society[M]. London: Macmillan, 2000:97.

❸ BULL H. Intervention in world politics[M]. Oxford: Clarendon Press, 1984:195.

❹ 许嘉."英国学派"国际关系理论研究[M].北京:时事出版社,2008:276.

❺ VINCENT R J. Western conceptions of a universal moral order[J]. British Journal of International Studies, 1975,4(1):42.

❻ VINCENT R J. Non-intervention and international order[M]. New Jersey: Princeton University Press, 1974: 15.

保护其边界之内的"个人生命的价值和公共自由"。❶ 多元主义在调和国际社会秩序与正义之间的冲突时，首先考虑的是促进个人正义对国际社会秩序所产生的冲击和后果。这种后果可能使得原初的基本正义都无法得以维系。人道主义干预这种行为对国际秩序构成的危险，因为各国有着彼此对立的正义诉求。国际社会从来没有发展起一种普遍性的人道主义干预权利。这是因为"国际社会不愿意因为各个国家拥有了这种普遍的权利而危及主权原则和不干涉内政原则"。❷ 可见，多元主义人道主义干预关切的是，在国际社会没有能够在人道主义干预规范问题上达成普遍的共识情况下，各国会依据各自的道义原则来采取相应的战略措施，从而根本上削弱了建立在相互尊重主权，不干涉内政原则和不使用武力原则基础上的国际秩序。❸

国际社会的"蛋盒"❹ 观念形象地说明了多元主义的人道主义干预观。主权国家是"鸡蛋"，"盒子"是国际社会，盒子为每个鸡蛋提供一个分隔间，并在相互的两个鸡蛋之间设一个隔层。而国际社会的价值道义包含在易碎的"蛋壳"内。根据"蛋盒"观念，国际社会的功能是隔离和减少鸡蛋之间的冲撞、震动，而非采取实际的（干预）行动。❺ 也就是说，在国际社会的框架限定下，社会、民族或个人只能通过国家来表达自己的价值或利益诉求。在多元主义视角中，国际政治的实质应当是主权国相互承认各自的集体自由权，同时国际社会应当制止利用人权来行使人道主义干预，即扩大集体自由的范围。"从某种意义上来说，世界上其实不存在个体，只存在国家。"❻ 面对全球化和各国相互依赖日益加深的现实，特别是在国际组织对人权的关

❶ WALZER M. Just and unjust wars：A moral argument with historical illustrations［M］.4th ed.New York：Basic Books,2006:108.

❷ BULL H. Intervention in world politics［M］.Oxford：Oxford University Press,1984:193.

❸ VINCENT J. Human rights and international relations［M］.Cambridge：Cambridge University Press,1986:114.

❹ VINCENT J. Human rights and international relations［M］.Cambridge：Cambridge University Press,1993:123.

❺ VINCENT J. Human rights and international relations［M］.Cambridge：Cambridge University Press,1986:123-124.

❻ MILLER J D. The world of states［M］.London：Croom Helm,1981:16.

注和人道主义干预的重要性影响越来越大的情况下，多元主义认为像联合国以及欧盟这样的国际或区域组织，对人权保护尽管非常重要，但是它们不可能单凭日益增长的相互依赖性将主权一笔勾销。即使欧洲共同体将来会演化成某个具有国家性质的行为实体，那也不过是在更大的范围内重新创立了某种主权现象，因而它不会改变国家体系的基本原则框架。❶ 在当代国际社会的实践当中，没有强有力的证据表明人道主义干预的合法性，各国无法就人道主义干预问题达成一致性，因此人道主义干预难以在当今世界取得普遍的合法性。❷

多元主义认为，在一群分享规则和制度的国家所组成的国际社会中，国际法处于最中心的位置，凌驾于国际道德之上。❸ 这种国际社会之所以能够存在或者实现，最根本的原因是拥有共同的文化，即文化上的同质性是推动国际社会发展的根本要素。❹ 然而，正如上文所谈到的，多元主义并不相信能够建立一种普世性的道德，换句话说，多元主义人道主义干预观的理论基础，是国家在国际社会秩序的维持需要上取得一致，而在正义问题上则持相互竞争，甚至相互对立的观念。❺ 尽管多元主义对国际社会中的规范价值问题研究不足，但是布尔也同时指出，"世界秩序比国际秩序更重要、更基本，这是因为人类社会的终极单位不是国家，也不是民族、部落、帝国、阶级或政党，而是个人，个人是永存的、不会消失的，而人类的这种或那种组合形式则并非如此"。❻更为重要的是，多元主义国际社会也包含着潜在的规范性

---

❶　NEUMANN I B, WAEVER O. The future of international relations: Masters in the making? ［M］. Oxford: Routledge, 1997:47-49.

❷　VINCENT J. Grotius, human rights, and intervention［M］. Oxford: Clarendon Press, 1990:247-252.

❸　DUNNE T. Inventing international society: A history of the English school［M］. Oxford: Macmillan, 1998: 143-144.

❹　DUNNE T. Inventing international society: A history of the English school［M］. Oxford: Macmillan, 1998:146.

❺　WHEELER N J, DUNNE T. Hedley Bull's pluralism of the intellect and solidarism of the will［J］. International Affairs, 1996, 72(1):94-95.

❻　BULL H. The anarchical society: A study of order in world politics［M］. New York: Columbia University Press, 1977:22.

内容，布尔就反对现实主义者对国际法和国际道德的冷漠，"国际社会中的国家已经意识到他们在自我的国家利益和道德责任方面具有共同性"。❶

多元主义人道主义干预观的本质在于尝试着克服国际社会秩序与正义之间的紧张性❷，在国际社会的范围内，通过主权国家的发展与合作来增强人权保护，即"个人的权利必须通过国家才能得到保护和加强"❸，这也就意味着国际社会中不主张人道主义干预，如果真的出现极端的人道主义灾难事件，干预的范围、强度只能是最低限度的。不可能通过人道主义干预的方式既维护了人权，同时又避免由此而产生的不利影响以及由于干预国的最终动机而导致的对国家间关键性秩序的危害。❹但是一旦某国发生的种族灭绝行为，像第二次世界大战时期的希特勒法西斯对犹太人的清洗，国际社会是否仍然坚守主权和不干涉内政原则，坐视人道主义灾难的发生。面对这种在秩序与正义无法消弭的困境，多元主义在人道主义干预理论上显得很是苍白，这为社会连带主义重新修订国际社会人道主义干预提供了可能。❺

二、社会连带主义的人道主义干预观

社会连带主义的人道主义干预理论主要是由约翰·文森特、尼古拉斯·威纳和蒂姆·邓恩等在对多元主义人道主义观吸收、借鉴和批判的基础上建

---

❶ WHEELER N J. Pluralist or solidarist conceptions of international society：Bull and Vincent on humanitarian intervention[J].Etudes Internationals，1992(12)：466.

❷ 无论是马丁·怀特、赫德利·布尔，还是后来学术生涯前期的约翰·文森特，探讨如何克服、协调国际社会秩序与正义的紧张性，贯穿于他们的研究始终。

❸ WHEELER N J. Pluralist or solidarist conceptions of international society：Bull and Vincent on humanitarian intervention[J].Millennium，1992，21：469.

❹ VINCENT R J. Non-intervention and international order[M].New Jersey：Princeton University Press，1974：308.

❺ 尼古拉斯·威纳和蒂姆·邓恩认为，正是多元主义这种对国家主权的坚守，使得南方国家发生的一些人道主义灾难事件，无法得到及时的帮助。因而必须重新修订多元主义人道主义观。——WHEELER N J，DUNNE T. Hedley Bull's pluralism of the intellect and solidarism of the will[J].International Affairs，1996，72/1：103-106.

立起来的。因为随着时代的发展，冷战已经结束，国际社会的统一性程度得到了空前的发展。在当今世界中，"人权"已经同"主权"一起成为衡量国家合法性的重要标准。社会连带主义具有浓厚的道德观念，认为国家不仅在国际社会秩序维护上形成一致，而且也在国际正义的观念上形成了统一共识。基于国际社会成员在国际正义问题的认知统一，社会连带主义强调一种超越主权国家的国际共同体的存在，主权国家受到这种国际共同体意志的限制，正义的干预是合法的，合法的人道主义干预规范得以形成并内化。

文森特认为，尽管国际社会中的主权和不干涉内政原则对维护国际社会的秩序具有重要的意义，但我们并不能据此就假定人类社会将永远会选择主权国家作为其基本的政治组织形式，同时也不能因此而确认自然法并不是国际社会所赖以维系的必要条件，而所有这一切意味着，现代国际法"必须在那种不顾国家实践的自然主义和那种简单地将所有国家的任何行为都看作法律的实证主义两者间找到一条中间路线"。❶ 此外，文森特在调和秩序与正义的紧张性的关系，承认不同的文化有不同的人权，并据此认为存在一个最低限度的人权标准，即人的"基本权利"。文森特所说的"基本人权"的含义，就是指公民作为个人应当且必须享有的生命权，即免受暴力欺凌的安全权和生存权。❷ 基本人权意味着国际社会承担了人道主义干预的基本义务。如果一国内部的基本人权遭到极其严重的侵犯，那么国际社会就应该有责任和义务去行使干预的权力。这种以个人应当享有的基本权利为根本标准的人道主义干预的合法性，不仅基于主权国家间不干涉内政原则的正义性，同样也是基于普遍人权规范对巩固国际社会中国家的合法性所起的重要作用。❸

社会连带主义人道主义干预的理论前提，是各国政府不仅有责任保护国内的人权，同时他们还必须有责任维护国外的人权。这是基于主权边界并非

---

❶ 吴征宇.主权、人权和人道主义干涉——评约翰·文森特的国际社会观[J].欧洲研究,2005(1).

❷ VINCENT J. Human rights and international relations[M].Cambridge:Cambridge University Press,1986:125.

❸ VINCENT J,WILSON P.Beyond non-intervention[M]//FORBES I,HOFFMAN M.Political theory,international relations and the ethics of intervention.London:Macmillan,1993:124-125.

是一种不可更改的道德界限的假设。❶ 尼古拉斯·威纳和蒂姆·邓恩认为社会连带主义人道主义干预观一个首要的目的就是突破多元主义的"薄"道德视域，激发国际社会的潜在统一性，强调国际社会所要承担的正义性即责任和义务，而非国际秩序。❷ 此外，威纳还建立了社会连带主义的合法人道主义干预理论，并就具体的人道干预给出四个条件：一是必须有正当的理由，即最为紧迫的人道主义情形；二是武力必须是最后使用的手段；三是必须满足相称原则❸；四是武力的使用结果是达到积极的人道主义效果。❹ 国际社会的干预行动只有符合这些标准才算是人道主义的。可见，与多元主义人道主义干预观相比，社会连带主义发展了人道主义干预的原则，为在国际社会内进行合理合法的人道主义干预提供了一种判断的规范标准。❺

　　社会连带主义的人道主义干预的观念在国际社会的秩序与正义的重要性选择上，突出人权的重要性，主权国家的合法性是建立在对人权保护的基础之上，如果某国无法有效保护人权，并发生侵犯人权的事实，国际社会将进行合法的人道主义干预。因而，人道主义干预的观念要想既合法又具有潜在的成功可能性，必须以某种具有社会连带主义性质的社会为基础，在这种主要基于认同与文化为基础的社会里，有可能不仅就有关人道主义干预的普遍

❶　WHEELERS N.Saving strangers:Humanitarian intervention in international society[M].Oxford:Oxford University Press,2000:39.

❷　WHEELER J,DUNNE T. Hedley Bull's pluralism of the intellect and solidarism of the will[J].International Affairs,1996,72(1):95.

❸　相称原则(the principle of requirement of proportionality)是正义战争理论的一项规定,包括:公开宣战;不过度杀伤和重复伤害;依据作战目标和实际情况选择合理适当的战争方法和手段,来使用相称的暴力;在最短的时间内以最小代价结束战争。——陈志瑞,等.开放的国际社会——国际关系研究中的英国学派[M].北京:北京大学出版社,2006:473.

❹　WHEELERS N.Saving strangers:Humanitarian intervention in international society[M].Oxford:Oxford University Press,2000:34.

❺　Nicholas Wheelers、Ramsbotham 和 Woodhouse 等试图建立一种合法的人道主义干预的规范框架。

接受程度，而且就相关的干预所依据的信息在观念上达成一致。❶

三、西方人道主义干预理论研究缺失及批判

当代西方国际政治学者们对多元主义与社会连带主义的人权与人道主义干预问题的研究做出了重要的贡献，多元主义与社会连带主义的论争也成为国际关系理论一个新的理论增长点，并加深了人们对国际社会和世界社会的理解。多元主义和社会连带主义的人道主义干预观，各自围绕秩序与正义的孰轻孰重，给出了不同的回答。特别是社会连带主义的人道主义干预观，提出了合法人道干预的规范性，这推动了对人道主义干预问题以及世界社会的深入研究。由于人道主义干预是否是一种未来给定的规范，对于这种判断，只能提供一种理论上的假设，而且随着时代的变化，理论自身面临着变革，因而无论是布尔还是文森特、威纳、布赞，他们对多元主义与社会连带主义，特别是人权和人道主义干预问题的研究、认识，不可避免有待进一步深入。但是这种框架和议程需要注入新鲜的血液。"他们集体给我们提供了远比其他研究方法更加广阔和更加全面的框架以及研究议程。"❷

（一）西方价值观藩篱的束缚

马丁·怀特就认为国际社会是源于西方基督教国家之间的交往并逐渐扩大到世界的结果。❸ 怀特这种把现代国际社会视作西方文化的产物，带有明显的欧洲中心主义色彩❹，忽视了国际体系的多元特征。王逸舟就曾指出，

---

❶ VINCENT R J. Foreign policy and human rights: Issues and responses [M]. Cambridge: Cambridge University Press,1986:104.

❷ LITTLE R. The English shool's contribution to the study of international relations[R].University of Manchester:BLSA Annual Conference,1999:3-20.

❸ 汤普森.国际思想大师——20世纪主要理论家与世界危机[M].耿协峰,译.北京:北京大学出版社,2003:68.

❹ BULL H. The great irresponsibles? The United States,the Soviet Union and world order[J].International Journal,1980,35(3):437-447.

西方国际政治学有关国际干预的研究凸显其"欧洲中心主义"或"白人中心主义"的思想色彩。[1] 国际社会成员到底由谁组成，国际社会的边界在哪里？很多研究成员潜在地区分了两种不平等的文明结构：一种是西方的基督文明；另一种是西方文明之外的边缘文明，这些文明是落后的，需要主动融入国际社会。"只有文明国家才是国际社会的成员，而在国际社会的边界之外，是文明国家教化和改造的对象——野蛮人和原始人。"[2]同样，对人道主义干预的研究也是从西方文化价值观出发。"干涉主义反映了（基督教）国家之间的相互依赖，维护（西方）文明标准是比保持现有统治地位更好的干涉理由。"[3]西方人道主义干预理论研究文化和价值上的自我中心主义，其实质是想使西方价值观在国际社会中发挥着吸纳其他文化的作用，国际社会应该共同遵守以西方价值为基础的规则制度。[4] 正如沃特森所言："客观事实上，是欧洲而不是拉美、亚洲或者非洲第一次支配了全世界，并且这种支配将世界统一成一个相互联系、相互影响的整体，所以欧洲中心主义并不代表我们的观点，而是历史发展的客观结果。"[5] 在西方人道主义干预理论中，规则、规范和利益更多反映的是西方的价值观念，而且西方国家在国际制度中占据主导地位；他们在考察非西方的历史和发展中国家的变革要求时，不可避免地带有偏见和歧视。西方人道主义干预理论学者们对西方价值观的认同使其最终难以突破西方价值观的藩篱。[6]

西方人道主义干预理论价值观上的局限性，使得它很难建立一种文化相对性基础之上的人道主义制度安排。这种局限性表现在实践层面上，使得人道主义干预陷入一种逻辑上的困境：把基督文化为特质的西方价值观作为干

❶　王逸舟.西方国际政治学:历史与理论[M].上海:上海人民出版社,1998:378.

❷　MAYALL J. World politics:Progress and its limits[M].Polity Press,2000:5.

❸　WIGHT M. International theory:The three traditions[M].New York:Home & Meier,1992:96-97,128.

❹　WATSON A. The evolution of international society:A historical comparative analysis[M].London:Routledge,1992:318.

❺　BULL H,WATSON A. The expansion of international society[M].Oxford:Clarendon Press,1984.

❻　许嘉."英国学派"国际关系理论研究[M].北京:时事出版社,2008:288.

预坐标。即国际社会应该接受这样一个前提："欧洲的文化、宗教信仰不可侵犯，是人类应该遵守并保护的。"如果有违反这样原则的事情出现，就有必要进行干预，使用外交或武装力量，最终迫使被干预国接受并遵守"欧洲基督教国家的价值观和普遍做法"。在基督教文明的优越感和国际法适用于"文明"国家的意识下，人道主义干预成为西方国家的"专利"。人权和人道主义干预是相对性与普遍性的统一，西方人道主义干预理论把欧美价值体系作为一个整体而赋予普遍性的价值取向，存在明显的不足。

（二）方法论研究上的排他性

西方人道主义干预理论的研究方法是多元的，但这种多元主要是基于历史哲学的研究方法，他们对行为主义的研究方法一概排斥。从一开始，西方人道主义干预理论就反对人文研究中的唯科学主义方法。"国际关系的历史和思想史是理解和研究国际政治最重要、最实际的方法。""怀特从来就没有认真研究过行为主义，事实上是忽视了行为主义的研究方法，这主要是因为怀特对于他自己的立场非常自信和感到安全。而更为重要的是，凡是用非历史和哲学的理论研究方法来研究世界政治的思想，怀特对此都认为是一钱不值。"❶布尔更是对国际关系中的科学方法提出严厉的批评：国际关系研究中的科学方法对国际关系理论已经或者可能会做出的贡献极其有限，如果科学方法在试图侵蚀并最终取代经典的传统方法，更是有百害而无一利。❷科学行为主义看上去太过简略，对于研究主题的历史限度的研究过于简单和冷漠，因而无法对现实中的国家行为给出足够的解释力度。❸

此外，就具体而言，国际体系、国际社会和世界社会在本体论和认识论上是有区别的，但是这种区别在西方人道主义干预理论的著述中并没有给出

---

❶ BULL H. Martin Wight and the theory of international relations[M]// WIGHT M.International theory:The three traditions.New York:Holmes & Meier Publishers,1992:22.

❷ BULL H. International theory:The case for a classical approach[J].World Politics,1966,18(4):362.

❸ NORTHEDGE F S,GREIVE M J. A hundred years of international relations[M].New York:Praeger,1972:4.

让人信服的答复。根据尼古拉斯·威纳的创造性划分，国际体系对应是实证主义研究方法，国际社会对应是解释学和阐述法，而世界社会对应则是批评理论。❶ 但是，既然国际体系可以用实证主义研究方法，为什么国际社会和世界社会不可以用这种方法，以及国际社会为什么不可以用批评理论的研究方法，世界社会为什么不可以用解释学的方法去研究，对此威纳并没有给出相应的回答。同样，这三种体系结构中，人道主义干预所处的地位作用也是不一样的，因而其研究方法也应多元化，既可采用历史哲学的演绎，也可采用数量模型的推论分析。

客观的说，西方人道主义干预理论对科学行为主义的批判和拒绝多少有些失之偏颇。因为传统主义的方法并不是一点问题都没有。从理论实践来看，历史哲学的研究方法对西方人道主义干预理论本身的理论建构活动也有一定的负面影响，它使部分学者不能正确地认识世界的变迁性，甚至陷入了循环论的泥潭。❷ 正如我们所看到的，科学行为主义在引入自然科学成果的基础上，对国际关系提出了一些新的、富有建设性的框架和见解，这对于从多方面、多角度理解国际关系提供了一种新的途径。❸ 华尔兹就曾指出人道主义干预理论之所以不重要和遭受忽视的一个原因是"他们做理论的方式不被科学哲学家的理论所承认"。❹ 国际关系理论研究不仅要重视历史的研究方法，同时也要借鉴吸收实证的研究方法，真正实现"人文与科学的契合"。❺ 因而，西方人道主义干预理论有关人道主义干预研究方法应该是定性与定量相结合，并兼顾规范性和社会结构两个方面。

❶ WHEELERS N. Saving strangers：Humanitarian intervention in international society[M].Oxford：Oxford University Press，2000：402.

❷ 王存刚.可借鉴的和应批判的——关于研究和学习英国学派的思考[J].欧洲研究，2005(4).

❸ 郭观桥.国际社会及其机理——赫德利·布尔的国际关系思想[J].欧洲研究，2005(4).

❹ DUNNE T. The social construction of international society[J].European Journal of International Relations，1995,1(3)：16.

❺ 秦亚青.第三种文化：国际关系研究中科学与人文的契合[J].世界经济与政治，2004(1).

（三）理论立场和核心概念解释的模糊性与非连贯性

西方人道主义干预理论主要是从国际社会观念提出了一系列理论途径和研究议题，并未建立起一套清晰、一贯的理论。❶ 怀特本人就承认，西方人道主义干预理论的理性主义走的是一条中间道路，但它有时候显得很不确定，边界难以确认，让人无所适从。❷ 巴里·布赞也指出，西方人道主义干预理论对多元主义和社会连带主义的划分，以及世界社会是否包括康德体系下的同质国家，都显得十分模糊。❸ 国际社会是怎样从国际体系演变过来的，又是怎样从国际社会转移到世界社会的？特别是，人道主义干预在其当中发挥什么样的作用？以科学观来看，西方人道主义干预理论难以提出明确的因果关系假设，缺乏理论陈述的清晰度。❹

此外，西方人道主义干预理论在一些核心概念的解释上显得晦涩和模糊。比如人道主义干预的概念界定上，早期的西方人道主义干预理论学者和当下的学者之间的分歧极其明显。而且双方在人道主义干预合法性和规范方面存在着难以调和的紧张性。对人道主义干预的限制性条件也见仁见智。这些分歧导致人道主义干预研究的模糊性和非连贯性。有关国际社会这一核心概念，布尔的阐述也不够清晰。布尔认为秩序产生于国际社会之中，但他没有区分出不同类型的国际社会。❺ 没有对国际社会的不同类型及秩序的性质进行分析，这的确是布尔国际社会理论的一个缺陷。❻ 而同样，西方人道主义干预理论最前沿的研究——世界社会的概念在一些叙述环境中仍然显得模糊不清。像世界社会中的共有文化和社会结构这两种不同的因素是否能够统一协调，西方人道主义干预理论学者并没有给出明晰的回答。布赞指出未来西方人道主

---

❶ 石斌."英国学派"国际关系理论概观[J].历史教学问题,2005(2).

❷ WIGHT M. International theory:The three traditions[M].New York:Home & Meier,1992:15.

❸ BUZAN B. From international to world society? English school theory and the social structure of globalization[M]. Cambridge:Cambridge University Press,2004:20-21.

❹ FINNEMORE M. Exporting the English school?[J]. Review of International Studies,2001:509-513.

❺ HOFFMANN S. Hedley Bull and his contribution to international relations[J].International Affairs,1986,62(2):188.

❻ 许嘉."英国学派"国际关系理论研究[M].北京:时事出版社,2008:287.

义干预理论的研究议程应该是国际社会中的主要制度，因为这些制度和国际社会的不同类型联系在一起的，国际社会的多元主义和社会连带主义性质与其所包含的制度类型有着紧密的联系。但同时，布赞对制度的解释力度仍然不足，主要制度和次要制度之间的区别与联系不够清晰，对如何将制度研究与新自由主义的机制理论和欧洲一体化的外溢理论的关系，缺乏相应的论述。

包括人权、人道主义干预在内的西方人道主义干预理论核心概念的模糊主要是因为其形成和界定深深根植于欧洲经验之中。早期经典理论家们的西方文化背景和认知范式，决定了西方人道主义干预理论的核心概念只能从欧洲经验之中抽象和概括出来，这也决定了其核心概念的封闭性和局限性。❶

（四）国际经济领域研究的缺失

西方人道主义干预理论对国际关系的考察，基本是围绕国际政治、军事和文化等方面来开展研究工作，然而对国际关系另一个重要的领域——经济，却没有给予足够的重视❷，经济领域在西方人道主义干预理论的研究中处于边缘的位置，从属于政治。布尔认为，国际关系研究的目标是理解当代国际秩序的一个特定方面，这就决定了，不可能把当代世界政治中所有领域都考虑进去。"布尔在人道主义干预的研究中忽视了把经济作为维持国际秩序的一个重要组成部分。"❸西方人道主义干预理论对国际经济研究的缺失，一方面是因为其历史哲学的研究方法，框定其更多的集中与研究包括政治、军事、外交等"高级政治"领域，而对经济、环境、人口、资源等"低级政治"问题研究的欠缺；另一方面，也有可能是因为西方人道主义干预理论学者们缺少经济学科的背景，从而对经济不感兴趣。"西方人道主义干预理论在国际经

---

❶ 任东波.欧洲经验与世界历史：英国学派的封闭性与开放性[J].吉林大学学报：社会科学版,2007(2).

❷ 对英国学派有关国际经济研究不足的批判的论述主要包括 J.D.B.Miller 和 R.J.Vincent, Hedley Bull, Barry Buzan 等。

❸ VINCENT J. Hedley Bull and order in international politics[J].Journal of International Studies,1990,17(2):196.

济研究方面的不足，可能会导致他们连同国际社会概念一起消失。"●而人道主义干预同样需要考虑经济因素，一方面，经济全球化是诱发人道主义干预的一个重要因素；另一方面，每次人道主义干预都会涉及干预的成本规模计算。此外，一些发展中国家为参与国际经济竞争的需要，不得不参与国际经济机制，而这些机制将不可避免地束缚国家主权。因而，国际经济发展的不平衡性以及国际经济秩序的不公正性，造成了发展中国家主权弱化的趋势。

不可否认，西方人道主义干预理论内对多元主义与社会连带主义只是做了分离式的阐释，而没有对二者之间相互联系、相互影响、相互作用的关系进行应有的充分研究。布赞就客观地指出："在这方面（指多元主义、社会连带主义关于当代国际社会的实际范畴论战）西方人道主义干预理论并没有形成清晰的基本价值观以使其分析框架成为独树一帜的理论，因此西方人道主义干预理论也受到了公正的批评。"● 因此，要想实现人文和科学的完美结合，并提出一个完整成熟的多元主义与社会连带主义的人道主义干预理论，必须加强多学科交流。

第五节　主权与人权：人道主义干预的实质

"在人道主义干预的历史维度上，人权和主权进行着最为直接的交锋。"● 国家主权是一个国家独立自主处理自己的内外事务，管理自己国家的最高权力。主权观念是源自西方的一种思想。● 主权是"研究国家理论和国际政治理论的基本核心概念，是现代民族国家的主要标志，也是国家身份最重要的

● SUGANAMI H. Manning and the study of international relations[J].Review of International Studies,2001, 27(1):1,100.

● BUZAN B. From international system to international society:Structure realism and regime theory meet the English school[J].International Organization,1993,47(3):327-352.

● 王丽萍.人道主义干预:国际政治中的理想与现实[J].北京大学学报,2000(6).

● KAPLAN M A,KATZENBACH N B. The political foundations of international law[M]. New York:John Wiley & Sons,Inc.,1961:135.

组成要素和法律基础"。❶ 同样，人权的观念也是源自西方。主权与人权的关系
在国际法上原本不是一个争议问题❷，但冷战结束后，随着人权国际保护的迅速
发展，"科索沃战争"的爆发，"人权高于主权""主权过时论"等西方论调开始
发声，主权与人权的辩证关系开始成为国内外学者争论的一个焦点问题。

　　要想对人道主义干预问题做出深入的研究，主权成为一个干预与不干预
的核心概念。"主权是威斯特伐利亚体系中的一个关键性概念，它也是有关干
预合法性辩论的核心问题。"❸ 人道主义干预从本质意义上来说，就是道德上
的人权与政治上的主权的关系：一国人权面临灾难性侵犯，国际社会是否应
该超越主权，进行干预。人权与主权是矛盾的统一体，在国际法规范上，《联
合国宪章》把国家主权原则规定为国际关系的基本准则，人权和人道主义干
预是从属于国家主权这一基本准则的。但国际法又明确表示国家有义务保护
和发展本国人权事业。因而，人道主义干预与国家主权的关系是既相互矛盾，
又相互一致。"一方面，主权国家是历史上个人道德和法律价值的最高准则，
以及个人世俗效忠的最高衡量标准。另一方面，却正是这种权力和主权，在
当代文明条件下，一旦与人权价值发生根本冲突，将危及文明的存在，从而
危及民族国家自身的存在。"❹ 主权与人权关系的辨析，不仅是一个理论问
题，更是一个现实的政治问题。

一、国家主权的基本范畴

　　"主权"一词是英文 sovereignty 的意译。sovereignty 一词源于拉丁文的 su-
premitas 或 suprem a potestas，其本来的意思为"最高"和"最高权力"，其基

❶ 邢贲思，江涛.当代西方思潮评析[J].中国社会科学,2000(1):3.

❷ HANS J. Morgenthau,politics among nations:The struggle for power and peace[M].7th ed.London:McGraw Hill,2006:316.

❸ NYE J S,Jr.Understanding international conflicts:An introduction to theory and history[M].London:Longman,2000:149.

❹ HANS J. Morgenthau,politics among nations:The struggle for power and peace[M].7th ed.London:McGraw Hill,2006:332.

本内涵是国内的最高统治权。❶ 第一个全面系统阐述并完整提出国家主权理论的是法国古典法学家和政治学家让·博丹，他被誉为"近代主权理论之父"。❷ 让·博丹在 1576 年完成的《国家论》中系统阐述了主权理论，"主权是一个国家进行指挥的、绝对的和永恒的权力"，是"对公民和臣民的不受法律限制的最高权力"。❸ 主权即"权力行使不受另外一种权力的限制"，是国家存在的原则。❹ 让·博丹对主权的阐述，与近 500 年后的今天对主权本质的理解，并没有太多的区别。

让·博丹的主权理论是近代欧洲有关国家主权理论研究的开始，同时也是近代国家学说研究的奠基者。1648 年欧洲结束了三十年战争，之后所确立的威斯特伐利亚体系，确立了主权至上原则，也标志着以主权国家为主体的近代主权国家体系的正式确立，主权原则在国际法上得到了区域上的确认。"1648 年由欧洲主要国家签订的《威斯特伐利亚和约》从法律上确认了国家的主权身份和在国际关系中独立进行对外交往的平等权，使国家脱离了宗教和神权的控制。源于欧洲的主权理论后来逐步扩展到世界各地，并在全球范围内得到广泛的实践。"❺ 17~18 世纪，主权理论在经过格老秀斯、霍布斯、洛克、卢梭、黑格尔等学者的缜密论证之后，主权理论和国家学说日益完善和丰富。随着欧洲资产阶级革命的完成和欧洲现代主权国家的确立，表明主权最终被认为是国家不可缺少的根本属性，具有不可剥夺性、完整性、平等性和独立性。19 世纪，拉美一些国家的独立进一步在实践上丰富了主权学说。1823 年，美洲 18 个独立主权国家举行的巴拿马会议，提出"尊重每个缔约国的主权"和"不干预原则"，此次会议引申出了"相互尊重主权"和"领土完整"的主权原则。❻ 进入 20 世纪，争

---

❶ 农华西.经济全球化与国家主权[J].学术论坛,2001(2).

❷ MARITAIN J. The concept of sovereignty[J].American Political Science Review,1950,44:344.

❸ HANSEN T B, STEPPUT F. Sovereignty bodies:Citizens, migrants, and states in the post-colonial world[M].Oxford:Princeton University Press,2005:5.

❹ 谷春德.西方法律思想史[M].北京:中国人民大学出版社,2000:84.

❺ 李强.全球化、主权国家与世界政治秩序[J].战略与管理,2001(2).

❻ 卢明华.当代国际关系理论与实践[M].南京:南京大学出版社,1998:12.

取独立和主权的斗争在全世界范围内风起云涌，国家主权观念在殖民地国家和落后地区国家也逐渐深入，主权理论深入人心并被世界大多数国家所接受。❶ 第二次世界大战结束，联合国的成立又一次用国际法的形式把国家主权原则确立了下来。《联合国宪章》明确表示："本组织系基于各会员国主权平等之原则。"❷

冷战结束后，随着全球化和各国相互依赖的加深，国家主权理论出现新的发展趋势，主要体现为四种主权新理论范式：主权弱化理论❸、主权让渡理论❹、限制主权论、主权终结论。"国家主权及其理论是一个历史的范畴，并非永恒的，固定不变的，它是随着国家和国家间关系的发生与发展而不断丰富的。在全球化浪潮的冲击下，国内政治经济国际化和国际政治经济国内化的现象日益突出，传统的国家主权理论和国家主权观必然受到强烈的冲击。"❺ 国家主权理论是不断发展的，理解主权概念，认清主权的变化，必须要把它放在特定的时间和空间，国家主权由"绝对"发展到"相对"是无可辩论的事实，但主权受到侵蚀，并没有改变主权国家是维护国际社会秩序稳定基石的作用，由主权国家所组成的国际社会依然是维系现行世界秩序的主体。

二、主权与人权的对立统一关系

正确认识人权与主权的辩证关系是揭示人道主义干预实质的理论基础，

---

❶　HOFFMANN S. The problem of intervention［M］//BULL H. Intervention in world politics.Oxford：Clarendon Press，1984：11.

❷　王铁崖.国际法［M］.北京：法律出版社，1999.

❸　当前,主权弱化理论已成为国际关系学界一个热点研究课题,当然基于各自文化和经济发展程度的不同,各国学者之间,对此有着不同的认识。——斯特兰奇.权力流散——世界经济中的国家与非国家权威［M］.肖宏宇,耿协峰,等,译.北京：北京大学出版社,2005.

❹　当前学界普遍认为,随着全球化和相互依赖的深入,使得国家主权的职能、结构、形态等方面受到了严峻的挑战,主权让渡成为一种必然的趋势。国内外研究主要集中于以主权自主有限让渡作为解决全球化发展背景下主权问题基本范式的可行性问题。一般从全球治理、一体化、国际法等几个角度来分析主权让渡。

❺　陈岳.国际政治学概论［M］.2 版.北京：中国人民大学出版社,2006：87.

也是反对霸权主义和强权政治的理论依据。"侵犯人权显然会危及和平，而漠视国家主权则一定会真正造成混乱。在维护人权问题时必须尽量谨慎，以免保护人权被用作侵犯各国基本管辖权和破坏各国主权的跳板。"主权与人权的辩证关系是一种复杂的形态关系，二者均经历了深刻的历史演变历程。

一方面，主权与人权存在一种内在的对立关系。①就一国范围来说，主权与人权的对立体现为暴力机器国家与内部民众有关法律遵守的紧张关系。公民维护自身基本权利，反抗国家法律秩序是人权与主权对立关系在国内的具体反映。当以主权为基础制定的法律违背民意甚至危害人权时，公民采取抗争主权的行动，那么公民是否有违反法律的权利？②主权与人权间的对立还体现在发达国家与广大发展中国家在实践中对待人权与主权的辩证关系、性质，和具体的内容等方面所体现出来的巨大差异。西方发达国家经过几百年的发展，现在已进入"后现代社会"，其在国际权力架构中，位于优先序列，而广大发展中国家在历史上饱受西方列强的侵略，记忆里充满着对主权被侵犯的恐惧，因此倍加珍惜主权的重要。当西方国家以人权保护的名义侵犯主权，必然受到发展中国家的强烈抵制。"西方国家使'人道主义干预'合法化的种种努力，其根本目的就是要维持一种'不合理的和剥削的状况'。"❶"冷战后人道主义干预实践的增多和联合国对人道主义干预态度的逐渐转变，主权和人权的关系正在发生改变，特别是在西方国家里，人们日益认为如果发生大规模侵害人权的事实，不干涉原则就应该让位于人权。但是，这种明目张胆地鼓吹'干预的权利'的做法受到发展中国家的广泛质疑和反对。"③主权与人权对立还体现为西方国家推行"人权外交"和"人道主义干涉"。冷战后，一些西方大国高举人权旗帜，对发展中国家进行人权指责，甚至发动"人道主义干涉"，进行武力干预。这种西方国家通过人权来维护霸权的行为，必然受到发展中国家以主权的"护法神器"进行抵抗。"使用

---

❶ ORFORD A. Reading humanitarian intervention：Human rights and the use of force in international law[M]. Cambridge：Cambridge University Press，2003.

武力进行国际干预，本身就是一种对人权的非常严重，甚至是最严重的侵犯。"❶ ④主权与人权形成的时间和作用主体、表达内容等都存在着差异。尽管人权学说是伴随近代西方资本主义发展而逐渐产生的，但是毫无疑问，人权本身是伴随着人的产生而产生的。而主权是近代民族国家产生之后，才逐渐发展起来的。主权的作用主体是权力，主权与国家权力密切相关，而人权的作用主体是个人的权利。主权表达的内容是一国处理对内对外事务的最高权力，而人权是人所享有的基本政治、经济和文化等方面的权益。最后，主权与人权所发挥的作用对象不同。主权表现形式为独立自主的处理国家权力事务，但是国家权力并不是主权的终极目的，主权存在的目的是为了境内人的各种权力实现提供一种工具。因此，从这个角度来说，主权存在的意义就是维护国内民众的人权实现。而人权是在自身权利得到维护和保障时才能体现为存在的价值。

另一方面，主权与人权有着共同的一致性。①人权与主权存在着共同的哲学基础，也有着本原上的同质性。人权的哲学基础在于承认每个人都有基本的道德人格能力，而这种基本的道德人格的实现，只有通过建立国家，以国家主权为媒介，才可能充分有效地转化为制度化的权利体系。②主权与人权之间存在着交叉重合性。现实中，人权的实现必须落实到每个个体身上。而个体又组成了社群群体，社群群体在历史不断发展中，形成主权国家。在社群群体的发展过程中，经历了奴隶社会、封建社会等多种形态。这些形态的社会，人权根本无从保障，而只有当主权形成后，人权才得以开始保障。因此，从这个意义上来说，人权的保障关键在于国家主权的实现。③从历史上来说，民族自决权的实现与主权密切相关。二战后，亚非拉国家掀起广泛的独立运动，争取民族自决，这些活动是民众的行为，是维护自身人权的需要。与此同时，独立后必然造成主权的形成，因此，民族自决运动的人权行为与独立后的主权国家存在内在的一致关系。同样，20 世纪 70 年代开始的

---

❶　HENKIN L,et al. Right vs might[M].New York:Council on Foreign Relations Press,1989:61.

争取经济主权的斗争又与争取发展权有异曲同工之处。可以说是国家对外主权思想的发展最终导致了民族自决权和发展权等集体人权的产生。

三、主权与人道主义干预紧张性

人道主义干预本质上是"世界政府"体系的国际干预思想，而当前国际社会是由主权国家组成的，用"世界政府"的未来思想来干预当下主权体系国家，无疑会产生巨大的紧张性。也就是说，人道主义干预的实践所发生的时代语境是"民族国家秩序"，而不是理想中的"世界主义秩序"。

主权对一国来说，不可转让，是神圣不可侵犯的。"人道主义干涉是一种妨碍、反对、取消、破坏国家行使主权的行为。"❶ 从国际法所确立的国际社会秩序发展来看，人道主义干预及其相关规范是对主权平等、不干涉内政和禁止使用武力等《联合国宪章》确定原则的颠覆。《联合国宪章》第2条明确规定："各会员国在其国际关系上，不得侵害任何会员国或国家之领土完整或政治独立。任何国际干涉在平时总是被国家主权原则所禁止的。"❷ 也就是说，"基于人道主义干预原则与基于国家主权原则在根本上是对立的，如果人道主义干预具有合法性，国家主权原则将实际上失去了法理的基础"。❸ 国际法院审理的尼加拉瓜诉美国一案中，国际法院就是根据"主权和不干涉内政、禁止使用武力"这一强制性原则，判决美国对尼加拉瓜的武力干预违法。

既然国际法已经明确承认了国家拥有主权以及主权神圣不可侵犯，那么就必须承认，任何国家和国际组织都没有权力干涉任何一国内部的事务，否则国家主权原则就成为一张白纸，任由涂画。也就是说，如果人道主义干预具有合法性，那么国家主权原则就失去了原有的法理基础；反之，只要国际社会还承认国家主权原则是国际法和国际关系的基本准则，人道主义干预就

---

❶ 李少军.论干涉主义[J].欧洲研究,1994(6).

❷ TESON F R. A philosophy of international law[M].New York:Westview Press,1998:39.

❸ 刘杰.论"人道主义干预的合法性问题"[M]//周琪.人权与主权——人权与外交国际研讨会论文集.北京:时事出版社,2002:381.

在本质上不具有合法性。❶ 尤其是在当今国际社会，国家力量之间的不平衡性强，大国与小国之间的矛盾引发的冲突依然存在，中小发展中国家在国际法理上，唯一可申诉的就是国家主权了。"在一个以权力和资源的绝对不平等为标志的危险世界里，对于许多国家来说，主权是它们最好的防线——有时像是唯一的防线。"❷

四、主权与人道主义干预一致性

一方面，由于国际社会的无政府状态，如果一国面临敌国的入侵，那么国家处于自卫而进行的自助式的干预在一定程度上是合理合法的。❸《联合国宪章》第 51 条指出："联合国任何会员国受到武力攻击时，在安全理事会采取必要办法，以维持国际和平及安全以前，本宪章不得认为禁止行使单独或集体自卫之自然权利。"《联合国宪章》规定的自卫原则，实际上就是认可了自助的干预的某种合理性和合法性。在相互依赖日益加深的今天，一国的人道主义危机完全可能导致地区甚至国际不安全，成为进行人道主义干预的可能。❹ 比如，20 世纪的海湾战争，伊拉克队入侵科威特，科威特据国际法和《联合国宪章》的自卫原则，采取必要的干预措施，合理合法。"违背《联合国宪章》的军事干涉行动在有些场合下是情有可原的，是技术上违背了《联合国宪章》，但在道德上遵守了《联合国宪章》的精神，因此干涉国不会被作为违法者而遭到谴责。"

另一方面，主权观念不是静止的，而是一个逐步发展的过程，随着全球化和相互依赖的发展，国家主权正受到越来越多的限制、让渡和弱化。"个人

---

❶ 骆明婷,刘杰."阿拉伯之春"的人道干预悖论与国际体系的碎片化[J].国际观察,2012(3).

❷ 吴宁铂.论"保护的责任"的国际法困境与出路——以叙利亚危机为视[J].行政与法,2015(4).

❸ 詹宁斯,瓦茨.奥本海国际法:第一卷第一分册[M].王铁崖,等,译.北京:中国大百科全书出版社,1995:308-309.

❹ HOFFMANN S,et al. The ethics and politics of humanitarian intervention[M].Notre Dame:University of Notre Dame Press,1996:42-43.

的人权来源于普遍做人的人格，且独立于历史、文化和国家界限；任何国家都有尊重一切个人人权的义务，该项义务不受国家边界的限制。"❶ 1992 年，联合国秘书长加利宣布，主权理论从来就与事实不符。"在当今全球化时代，普遍认知是：文化、环境和经济的影响力既不尊重边界，也不从强国或弱国那里寻求入境签证。"❷ "主权从一开始就不是绝对的，而是有条件和有范围的，因而具有相对性。主权的这种相对性，表明国家主权必须受到国际法的约束，而不是一个无节制、不负责任的强权。"❸ 联合国前秘书长安南在 2000年《对联合国大会的千年报告》中指出，"如果人道主义干预真的是对国家主权不可容忍的侵犯，那么我们能够对索马里、卢旺达和斯雷布雷尼察一类的悲剧如何正确做出反应呢?"❹ 人道主义干预依据的理由主要就是被干预国违反了《联合国宪章》中人权条款和国际人权公约。"人道主义干预构成了人权条约的实施机制。主权已经被证实是人权之首要侵犯者，如想要结束此种事实，当国内力量不能胜任时，主权必须受到其他高于国家之力量的约束。"❺ 换句话说，主权如果不能尊重和保障人民的权利，从某种程度上来说，就失去了其合法性基础。

第六节　人道主义干预在理论上的可行性与限制性

从上面的分析不难看出，人道主义干预直接对传统国际法上的国家主权原则提出了严峻挑战。在当今现实世界，我们如何客观地看待人道主义干预

---

❶　TESON F. The liberal case for humanitarian intervention[M]//HOLZGREFE J L,KEOHANE R.Humanitarian intervention:Ethical,legal,and political dilemmas.Cambridge:Cambridge University Press,2003:93.

❷　GIDDENS A. Runaway world[M].New York:Routledge,2000.

❸　杨泽伟.主权论——国际法上的主权问题及其发展趋势研究[M].北京:北京大学出版社,2006:190.

❹　ANNAN K A."WE the peoples":the role of the United Nations in the twenty-first century[EB/OL].(2010-07-01)[2015-12-21].http://iefworld.org/unsgmill.htm.

❺　MILLER L H. Global order:Power and value in international politics[M].London:Westview,1985:60.

呢？人道主义干预要想获得法律上的承认，必须具备正当性，即人道主义干预行为要在伦理上、道德上是可接受的，而且在实践层面上是必需的、可行的或至少是无须禁止的，同时此种行为还不会危及其他既存的利益，或至少能将危害限制在合理的限度以内。下面我们对人道主义干预方面所存在的可行性和限制性因素做出分析。

一、人道主义干预的可行性因素

人类同处一个地球，人们对于任何地方发生的种族屠杀、族裔清洗等严重侵犯人权的事件，不可冷漠地袖手旁观，做一个"旁观者"，拯救"陌生人"，是国际社会共同的责任，因此人道主义干预有一定的可行性。

（1）全球化的高速发展给人道主义干预提供了现实的可行性。

随着各国的相互依赖程度加深，国际社会中出现了"你中有我，我中有你""一荣俱荣，一损俱损"的趋势。"人类的生存时间和空间都发生了转变。"❶ 德国学者贝克认为，全球化的核心问题是民族国家的式微，各种跨国社会空间、地方（社区）的再兴起，不仅削弱了民族国家的力量，也使认同复杂化。多数超全球主义论者认为经济全球化正逐步地建构全新的社会组织型态，而这些新组织形态终将取代传统民族国家，成为全球社会的主要经济与政治单位。❷ 国家主权作为当代国际关系的基石是肯定的，但不能绝对化，主权的行使也要受到某些限制，这是为了解决世界各国面临的共同问题必需的。在这种大背景、大趋势下，人道主义干预迎合这一潮流，呈现出更多积极主动的倾向。从某种意义上说，时代的发展使人道主义干预更加活跃。安南在 2005 年 3 月 21 日向联大提交的《大自由：为人人共享安全、发展和人权而奋斗》的报告里就明确说道："我们处在一个技术突飞猛进、经济日益相互依存、全球化及地缘政治巨变的时代。在这一时代，发展、安全和人权

---

❶ GIDDENS A. The third way：The renewal of social democracy[M]. London：Polity Press,1998：25.

❷ SALAMON L M. The rise of the non-profit sector[J].Foreign Affairs,1994,73(4)：109.

之间的关系反而更加密切。因而基于人道主义理由的干预是符合国际正义要求的。"❶

（2）对人权的保护和民主的追求成为人道主义干预存在的内因。

人权是人道主义干预最重要的依据和目标。在全球问题的诸多议程中，某些人权问题相当突出，从而使人道主义干预在国际上获得了支持。❷ 政治民主化进程中，内部的混乱，政府的无序交替，非合法性的政权统治等致使处于民主化过程中的国家内部出现动荡。混乱的局面要求用某种方式来结束，而建立民主政权和保护人权正是人道主义干预所宣称的目的。人道主义干预理所当然，理直气壮地成为结束灾难、实现和平民主的第一选择。哈贝马斯在 1995 年纪念康德的一篇文章中就明确认为，"如果要确保世界和平，就必须为居住在这个世界上的所有公民提供最低限度的人权保障"。❸ 冷战后较流行的"民主和平论"就认为，是政府体制决定了一国是否好战，非民主的体制更容易发动战争。因此，要达到国际政治的和平状态，就要去干预、改造非民主国家，使之成为民主国家的一员。西方国家认为，自己是"民主国家"的代表，由"民主国家"发起的人道主义干预是以建立"民主政权、保护人权"为最终目的，其行为是正确的。"民主和平论"指导着西方国家的对外行动。在索马里的联合国维和行动中，西方国家就是以维护民主的价值观来进行干预的；美国和北约盟国干预南斯拉夫联盟共和国的科索沃问题，也是以"人权高于主权"为理由进行的。这种以"自由民主是人类共同追求的目标"为招牌，使干预他国的行动具有隐蔽性。❹ 科索沃战争期间，《纽约时报》1999 年 6 月 18 日的一篇社论声称，"人道主义干预必须限于对付发生

❶ 大自由、实现人人共享的发展、安全和人权[EB/OL].(2005-06-02)[2015-12-21].http://www.un.org/chinese/largerfreedom/report.html.

❷ MURPHY S D. Humanitarian intervention：The United States in an evolving world order[M].Philadelphia：University of Pennsylvania Press,1996：11.

❸ HABERMAS J. Kants idee des ewigen friedens—ausdem historischen abstand von 200 jahren[J].Frankfurt,1996,9：7-24.

❹ 倪世雄.当代西方国际关系理论[M].上海：复旦大学出版社,2001：444.

了极端的暴力行为并威胁到邻国的地方，民主国家拥有对这种行为做出反应的手段"。社论显然是要告诉国际社会：只有所谓的民主国家才具有干预的权利。

（3）经济、科技、军事发展的不平衡性是干预存在的客观原因。

干预国经济实力的雄厚为干预提供了强大的物质保障。同时，经济的强大，也使得干预的手段变得更加多样化，从直接的武装干预到通过经济手段来达到目标。既可以通过武力等"硬权力"，也可以通过新闻媒体、广播电视、网络信息等"软权力"的渗透来施加影响。先进、强大的军事力量，无论是在时间上还是在空间上都可以把干预置于可控制的范围之内。从人道主义干预的起源、发展可以看出，干预的不公平性和不对称性是一直贯穿其中的。从19世纪开始到21世纪的今天，人道主义干预都是以雄厚的国力为基础。所有的干预行为都是强国或强国联合去干预弱国，从未出现一个弱小国家去干预强国的事例。这就充分说明，人道主义干预是经济发展的不平衡性在国家间关系层面的反映，也是现实主义、强权政治思想在国际关系实践中的反映。

（4）民众广泛的参政意识客观推动了人道主义干预。

人权具有普遍性和特殊性的双重特征，按照英国学派学者约翰·文森特的理解，人权的普遍性就是一种世界主义道德。"为了达到全球范围的正义，要提高某一地的人民对其他地方发生人道主义灾难事件的敏感程度。"❶ 社会的发展、参政意识的普及使民众对政治的制约因素大大超过以前。国家在制定对外政策的时候往往受制于国内民众的呼声。民众广泛的参政意识使得他们对发生在国外的人道主义事件备受关注，推动本国政府积极地去干预来维护民主，实现正义。比如，在卢旺达的难民危机中，100多个人道主义组织进入卢旺达，各个组织电视、报纸积极地展开报道活动。❷ 世界民众了解情况后，强烈要求政府采取必要的举措。而索马里饥荒蔓延的场面，更使美国

---

❶ KANT I. On permanent peace[R].Cambridge：Harvard University,1984：257.

❷ 谭灵焱,李桐.人道主义干涉的定性及其国际法规制[J].财经界,2006(3).

民众深感对其实施人道主义干预是正义的，符合上帝的旨意，积极有效地推动了美国政府对索马里的干预。同时，本国民众，特别是欠发达国家人们的参政、民主意识、文化教育水平的提高，也促使他们对人道主义干预理念进行重新认识，接受保护民主、尊重人权等信念，认为"如果干涉行为伸张了正义，那么它就是正确的"。

此外，信息的高速传播促进民众对干预认同。"由于媒体能够及时报道世界各地的人间悲剧，因而产生了一种新的对全球范围的人道主义紧急事态极度关注的责任感。"❶ 全球媒体的报道范围、国际新闻报道的深度和广度都有了很大发展，这使得对公民个人权利的公然践踏、侵犯和种族的屠杀虐待，很难不引起世界媒体某种形式的反应。对侵犯人权的报道，一方面引起国际社会普遍的同情，为干预提供很好的借口。另一方面，民众情绪极易受到感染，从而推动政府采取行动来结束这种人道主义灾难。

（5）大国的一致性为干预提供了现实可行性。

冷战结束后，逐渐增多的共同利益使得大国合作进一步加强。1991 年在伦敦的 G7 峰会上各主要西方国家元首表示，"如果当时当地环境需要，联合国及其附属机构应做好准备考虑采取人道主义干预行动"。联合国安理会摆脱了冷战时期难以就重大国际事务达成共识的僵局，愿意并且能够就包括人道主义危机在内的某些重大问题采取共同行动。在这些因素的影响下，20 世纪90 年代以来的人道主义干预行动在规模上和频次上远远超过了此前的任何历史时期。其中引人注目的行动有在伊拉克南部和北部的人道主义行动以及对索马里、波黑、海地和科索沃的行动。❷

此外，联合国还在安全领域的决策运行上产生了重大变化，大国集团垄断使用其在安理会否决权的现象消失。全球性问题的涌现，导致大国之间合作的趋势增强，大国的一致性抑或牵强的一致，为干预的有效进行打开了方

❶ WALKER R B J. Inside/outside：International relations as political theory［M］.Cambridge：Cambridge University Press,1993.

❷ 周桂银.奥斯威辛、战争责任和国际关系伦理［J］.世界经济与政治,2005(9).

便之门。可想而知，要是没有英、法、俄等大国的支持默许，美国对伊拉克、科索沃等地区的干预的可能性将会大大减小。为了能够更好地制止一国或地区内部民族、种族等的冲突，联合国开始把一些区域的维和职能有针对性地委托给具有强大军事实力的国家和组织，而一些大国也开始积极地介入维和事务中。在东帝汶和索马里人道主义维和行动中，中国政府就扮演了重要的角色。2001 年 1 月在安理会就非洲局势举行的公开辩论中，中国常驻联合国代表王英凡表示：中国政府已决定提升中国参与联合国维和行动待命安排的级别，其中包括在非洲的维和行动，要更积极地参加到维和行动之中。❶ 中国除了积极参与联合国人道主义干预行动外，还对人道主义干预机制的原则、行动的方式提出自己的主张和看法。可见，"人道主义干预"理念已经获得了联合国安理会五个常任理事国的一致认同，这种对人道主义干预的共有知识，为规范性的干预提供了现实可能性。

（6）国际组织和国际法的发展客观促进了人道主义干预。

世界各大力量中心在国际关系的每个领域都是共同利益和矛盾共存，合作与竞争同步，协调各国共同利益、矛盾使得国际组织的功能在许多领域都大大强化了。"现实的世界是，一方面，国际组织重要性的增加所导致的实际权限的扩大，已在诸多领域内深入成员国国家利益的核心部分；另一方面，国家几乎所有重大战略目标的实现，也均需借助与国际组织的互动去获取和完成。"❷ 国家边界的固定性与全球问题产生和解决办法的非疆域化存在着距离，主权国家已不再是解决问题的唯一单位。全球化将使国际组织或非政府组织之间能够通过正式或非正式的方式来进行对话，进而谋求降低人道主义干预解决的成本，因而在解决人道主义干预的过程中比政府组织更具弹性。❸ 人权、人道主义干预等问题具有普遍性，他们的解决往往超越国家主权的范

❶ 张慧玉.透视中国参与联合国维和行动[J].思想理论教育导刊,2004(9).

❷ 董健.从主权破裂到新文明朦胧[M].北京:当代世界出版社,2002:232.

❸ DEUDNEY D,MATTHEW R. Contested grounds:Security and conflict in the environmental polities[M]. New York:State University of New York Press,1998.

畴，而必须以国际组织或非政府组织的方式作更多的国际合作。由于国际组织或非政府组织相对于政府组织而言，较少考虑本国的狭隘的国家利益，超越政府受利益集团左右的政治现实，更多地考虑人类共同的利益，因此容易得到公众的支持，在国际社会中公众话语权和政治参与权日益突显。

同样，国际法逐步成熟也为人道主义干预提供了一套有效的行为规范。"20世纪尤其二战以后国际伦理与法理的正义化趋势，或者说是它们向普遍和绝对的根本伦理的某种历史回归趋势，是人道主义干涉频繁出现的部分深层原因，也是当代人道主义干涉概念本身的伦理和法理依据。"❶ 就人权而言，国际法承认国家对其公民的管辖权力和制定本国人权标准的权力。但同时国际法又禁止国家虐待个人，包括本国和外国公民。国际法的新发展和硬化，已经开始逐步承认国际社会及其成员或地区性国际组织进行人道主义干预的权利，从而构建起有关人道主义干预的国际新规范。

（7）人道主义灾难的"外溢"效应。

一些国家因政府失败或大规模侵犯人权而引起的人道主义灾难，具有"外溢"效应，会对周边国家和整个国际社会的安全构成威胁。人道主义危机的"外溢"效应之所以不可避免地威胁到相邻国家和地区的和平与安全，是因为一国人道主义灾难事件所引发的战争可能导致难民问题，需要国际社会对此做出反应，如果国际社会对危机坐视不管，将会导致道义原则和国际秩序受到挑战。"科索沃事件等表明，引起国家政治关系失调的种族冲突起源于国内，但后果往往超出有关国家的国界。"❷ 人权问题外溢，使得大规模侵犯人权的罪行已经超出一个国家国内管辖的范围。"大规模严重侵犯人权的行为，如种族灭绝、种族隔离、大屠杀等，是违反国际法上强行法规则的，这种行为构成国际罪行，从而超出一个国家国内管辖的范围，成为国际社会关注并应解决的事项。"❸

---

❶ 周振春.人道主义干涉的国际法规制[J].集美大学学报:哲学社会科学版,2006(3).

❷ 中国人权研究会.国外关于新干涉主义的部分论述,2000:5.

❸ 王铁崖.国际法[M].北京:法律出版社,1995:114.

可以看出，国内社会和国际社会之间的"边界"已经变得越发模糊。"衡量人道主义干预是否合法的主要尺度就在于判断一国的内部冲突是否存在种族屠杀和清洗，是否直接危及邻国的安全。"❶比如，1993 年和1994 年，海地和古巴难民的涌入，给华盛顿政府制造了很大的政治难题，而卢旺达难民流进毗邻的布隆迪则加剧了布隆迪国内的种族冲突。2015 年和2016 年，大批叙利亚、利比亚难民涌入欧洲，致使欧洲地区政治安全陷入不稳定状态。希腊和意大利作为中东、北非难民登陆欧洲的起点，不堪重负。涌入欧洲的难民每天消耗的财力、人力、物力成本，相当于一支集团军的。本就处于经济危机边缘的欧洲，遭受更大压力。此外，难民的超负荷涌入，大量占用了原属欧洲国民的设施和福利，引起很多民众的强烈抗议；丹麦、瑞典更是爆发了反难民冲突。可见，在相互依赖日益加深的今天，一国的人道主义危机完全可能导致地区甚至国际不安全，这成为进行人道主义干预的理由。❷

二、人道主义干预的限制性因素

从上面的分析可以看出，随着全球化和各国相互依赖的加深，全球公民社会已经初见端倪。尽管人权国际保护在全球范围内已经得到绝大多数国家的认可，但是在实践层面上国际社会却经常难以采取有效的行动。制约人道主义干预的外部条件主要包括以下几点。

（1）人道主义干预主体的合法性困境。

人道主义干预的主体可以分为两大类：一类是集体主义干预，即由联合国安理会领导或授权所进行的多边干预行动；另一类是单方面干预，即没有得到安理会批准或授权，由单个国家或地区组织进行的干预。合法性是制度正义和行为理性的根据。当前争论的焦点，积聚在"联合国授权即为合法，没有得到联合国批准的干预即为非法"问题上。联合国是否是唯一的干预授

---

❶　管丽萍."人道主义干预"：一个法理学的思考[J].学术探索,2005(2).

❷　HOFFMANN S, et al. The ethics and politics of humanitarian intervention [M]. Notre Dame：University of Notre Dame Press,1996：23,42-43.

权主体，欧盟、北约、阿盟、东盟等区域组织是否可以自行授权，并获取所谓的"合法性"，目前仍存在争议。❶ 比如，中国、俄罗斯等很多发展中国家在支持人道主义干预行动的同时，强调发挥联合国的作用并维护安理会的权威，特别强调遵守国际法基本准则，反对单方面使用武力。❷

1990年以来，索马里南部长期是埃塞俄比亚反政府武装派别的活动基地。埃塞俄比亚指责索马里教派武装同从事分裂活动的欧加登民族解放阵线有联系，称教派武装为反政府武装提供了庇护，帮助向埃塞俄比亚境内渗透。

2006年12月，埃塞俄比亚的战斗机袭击了索马里首都市中心的摩加迪沙国际机场和该国最大的军用机场，造成2人死亡，1人受伤。埃塞俄比亚对索马里内战的介入引起国际社会的广泛争议。一方面，非洲联盟、欧盟、撒哈拉国家联合体秘书处等国际组织，认为埃方未经联合国授权单方面入侵一个主权国家，违背了《联合国宪章》不干涉他国内政的宗旨，谴责了埃方的侵略行径，呼吁索马里邻国采取行动，制止索马里紧张局势升级。而美国、英国、俄罗斯在此事件上与上述国际组织的强烈反对态度不一致。英、美、俄支持埃塞俄比亚的攻击行动，认为是出于对本国国家安全的战略考量，是合法的干预主体。在谁有资格承担干预主体责任问题上的争论导致人道主义干预过程中缺乏一种强有力的行为主体。由此导致各方以不同立场采取不同政策手段介入人道主义干预，干预行动中国家间协调显得力不从心，其结果必然是问题的复杂化和冲突化。❸

（2）主权观念的内嵌性制约着人道主义干预的发展。

任何侵犯一个独立国家主权的事件都会引起该国的高度敏感。主权被世界大多数国家视为神圣不可侵犯的。"主权，即国家主权，是国家最重要的属

---

❶ 这里需要强调的是，在理论和国际法层面，当前对非由联合国授权的单边的人道主义干预存在争议。但这种现状正在受到侵蚀，国际社会已经开始认可区域组织，甚至个别国家的合法性授权。比如，1975年南非对安哥拉的干预，1978年法国和比利时干预扎伊尔，1979年法国干预中非，以及当前主要大国包括中国在内在亚丁湾、索马里海域开展的护航军事行动。

❷ 魏宗雷，邱桂荣，孙茹.西方"人道主义干预"理论与实践[M].北京：时事出版社，2003：79.

❸ 熊昊.从索马里维和行动的失败看国际人道主义干预的困境[J].经济与社会发展，2007(6).

性，是国家固有的在国内的最高权力和在国际上的独立权力。由于这种权力不可分割和不可让与，不从属于外来的意志与干预，因此主权在国内是最高的，在国际上是独立的。"❶这也就是说，国家独立，除禁止对国家领土完整和政治独立的武装侵犯并排除其他国家在自己的领土范围内行使其国家权力外，还意味着国家的对内对外事务不容其他国家进行任何形式的干涉。❷ 干预意味着对于国家领土完整和法律权益的损害，也就是对于国家主权的侵害。❸

干预行为与联合国确立的主权原则有着内在的冲突性。主权的"深入人心"使得干预在法理上和现实上都遭到抵制。甚至由联合国授权的合法的人道主义干预在实践层面也会受到被干预国的抵制或不合作。国家主权的基础地位并没有从根本上被动摇。"国家主权原则已经成为各国公认的、具有普遍意义的、构成国际法基础的法律原则和国际关系主体的首要行为准则。"❹诚如迈克尔·沃尔兹所言，存在一个由独立国家组成的国际社会，彼此分离的各政治共同体的生存与独立是国际社会的主导价值。❺ 这种主权的主导价值观在一定时间范围内不会有大的改变。

（3）干预的性质难以区分，也制约着人道主义干预的发展。

目前没有权威机构对于人道主义危机进行审议认定，危机程度的划分依据也缺少共识，导致很多人道主义干预行动缺乏明确的合法授权。"国际干涉"是用"人道主义"来缓解人道灾难，还是另有所图，粗暴地干涉别国内政，很难给出明确的界定。很多大国以"人道主义干预"为名，行干预别国内政之实。如 1965 年美国对多米尼加的干预、1971 年 11 月印度对孟加拉国的干预、1975 年南非对安哥拉的干预、1978 年坦桑尼亚对乌干达的干预，以及 1978—1979 年越南对柬埔寨的干预，在形式上都表现为人道主义干预，都

---

❶　王铁崖.国际法[M].北京:法律出版社,1981:67.

❷　王铁崖.国际法[M].北京:法律出版社,1995:113.

❸　THOMAS C. New states,sovereignty and intervention[M].London:Gower,1985:1-5.

❹　陈志尚.霸权主义的理论根据——评所谓"人权高于主权"[N].光明日报,1999-05-28(2).

❺　WALZER M. Just and unjust wars[M].New York:Basic Books,1992:61-62.

以公开的人道主义名义进行的；并且就实际效果来说，确实是阻止或结束了大规模侵犯人权的行为，拯救了当地无辜的生命。但就干预的性质而言，无法界定这些干预是真正出于人道主义目的，因为印度、越南和坦桑尼亚主要是出于至关重要的国家安全利益而实施干预，所以，这些干预行为不能称为人道主义干预，只能说是地区战争。

同时干预还存在两个双重标准问题：其一，当今人道主义干预的前提预设值是"西方发达国家是尊重人权的典范"，干预主要针对的是广大的发展中国家；其二，对人权的定义也各有分歧，人权的范畴不仅包括民主和自由权利，从更广泛的角度去看，它还包括经济、发展等权利。这使得"人道主义干预"性质的区分更加困难。

（4）"大国一致"原则在实践中往往很难实现，从而限制了人道主义干预。❶

"大国一致"是联合国的一项表决原则。安理会表决实行每一理事国一票原则。对于程序事项决议的表决，有9个同意票即可通过。对于非程序事项，或实质性事项的决议表决，要求包括全体常任理事国在内的9个同意票（又称"大国一致"原则），即任何一个常任理事国都享有否决权。"大国一致"原则不时成为强权政治的工具，因而在许多时候"安理会在执行禁止使用武力的宪章法则方面未能有效地发挥作用"。冷战期间，由于美苏争霸，联合国成为冷战的牺牲品，它仅仅是美苏分歧的表演场所。❷ 冷战后，国际政治格局出现"一超多强"的局面，美国的霸权导致国际体系结构失衡，使得联合国在人道主义干预方面的行动受到制约。"联合国未能有效地制止战争和冲突，安理会常任理事国滥用否决权使联合国处理一些重大紧急事件时常常

---

❶ 联合国创始人吸取了国际联盟的重理想轻实践操作的教训，将大国一致原则确立为联合国的规范基础，强调大国要在维护世界和平与安全方面起国际警察作用，赋予大国在维护国际和平与安全方面所担负的特殊责任。"大国一致"原则的确立，在一定程度上满足了国家对组织能力与组织的使命之间关系的认知。二战的残酷现实为"大国一致"的规范提供了正当性基础。二战结束之后，尽管很多中小国家对联合国"大国一致"和优先原则以及否决权不尽满意，但是，在一定程度上又不得不承认其必要性。

❷ 哈斯.规制主义：冷战后的美国新战略[M].陈遥遥,荣凌,等,译.北京:新华出版社,1999:4.

陷于瘫痪。"❶《联合国宪章》第七章规定了安理会在使用武力上的决定权，安理会是以投票表决的形式进行决策的。宪章第二十七条规定安理会对于程序事项之外的其他决议，"应以九理事国之可决票包括全体常任理事国之同意票表决之"。因而，安理会中的大国在针对使用武力的"人道主义干预"问题协商和谈判上，是站在自身利益和观念的立场之上，导致达成共识的可能性极小，这也恰恰体现了"大国一致"原则的脆弱一面。大国利用否决权争夺自身利益的行为直接破坏了建立在"大国一致"原则基础上联合国维护国际和平与安全作用的发挥，从本质上讲也是联合国和安理会的权威被大国及大国之间形成的均势替代的表现。曾作为联合国秘书长候选人的芬兰人雅科布逊就曾经说过，《联合国宪章》不允许干涉国家内政，但是由于安理会常任理事国是平衡大国利益的产物，过去它就从来没有能够就武力干预做出过一致的决定。❷ 大国的利益分化使得他们在面对干预问题上有着不同的看法。对世界和平负有主要责任的联合国安理会五大常任理事国历来同床异梦。"由于大国主导和成员构成复杂，联合国主导模式的效率和动机值得怀疑。"❸ 比如 1998 年在波黑问题上，安理会内部在一系列问题上出现了摩擦，包括应采取什么行动方针，联合国应持中立立场，还是主动干涉以解救受害的民族。❹ 2003 年在伊拉克问题上，俄罗斯、法国各持己见，中国力主和平谈判，只有英国顺风吹火，支持美国动武。大国的政策各有所偏，如果没有其他大国的支持，某个国家仅凭一国实力来行使人道主义干预，在政治、经济、道德上所承受的压力将会极大。

（5）干预的手段和方式也存在着诸多争议。

人道主义的目的只能通过人道主义的手段来达到，非人道主义的手段不可能实现人道主义目的。人道主义干预的手段主要包括：大国或国际组织施

---

❶ GLENNON M. The new interventionism：The search of a just international law[J].Foreign Affairs,1999(5/6).

❷ 谷盛开.西方人道主义干预理论批判与选择[J].现代国际关系,2002(6).

❸ 杨成绪.新挑战——国际关系中的"人道主义干预"[M].北京：中国青年出版社,2001：342.

❹ RIEFF D. Slaughterhouse：Bosnia and the failure of the west[M].New York：Simon & Schuster,1995.

压；政治谈判、经济制裁、军事威慑、武力的强制干预。1999 年科索沃危机的时候，有关干涉的手段选择引发了一场广泛的辩论。❶ 国际社会大部分舆论认为，只有当所有的非武力措施，包括外交方法、经济制裁等，都使用完了，才能使用军事手段解决问题。但是，这也并不意味着上述的这些非武力措施都要逐个尝试并且等到全部失败，而是说必须有合理的根据使人相信，在所有的情况下，即使对这些措施都做了尝试，也不会取得成功。但是北约针对南联盟的武力空袭，显然不是"最后的手段"，在仍有很多回旋商谈余地的情况下，使用了武力。这在世界范围内，引发了包括中国在内的各国的争议。可见，是和平解决问题还是应当采取包括军事武装在内的强制性行动？哪种方式更有利于解决问题，仍困惑着行使干预的主体。实际上，干预包括多种形式，武力干预只是其中一种，武力干预的方式由于受到既有实在国际法的约束，因而只有在自卫或安理会授权的情况下才为合法。原则上说，应当由国际组织按照一定的程序，依照既定的人道主义目的，来决定干预的手段。无论哪种手段都会威胁被干预国人民的安全和财产，而武力干预的后果可能会导致更剧烈的破坏。2011 年以来，北约国家在对利比亚的干预中，实施了各种非人道主义的干预手段，却声称要达到人道主义目的，这难以令人信服，这种干预的最终异化也就在所难免。❷

（6）人道主义干预的范围和强度受到干预成本的制约。

财政能力和军事政治资源的有限性使得干预受到制约。一场人道主义灾难发生后，对其所进行的干预所耗费的人力、物力、财力是巨大的，并承担相应的风险和牺牲。国际组织或某个国家不得不面对干预所带来的成本问题。"无论好坏，国家很少愿意以流血耗财的方式，保护外国人免受虐待甚至大清洗。"❸ 例如美国从索马里撤军，就是这一制约因素的反映。当美国士兵的尸体被横拖于索马里街道的画面在美国国内新闻大肆报道之后，美国在索马里

---

❶ MANDELBAUM M. A perfect failure[J].Foreign Affairs,1999,78(5):2-8.

❷ 张旗.道德的迷思与人道主义干预的异化[J].国际政治研究,2014(3).

❸ 米尔斯海默.大国政治的悲剧[M].王义桅,唐小松,等,译.上海:上海人民出版社,2002:59.

维和问题上发生了根本性的转变，开始实行谨慎的态度，即坚持奉行严格原则，如限制为维和人员以及美国指挥下的美国部队提供资金；政府不支持建立一支联合国常设军队，也不派美国部队参加这样的军队。因此，当卢旺达这样对于美国无关紧要的地方发生了大规模人道主义灾难的时候，美国等西方国家均拒绝提供资金和部队的支持，导致联合国的人道主义干预行动难以展开。2004 年，47%的美国民众认为防止种族灭绝应当成为首要外交政策的出发点，到 2008 年这项数据下降到 36%。同样，2004 年，35%的美国民众认为人权保护应当成为首要外交政策的出发点；2008 年，这一数据则下降到 25%。❶

联合国维持和平行动的经费，自 1948 年建立了联合国停战监督组织以来，随着维和行动的部署越来越多，也水涨船高，加上许多会员国拖欠应该支付的维和款项，联合国维和经费缺口很大，甚至有拖欠军饷的现象发生。1996 年联合国维和军警人数减到 3 万以下，1999 年降到 1 万余人。美国对维和费用的负担也从每年 10 亿美元减至 2.3 亿美元。❷ 这种状况导致维和行动的预算大量削减，不能不对今后维和行动产生很大影响。2000 年以来，随着国际反恐形势的发展，在全球危机频发情况下，截至 2016 年 4 月，联合国决定投入 80 多亿美元，用于维和工作。这一金额比 2015 年增长了 17%。但同美国等发达国家的军事实力相比，无论是人员数量还是军事装备，都存在很大差别。"参与反恐军事行动，联合国缺乏相应的装备、物资、特殊的军事培训及能力。" 2014 年 10 月，据路透社报道，由于人力、物力资源不足，刚果煤区的维和部队艰难地控制冲突的进一步升级。2016 年，联合国在刚果的维和经费达到 8000 万美元之巨，增长了 220%。其中，军队和警察开支增加了300%，至 350 万美元；医疗支出比往年增加了 712%，增加到 900 万美元。尽管资助增加，但派出部队问题不断，甚至发生性侵当地妇女事件，更是增加了联合国维和行动的压力。

---

❶　王琼.国际法准则与"保护的责任"兼论西方对利比亚和叙利亚的干预[J].西亚非洲,2014(2).

❷　丁隆.索马里冲突的根源与解决途径探析[J].西亚非洲,2007(3).

（7）国家利益的藩篱。

国际关系的发展很难将真正的人道主义动机和有倾向性的国家利益动机区别开来。人道主义干预的要义就在于阻止或缓和一国的人道主义危机，其本身应是剔除狭隘的国家利益窠臼，是公正的、非政治的。然而，就当前世界政治的实践来说，国家利益仍是"人道主义干预"得以实施的一个不可忽视的动因。国际问题，"在表象上可千变万化，但剥笋剥到最里层时，终究会发现国家利益的内核。国家和它所追求的现实和长远的民族利益，一直是国际政治中最活跃、最有决定意义的因素"。❶现实主义声称，当国家进行人道主义干预时，他们不会公正地去干预，会采取一种"有选择的参与"，因为他们有真正的利益考量。大国往往出于自身利益需要去干预别国，因此干预只能是作为有条件的例外而不是通则。❷"一国在履行'保护的责任'时彰显的国家利益只能是一种维持和平与安全的附随利益，从而平衡国家利益与世界利益。在现有情况下，'保护的责任'在很大程度上依旧属于大国利益和战略的产物。"❸人道主义干预"是一种裹杂着各种动机的行为，其中不乏大国之间战略利益博弈"。❹为什么美国和北约选择对波黑和科索沃进行干预，而对卢旺达的人道主义灾难袖手旁观？美国进行干预的标准是根据现实利益还是道德标准？❺这些都裹挟着国家利益，难以超越自身利益的视域。

某些国家凭借自身实力，将本国利益甚至是国内少数人的利益通过"权力—利益—权利—道德"的"公式"，转换为戴着普遍法则面具的利益诉求，凌驾于别国利益乃至国际社会的整体利益之上，在促进本国自身利益的同时，损害别国利益，压抑别国的权利要求。❻一般一个国家决定使用武力干涉来

❶ 陈乐民.黑格尔的"国家理念"和国际政治[J].中国社会科学,1989(3):146.

❷ WIGHT M. International theory:The three traditions[M].New York:Home & Meier,1992:113-115.

❸ 王琼.国际法准则与"保护的责任"兼论西方对利比亚和叙利亚的干预[J].西亚非洲,2014(2).

❹ VINCENT R J. Human rights and international relations[M].Cambridge:Cambridge University Press,1986:146.

❺ 许纪霖.全球正义与文明对话[M].南京:江苏人民出版社,2004:368.

❻ 杨成绪.新挑战——国际关系中的"人道主义干预"[M].北京:中国青年出版社,2001:346.

制止发生在他国的大规模人权侵害，主要是基于以下几个理由：一是保护侨居在该国的本国国民成为必要；二是人权侵害的对象涉及某一特定民族集团，像澳大利亚对东帝汶人，英美对伊拉克的库尔德人，而该民族集团在干涉国的国内政治上持有相当的发言权；三是与本国军队的死伤人员和战争支出成本相比，由干涉所获得的收益相当之大。❶ 可以看出，这三点都是基于狭隘的国家利益。在政治层面上，"人道主义干预"必须面对各国对国家利益的认同问题。政府的职能在于保护和维护本国人民的利益，而不是保卫"遥远的陌生人"，除非政府是运用人道主义干预来维护与本国有关的海外利益。❷ 在国家利益与价值、道义出现对立的时候，后者经常让位于前者。而在价值、道义与其国家利益可以统一，推行这种价值、道义能为其国家带来更多利益时，推行人权外交和"人道主义干预"就成为一种现实必然。❸

❶　大沼保昭.人权、国家与文明[M].王志安,等,译.北京:生活·读书·新知三联书店,2003:113.

❷　HOLZGREFE J. The humanitarian intervention debate[M]//HOLZGREFE J,KEOHANE K O. Humanitarian intervention:Ethical,legand political dilemmas.Cambridge:Cambridge University Press,2003:28-29.

❸　谷盛开.西方人道主义干预理论批判与选择[J].现代国际关系,2002(6).

第四章 人道主义干预在理论上的新发展：从"干预的权力"到"保护的责任"

20世纪90年代以来，在索马里、卢旺达、前南斯拉夫和科索沃等地区发生的侵犯人权事件，震惊了国际社会的良知，引起了世界人民的强烈谴责。但与此同时，以美国为首的西方国家以"保护人权"和人道主义干预为目的，武力干预科索沃、伊拉克、利比亚等，引发国际社会的激烈争论。从某种意义上来说，美国等国的行为撕裂了本来就很脆弱的国际道义联盟，使"干涉的权利"走向死角。可见，联合国及其成员国对一国侵犯人权的反应并不一致，特别是有关通过协商还是施加压力甚至武力来解决人道主义灾难问题，没有形成共有知识。作为对上述事态的弥补，联合国"有必要在理论上找到新的方式来谈论介入，重点强调缓解人类的苦难，而非军事行动和介入的合法性，以改善形象"。❶ 协调"主权"与"人权"紧张关系的规则就显得十分必要，重聚国际共识、促进共同发展、保护人权、维护全人类的共同利益无疑成为国际社会面临的一个紧迫课题。进入21世纪，不仅要在国际人权规范、人道主义保护等议题上构建共有知识，同时还应当加强"地球村"身份上的认同，以实现主权国家和其他各类行为体"保护的责任"。❷ 正是在此背景下，人道主义干预理论从"干预的权利"发展到"保护的责任"，并

---

❶ TRAUB J. The best intentions: Kofi Annan and the UN in an era of American power[M].London: Bloomsbury,2006:99.

❷ Vesel David 认为保护的责任,就是平衡和缓和主权与人权的内在紧张性,试图寻求一种兼顾二者的新理论。——DAVID V. The lonely pragmatist: Humanitarian intervention in an imperfect world[J].BYU Journal of Public Law,2003,18(1):1-58.

在利比亚战争中得到了全面实践。在 2011 年中东剧变利比亚危机中，"保护的责任全球中心"执行总裁西蒙·亚当斯认为，国际社会在国家利益存在巨大分歧的情况下首次采取如此高效、包括军事手段在内的集体行动以履行"保护的责任"，表明 2011 年是"保护的责任"之年，"保护的责任"已成为一种新的国际规范。❶ 本章运用国际政治和国际法交叉学科的方法对人道主义干预理论的新发展——"保护的责任"问题加以研究。

第一节 "保护的责任"的概念与理论发展

一、"保护的责任"理论渊源

"保护的责任"的提出和流行并非偶然，其理论渊源为"主权人本化"。在西方有关主权的文献中，主权弱化是其发展总趋势。作为一种理念，"保护的责任"源远流长，约翰·洛克对国家机构进行定义时就已经明确了政府的责任，认为政府必须保障人民的"生命、自由和财产"。❷ 而英国学派学者约翰·文森特最早提出"责任主权"理念，"个人也是国际社会的主体之一，国家的合法性不仅取决于它们是否拥有主权，更取决于它们是否尊重保护好本国国内的人权。国际社会中的个人应当享有的生命权和生存权是国际社会中任何国家都不能违反的'基本人权'，如果国家危害个人的人权利益，那么国家的行为即为非法。即如果一国政府无法保障本国人民的基本人权，那么这就构成国际社会甚至某些单个国家采取人道主义干涉的法理依据"。❸ 文

---

❶ NANDA V P. From paralysis in Rwanda to bold moves in Libya：emergence of the 'responsibility to protect' norm under international law-is the international community ready for it？［J］.Houston Journal of International Law，2011，34(1)：25.

❷ 洛克.政府论[M].瞿菊农，叶启芳，译.北京：商务印书馆，1982：4.

❸ VINCENT J. Grotius，human rights，and intervention[M]//BULL H，KINGSBERY B，ROBERTS A. Hugo Grotius and international relations.Oxford：Oxford University Press，1990：242.

森特的"基本人权"理论表明，国家对其民众有基本人权的保护责任。

作为一种概念，"保护的责任"最早是前苏丹外交部长弗朗西斯·登于1995年在其所撰写的《主权的责任》一文中提出。随后，在其主编的《作为责任的主权：非洲的冲突治理》一书中较为翔实系统地阐述了主权作为一种责任的思想，"一国在行使主权时，除了享有某些国际特权之外，还应当承担保护本国民众人权的长期义务，如果国家履行了保护人民人权的义务并切实尊重人权，那么对以人权为由的外来干涉的担心就会大大减少"。❶

二、"保护的责任"理论的提出

"保护的责任"获得国际社会广泛关注源于联合国大会的推介。❷ 1999年针对国际社会在大规模人道主义灾难面前作用发挥甚微的严酷现状，前联合国秘书长安南在联大发表的题为《两种主权》的讲话中提出了两种类型的主权：国家主权和个人主权。他认为，"国家主权的概念在全球化、国际合作及其他各种因素的作用下已经慢慢发生修正，人民广泛认为，国家是服务于其人民的，而不是相反"。❸ 与此同时，"个人主权"因为全新的广泛传播的个人权利意识而得到强化。他解释说，个人主权是指《联合国宪章》及后续的国际条约所尊崇的人人享有的基本自由。他认为，"传统的主权概念不再能公平地对待各地人民要求实现基本自由的愿望，并已成为对人权和人道主义危机采取有效行动的障碍"。因此，他主张重新定义主权概念。❹

2000年9月，在联合国千年大会上，时任加拿大总理让·克雷蒂安宣布，为了促进国际社会就如何在侵犯人权和违反国际法的行为面前做出反应的问

---

❶ SARKIN J. The role of the united nations, the African Union and Africa's sub-regional organizations in dealing with Africa's human rights problems: Connecting humanitarian intervention and the responsibility to protect[J]. Journal of Africa Law, 2009, 53(1): 8.

❷ The responsibility to protect[EB/OL]. (2010-09-17)[2015-12-21]. http://www.un.oi/en/preventgenocide/adviser/responsibility. shtml.

❸ 袁娟娟.从干涉的权利到保护的责任——对国家主权的重新诠释和定位[J].河北法学,2012(8).

❹ ANNAN K. Two concepts of sovereignty[J].The Economist,1999(9).

题达成新的共识，加拿大政府将成立一个独立的关于"干预和国家主权国际委员会"（ICISS）。该"委员会"的主要任务就是推动有关人道主义干预问题的讨论，促进各国从争论走向国际社会统一行动达成全球性共识，并找到能够调和干预与国家主权概念的新途径。❶ 2001 年 12 月，该委员会提交了名为《保护的责任》的报告。❷ 该报告给"保护的责任"下了一个定义："保护的责任"是指主权国家有责任保护其领土内人民免遭可以避免的灾难，但其适用范围主要限于阻止大规模屠杀、强奸和饥饿，若该国陷于瘫痪而且不愿意或者不能够履行这样的责任时，为了预防和阻止大规模侵犯人权的情势，应转由国际社会来承担该责任。❸ 该报告明确倡导"保护的责任"为基于人道保护的干预新路径，主张不再谈"干预的权利"，而仅谈"保护的责任"。❹ 《保护的责任》报告试图脱离"人权与主权"的争辩，重构对于国际人道主义干预的论述。报告认为，每个主权国家都有责任保护本国国民免受本来可以避免的灾难，比如谋杀、强奸和饥饿等。如果主权国家不愿意或者没有能力担负起这个责任，那么国际社会就应该代替这个国家承担起这种责任。这份报告的基本原则是，国家主权意味着责任，保护本国人民的主要责任是一个国家合法性的重要标志，如果某当事国无力或者不愿制止人道主义灾难事件时，不干预原则要服从于国际保护责任。❺ 就内容而言，"保护的责任"包括三项具体的责任：预防的责任、做出反应的责任和重建的责任。可见，《保护的责任》提出了"人道主义干预"的新概念，指出主权国家、国际组织、

---

❶ 杨泽伟.主权论——国际法上的主权问题及其发展趋势研究[M].北京:北京大学出版社,2006:250.

❷ "干预和国家主权国际委员会"由国际危机小组主席、澳大利亚前外长 Gareth Evans、联合国特别顾问 Mohamed Sahnoun 担任联合主席。另外还包括 Gisèle Côté-Harper、Lee Hamilton、Michael Ignatieff、Vladimir Lukin、Klaus Naumann、Cyril Ramaphosa、Fidel Ramos、Cornelio Sommaruga、Eduardo Stein、Ramesh Thakur 等 10 名成员。——http://www.iciss.ca/pdf/commission-report.pdf.

❸ 王琼.国际法准则与"保护的责任"兼论西方对利比亚和叙利亚的干预[J].西亚非洲,2014(2).

❹ 罗国强."人道主义干涉"的国际法理论及其新发展[J].法学,2006(11).

❺ EVANS G.The responsibility to protect:Rethinking humanitarian intervention[R].Washington DC:ASIL Proceedings of the 98th Annual Meeting,2004:79.

非政府组织甚至个人的"保护的责任"，并针对国家保护失效缺位时安理会授权效能可能的不足，提出了体制外的选择措施。❶

三、"保护的责任"理论的发展

2003 年，美国以恐怖主义和保护人权的双重借口，发动伊拉克战争。伊拉克战争不仅破坏了伊拉克主权完整，而且对联合国集体安全机制和联合国的权威产生了消极影响，对"保护的责任"也产生不利影响。2004 年 12 月，联合国"威胁、挑战和改革问题高级别小组报告"中❷，第一次采纳了"国际社会提供保护的集体责任"的概念，强调联合国授权的集体责任。该报告回顾了在索马里、塞黑、卢旺达、科索沃以及在苏丹达尔富尔相继发生的人道主义灾难，指出这些灾难使人们不再集中注意主权政府的豁免权，而注意它们对本国的人民和广大国际社会的责任。❸ "赞同新的规范，即如果发生灭绝种族和族裔清洗等其他杀戮❹，国际社会集体负有提供'保护的责任'，由安全理事会在万不得已情况下批准进行军事干预，以防止主权国家政府没有力量或不愿意防止的族裔清洗或严重违反国际人道法行为。"❺ 小组报告赋予了"保护的责任"更高的权威，也使国际社会对"保护的责任"这一概念正式认可。

---

❶ EVANS G. The responsibility to protect:Ending mass atrocity crimes once and for all[M].Washington,D. C.:Brookings Institute Press,2008:3.

❷ 联合国威胁、挑战和改革问题高级别小组.一个更安全的世界,我们的共同责任[EB/OL].(2004-12-02)[2015-12-21].http://dacessdds.un.org/doc/UN-DOC/GEN/No4/602/30/PDF/No460230.pdf.

❸ 联合国威胁、挑战和改革问题高级别小组.一个更安全的世界,我们的共同责任[EB/OL].(2004-12-02)[2015-12-21].http://dacessdds.un.org/doc/UN-DOC/GEN/No4/602/30/PDF/No460230.pdf.

❹ 按照该公约的定义,灭绝种族是指蓄意全部或局部消灭某一民族、人种、种族或宗教团体,犯有下列行为之一者:(a)杀害该团体的成员;(b)致使该团体的成员在身体上或精神上遭受严重伤害;(c)故意使该团体处于某种生活状况下,以毁灭其全部或局部的生命;(d)强制施行办法,意图防止该团体内的生育;(e)强迫转移该团体的儿童至另一团体。

❺ 联合国威胁、挑战和改革问题高级别小组.一个更安全的世界,我们的共同责任[EB/OL].(2004-12-02)[2015-12-21].http://dacessdds.un.org/doc/UN-DOC/GEN/No4/602/30/PDF/No460230.pdf.

2005 年 3 月，联合国前秘书长科菲·安南的报告再次确认主权国家有责任保护本国公民的基本人权❶，但如果一国当局不能或不愿保护本国公民，那么这一责任就落在国际社会肩上。报告认为《联合国宪章》第 51 条充分授权安理会使用军事力量，以维护国际和平与安全。而灭绝种族、清洗族裔和其他类似危害人类罪，既是对国际和平与安全的威胁，也应依赖安理会给予保护。安南的报告里面把"集体负有提供保护"作为第二顺位责任，使"保护的责任"在实体部分有了更明确的发展。从国际法角度来说，干预的主体实现了多元化。安南的报告标志着"保护的责任"理念得到国际社会更广泛的互动支持。❷

四、"保护的责任"理论的完善

2005 年 9 月，第 60 届联合国大会通过了《2005 年世界首脑会议成果》，以成员国最高会议的形式对"保护的责任"做了进一步发展和规范。❸ 在 2005 年首脑会议的最后成果文件中，明确肯定了所有政府清楚且毫不含糊地接受集体保护人类免遭屠杀、战争罪、种族清洗以及反人道罪的责任。首脑会议成果是各国共有知识的集体身份宣示，具有重要的理论和现实意义，使得"保护的责任"经前后四个阶段的发展逐步在国际社会形成共识，得以承认、规范和定型。

2009 年 1 月，联合国秘书长潘基文的《履行保护责任》报告针对 2005 年《世界首脑会议成果》第 138、139 段中关于落实"保护的责任"具体的实施方案，提出确保"保护的责任"得以落实的三大支柱："第一支柱是国家的保护责任，国家始终有责任保护其居民，国家有责任防止居民遭受灭绝

---

❶　大自由、实现人人共享的发展、安全和人权［EB/OL］.（2005-06-02）［2015-12-21］.http://dacessdds.un.org/doc/UN-DOC/GEN/No5/77/PDF/No527077.pdf.

❷　HEHIR A. The responsibility to protect in international political discourse：Encouraging statement of intent or illusory platitudes？［J］.The International Journal of Human Rights,2011,15(8)：1343.

❸　2005 World Summit Outcome Document,UN Doc A/RES/60/1（16 September 2005）［EB/OL］.（2005-09-16）［2015-12-21］.http://www.un.org/summit2005.

种族、战争罪、族裔清洗和危害人类罪之害；第二支柱是国际援助和能力建设，国际社会承诺协助各国履行其保护人权的义务；第三支柱是及时、果断的反应，在一国显然未能提供这种保护时，会员国有责任及时、果断地做出集体反应。"2009 年 9 月 14 日第 63 届联大通过《保护责任》。这是迄今为止联大通过的专门关于"保护的责任"的第一个决议，该决议简明扼要地指出，继续审议"保护的责任"问题。该决议表明了联大对"保护的责任"的态度转变，正在从一种政治意愿迈向法律义务，而且充分肯定了在此之前的一系列关于"保护的责任"的法律文件。可以说，2009 年是"保护的责任"规范获得国际社会广泛确认的分水岭，意味着"保护的责任"开始从概念到实践的适用阶段。❶

2010 年 7 月，联合国秘书长潘基文向联合国大会提交《预警、评估及保护责任》报告，该报告重点提出"联合国在 2005 年世界首脑会议的基础上，按照元首们的要求，建立强大的预警和评估能力，以保证联合国能够担负起保护的责任"。此外，潘基文还强调"保护的责任"并不是死搬硬套，要对不同的危机国家，进行区分对待，要灵活应对，采取反应措施。该报告表明国际社会已经致力于落实"保护的责任"的具体要求。

五、"保护的责任"理论从概念到实践

2011 年 3 月，以北约为首的多国部队以联合国安理会授权"1973 号决议"为借口，以具体落实"保护的责任"为旗号，对利比亚实施军事打击，这次行动被西方称为"保护的责任"的首次实践。

2011 年 6 月，联合国秘书长潘基文提交《区域与次区域安排对履行保护责任的作用》报告。该报告承接 2010 年报告的要点，对有区别对待的重点保护区域进行重新评估，区域和次区域是联合国履行"保护的责任"的重要合作伙伴。与此同时，潘基文报告中重申了"保护的责任"战略的三大支柱：

---

❶ BADESCU C G.Humanitarian intervention and the responsibility to protect：Security and human rights［M］. Washington DC：Brookings Institution Press,2008：7-11.

第一支柱为国家履行"保护的责任"；第二支柱为国际社会的援助、评估和建设；第三支柱为国际社会的灵活果断的反应。区域和次区域在"保护的责任"战略三大支柱方面，都起到不可替代的作用。

2012 年 1 月，联合国秘书长潘基文明确指出，叙利亚问题将是对"保护的责任"的又一次检验。2012 年 7 月，联合国秘书长潘基文提交《保护的责任：及时果断的灵活反应》报告。该份报告重点分析了"保护的责任"第三支柱，当一国无能力拯救本国民众于屠杀之中，国际社会"及时果断的灵活反应"的具体内容。报告认为保护的方式应该以《联合国宪章》为基础，采取的措施应该是渐进式的，不要过度突出武力的使用，承诺国际社会应该"更有效和更连续地贯彻履行保护责任"。报告认为，在国际社会推行"保护的责任"时机已经成熟。

2013 年 7 月，联合国秘书长潘基文提交《保护责任问题：国家责任与预防》报告。该份报告再次重申"各国有责任保护其境内的民众免受灭绝种族、战争罪、族裔清洗和危害人类罪"，同时报告还就各国落实"保护的责任"进行评估，审查了各国防止这些罪行采取的各种措施，并对这些措施进行重点评估。该报告是主权国家落实"保护的责任"的具体体现，是"保护的责任"具有约束性的重要表现。

2014 年 9 月，联合国秘书长潘基文提交《履行我们的责任：国际援助与保护责任》。该报告重点探讨了国际社会包括主权国家、国际组织、非政府组织等各类行为体在履行"保护的责任"方面所提供的援助内容、方法和原则。

2015 年 1 月，联合国确立 2015 年是"保护的责任"首脑会议十周年纪念，国际社会应更加积极主动履行保护责任，对发生在国际上践踏人权的行为，应毫无保留地采取建设性措施。

2016 年 2 月，联合国常务副秘书长埃里亚松在联合国大会上强调，国际社会对"保护的责任"应加强预防、快速反应，与和平重建工作。就过去 10 年"保护的责任"实施效果，埃里亚松指出是"喜忧参半"：科特迪瓦、几内亚和肯尼亚的进展可以算是比较成功的干预案例，但对叙利亚危机的集体应对是一个灾难性的失败，同时对南苏丹的干预也没有达到预期目的。

从"保护的责任"历史脉络发展轨迹来看，联合国的推动在规范传播和国际认可方面发挥着重要的作用。总体来看，"保护的责任"从2001年加拿大"干预与预防委员会"提出，到2005年首脑会议确认"保护的责任"规范，再到"保护的责任"利比亚实践，"保护的责任"逐渐发展成为国际社会的一项重要的政策规范。其核心含义是：主权国家与国际社会有向处在危险中的人民提供生命支持、保护及援助的预防责任、做出反应的责任以及重建的责任。❶

第二节 "保护的责任"与人道主义干预关系辨析

作为一个正在发展中的规范性概念，"保护的责任"基本内涵有两个方面：主权国家负有保护其本国公民安全与生命的责任；在国家无能力或者不愿意承担"保护的责任"的时候，国际社会应该主动承担国家的"剩余责任"，进行及时保护。"保护的责任"旨在强调，不管这个人身处何种国度，如果当事国没有能够提供这种有效的人权保护，基于国际社会共同的人性原则要保护个人免受"种族灭绝罪、种族清洗罪、战争罪和反人类罪"。从"主权的责任"概念解读，不难发现，这不仅意味着"主权的责任"具有鲜明的伦理性，也意味着在国家之上有一个更高的权威而具有等级性。❷很显然，"保护的责任"已超越国家主权的管辖范围，要求一个国家、政府必须考虑保护本国的公民基本人权，否则将面临本国公民寻求国际社会保护的可能性。因涉及干预他国的内政事务，为此，国际社会对"保护的责任"做了严格的限制，只有发生种族灭绝、战争、族裔清洗和危害人类等四项最严重

---

❶ BADESCU C G.Humanitarian intervention and the responsibility to protect：Security and human rights[M]. New York：Routledge，2010：110.

❷ 邱美荣，周清."保护的责任"：冷战后西方人道主义介入的理论研究[J].欧洲研究，2012(2).

的国际罪行，严重违反国际法的时候，并且本国政府又不愿或没有能力行使保护权，"保护的责任"方可适用。❶

"保护的责任"是一种改革性的思维，从"保护的责任"的本质内涵分析，可以看出，它与人道主义干预具有以下几点差异。

（1）在论证逻辑上，"保护的责任"强调"责任逻辑"，而人道主义干预强调"权利"逻辑；在规范程度和形成过程等方面有很大不同。人道主义干预对于谁干预、干预目标、效果、手段等并没有统一的界定。❷ 而"保护的责任"在联合国大会多次讨论之后，形成一整套完善的干预理论体系：合理授权、正当的理由、正确的意图、最后手段、均衡的手段和合理的成功机会；并细化了干预的范围和限度，将干预分为危机前预防的责任、危机中行动的责任和危机后重建的责任。此外，人道主义干预形成过程，仅仅是一些西方大国的政治话语和道德声称，是一种政治上的倡议，缺乏规范化和制度化的机制保障，而"保护的责任"在1995年就被写入联合国首脑会议成果文件，再到目前持续被联大会议审议，走的是一条从理念到规范的持续规范化和法制化的道路。

（2）"保护的责任"强调国际社会已经从传统的主权物质层面的争霸进入后主权时代的价值认同，扬弃了主权与人权之间的传统对立关系，试图建立二者的包容一致性。"保护的责任"强调主权的主体作用，主权国家和国际社会的"责任"，而不是干预者的"权利"。"保护的责任"认为主权国家在践行保护本国平民基本人权方面处于主体位置，也就是说主权国家是维护本国民众基本人权的主导力量。国际社会只有在该国混乱无法履行保护本国民众基本人权的职责时，才能够履行通过干预保护人权的职责。由此可见，"保护的责任"与之前西方单纯从人权的角度进行所谓的"人道主义"干预

---

❶ 2005 World Summit outcome document, UN Doc A/RES/60/1（16 September 2005）[EB/OL].（2005-09-16）[2015-12-21].http://www.un.org/summit2005.

❷ BADESCU C G.Humanitarian intervention and the responsibility to protect:Security and human rights[M].Washington DC:Brookings Institution,2008.

有着重大区别。❶

（3）"保护的责任"强调正义优先，将对人的基本人权保护置于首要地位，其伦理道德色彩更为鲜明。尽管人道主义干预和"保护的责任"都打着"道义"旗号，但与人道主义干预相比，"保护的责任"更加突出基本人权，即人的生命权的保护，不仅仅停留在"人道"的层面，强调国际社会在国家未能履行其责任时具有保护受害者的道德义务，因为基于人性的美德而建立的道德共识和共同的人性。"保护的责任"已将国际关系的伦理辩论，从正义战争以及核威慑的道义基础转变到人的解放，也就是自由主义政治事业的基本目标。❷

（4）注重发挥联合国的主体性作用，联合国在国际人权保护、国际人权合作、国际人权救济等方面发挥支配性作用，这是对人道主义干预理论非常重要的突破。"保护的责任"在国际法上突出联合国安理会的主体重要作用，反对单边行动，尤其强调武力保护需要联合国安理会的合法授权。比如，《2005年世界首脑会议成果》第139段明确规定，以"保护的责任"为名进行的干预只能经由联合国安理会的授权才能进行，而且这种干预必须"逐案考察且须与适当的地区性组织开展合作"。这与人道主义干预有着本质的区别。科索沃危机中，美英等在没有取得联合国安理会授权情况下对科索沃进行军事打击，严重违背了国际法原则；利比亚危机中，北约在联合国1973号决议"准授权"情况下对卡扎菲政权进行空袭，在程序上比科索沃人道主义干预更为合理合法。

（5）"保护的责任"试图调和国际社会对"干涉"的话语敏感性：从"干预"到"保护"，国际社会的认知度、接受度更为可能。一方面，"保护的责任"试图引导国际社会关于主权与不介入原则的辩论向更为宽泛的可接

---

❶ MORRIS J. Libya and Syria：R2P and the specter of the swinging pendulum[J].International Affairs，2013，89（5）：1276.

❷ FROST M. Ethics in international relations：A constitutive theory[M].Cambridge：Cambridge University Press，1996.

受的方向发展，致力于国际社会道德共识。在话语视角方面，"保护的责任"强调弱者得到保护的权利和主体国家负有保护本国公民的基本责任，并把这界定为国家主权的重要属性。另一方面，在语言措辞方面，抛弃大国、强国的恣意"武力介入的权力"，引入"保护的责任"，柔和度更为亲切，更有可能被国际社会接受，有利于扩大"干预共识"。❶

（6）逻辑上，"保护的责任"试图搭建"干预"与"国际人权保护"的一致性，其内容包括预防、反应和重建三大方面，而非人道主义干预强调的仅仅"干预"单一方面。"保护的责任"将主权与介入中所涉及的有争议的政治问题转变为关注受害者的情感视角，将辩论的焦点引向那些寻求或者需要获得帮助的弱者视角而非介入的强国，将有争议的问题去政治化，因而更具有道德性，并试图建构一种道德共识，重新框定主权与介入问题的争议，以及西方在新世界秩序中的权力和角色。❷"保护的责任"主张预防、反应和重建三个方面在"保护的责任"中并立并重，而不是像"人道主义干预"那样偏重带有强制性的"反应"，体现出"保护的责任"，规范"去军事化"的转向。

综上，二者主要异同点如表4-1所示。

表4-1　人道主义干预与"保护的责任"理念主要异同点

理念	不同点			相同点		
	主体内容	规范程度	传播方式	理念缘起	对主权的影响	理念本质
人道主义干预理念	"权利"内容	规范程度低	政治宣传与倡议	正义战争	削弱主权	世界主义
"保护的责任"理念	"责任"内容	规范程度高	准规范性			

❶　BYMAN D. Explaining the western response to the Arab Spring[J].Journal of Strategic Studiesy,2013,36（2）:289-320.

❷　邱美荣,周清."保护的责任":冷战后西方人道主义介入的理论研究[J].欧洲研究,2012(2).

第三节　国际社会有关"保护的责任"的立场分析

《2005 年世界首脑会议成果》文件签署，标志着"保护的责任"这一理念得到了世界上大多数国家的认可。但是在具体实践中，各国对"保护的责任"立场并不相同。❶ 目前，国际社会对"保护的责任"的态度主要包括以下几种。

一、积极支持的态度

这些国家积极推动"保护的责任"在全球的规范扩散和实践，包括加拿大、丹麦、瑞典、英国、澳大利亚、法国、西班牙、美国等发达国家，这些国家在外交战略中一向注重人权因素，强调国际人道主义干预的实践。❷ 需要强调的是，美国在该理念的扩散初期持犹疑态度，然而，自 2010 年以来，美国逐渐成为"保护的责任"理念的主导国。此外，非洲联盟一直在联合国的支持下，探索本地区自主维和新模式，非盟在联合国大会上，也是积极支持"保护的责任"的重要代表，非盟已经将"保护的责任"写入《非洲联盟宪章》，并积极推动在利比亚危机中实践。《非洲联盟宪章》第 4 条明确规定："根据非盟首脑会议决定，非盟有权干涉战争罪行、种族灭绝罪行和反人类罪行。""在实践层面上，非洲联盟已经呼吁其成员国宣传并应用这个指导原则。"❸

---

❶ 曾向红，王慧婷.不同国家在"保护的责任"适用问题上的立场分析[J].世界经济与政治,2015(1).

❷ DAVIDSON J W. France, Britain and the intervention in Libya: An integrated analysis [J]. Cambridge Review of International Affairs,2013,26(2):320-325.

❸ COHEN R. Developing an international system for internally displaced persons[J].International Studies Perspectives,2006,7(2):87-101.

二、选择性支持的态度

对"保护的责任"的适用持"选择性支持"立场的国家包括一些发展中国家。这类国家的典型代表包括海湾阿拉伯国家合作委员会（以下简称"海合会"）的主要成员国：沙特阿拉伯、阿曼、阿联酋、卡塔尔、巴林、科威特及部分阿拉伯国家联盟、伊斯兰会议组织、东盟等地区性组织的主要成员。这些国家曾长期反对人道主义干预，不过支持对"保护的责任"进行联合国范围内的合理探讨，但认为对联合国、非政府组织在"保护的责任"中的作用持谨慎态度。此外，这些国家对"保护的责任"支持方面还表现为不连贯性，机会性的"选择"色彩较为浓厚。例如，尽管海合会、非盟、阿盟等地区性国际组织成员国对北约等西方国家干预利比亚的行动给予了重要的支持，但这些国家对"保护的责任"适用范围的支持并不连贯。在是否支持国际社会干预叙利亚的问题上，要求西方干预叙利亚的阿盟与对此持谨慎态度的非盟态度有着截然不同的区别，阿盟呼吁国际社会在叙利亚建立维和部队，非盟却不愿意积极介入其中。❶ 再如，东盟成员国中除缅甸以外基本认可"保护的责任"这一新兴规范，只是在使用范围和具体操作的问题上还有待进一步审慎讨论，同时对"不干涉内政"原则也采取灵活态度。❷

三、谨慎态度

对于"保护的责任"的适用，包括中国、印度、俄罗斯、南非和巴西等在内的新兴大国以及除支持和选择性支持之外的大部分发展中国家均持警惕的立场。这些国家对保护人权持积极支持态度，但对"保护的责任"认为需要不断完善，尤其是当使用武力实践时，持谨慎态度，"保护的责任"只有

---

❶　GLANVILLE L.Intervention in Libya：From sovereign consent to regional consent［J］.International Studies Perspectives,2013,14(3)：329.

❷　BELLAMY A, DAVIES S. The responsibility to protect in the Asia-Pacific region［J］.Security Dialogue 2009,40(6)：547-573.

加以完善并有合理的制度保障才能付诸实践。中国政府在"保护的责任"草拟初期，持疑虑态度，后在 2005 年世界首脑会议上签字，同意"保护的责任"理念，但同时强调不应对其"做扩大或任意解释，更要避免滥用"。有意思的是，俄罗斯对"保护的责任"灵活性在南奥塞梯冲突中表现得淋漓尽致。2008 年 8 月，俄罗斯向国际社会传出信号，称俄罗斯侨民以及南奥塞梯居民的生命及安全受到威胁，为使侨民免受大规模暴行和种族清洗等威胁，以履行"保护的责任"为由出兵格鲁吉亚。俄罗斯也据此自封为履行"保护的责任"的首个国家。❶ 这一行动特别是其对"保护的责任"的"机会性利用"在国际社会引发了巨大争议。印度作为发展中大国，基本接受"作为责任的主权"理念，同时强调和平手段的优先性以及当事国政府参与的重要性，反对武力的滥用。❷ 新兴大国巴西在初期也疑虑重重，强调"保护的责任"重在建设，而非反应。不过，2012 年巴西创造性地丰富了"保护的责任"，提出"保护过程中的责任"（responsibility while protecting）理念。巴西试图引导相关讨论的重心向如何规范"保护的责任"的应用转变，调解各国间特别是西方国家和其他国家在动用武力执行"保护的责任"上的分歧，在各方立场间架设桥梁。"保护过程中的责任"的目的是对"保护的责任"做出补充，而不是试图取代它。巴西更多地把它作为一个引发讨论的信号，其意图并不是消解"保护的责任"，而是试图进一步推动相关辩论。❸

在利比亚危机中，新兴国家对西方国家肆意扩大行动范围、试图以"保护的责任"为名进行干预以推翻卡扎菲政府的行为提出批评，提醒西方国家不能混淆保护平民和实现政权更迭之间的界限。❹ 值得注意的是，德国作为发达国家，对"保护的责任"也持较为谨慎的态度。例如，德国在联合国第

❶ EVANS G. Russia,Georgia and the responsibility to protect[J].Amsterdam Law Forum,2009,1(2):25.

❷ PURI H S.Permanent mission to the UN (India)[R].Hague:the General Assembly Plenary Meeting on Implementing the Responsibility to Protect,2009.

❸ 陈拯.金砖国家与"保护的责任"[J].外交评论,2015(1).

❹ Human rights center,the responsibility to protect:Moving the campaign forward[R].Berkeley:University of California,2007:13.

1973 号决议的投票过程中投弃权票。德国主要认为对采取军事手段的有效性需要进一步有效论证，而且认为外部武力上的干预很可能会导致利比亚国内局势更加动荡恶化。

四、反对的态度

对"保护的责任"的适用持反对立场的国家，主要包括委内瑞拉、朝鲜、叙利亚、伊朗、苏丹、缅甸、阿根廷、古巴、智利、亚美尼亚、克罗地亚、波斯尼亚、东帝汶、危地马拉、塞拉利昂、秘鲁、尼泊尔、所罗门群岛、卢旺达、乌拉圭等国。比如，《2005 年联合国世界峰会成果文件》有 150 多个国家签署，而明确反对"保护的责任"的国家也只有委内瑞拉、古巴、苏丹和尼加拉瓜。❶ 再如，在 2009 年联合国大会通过的《保护的责任执行报告》会员国讨论阶段，玻利维亚、古巴、厄瓜多尔、尼加拉瓜、苏丹、叙利亚和委内瑞拉对"保护的责任"持反对态度，这些国家还集体组织起来，试图对"保护的责任"理念进行重新框定。最终，在古巴、委内瑞拉等国的强烈反对下，联合国大会不得不将草案中的部分文本删除。❷ 2011 年，在西方国家以"保护的责任"为理由对利比亚进行武力干预时，这些国家对西方的武力干预表达了强烈的反对情绪，指出这种武力干预行为违背了《联合国宪章》的精神，是不可接受的。委内瑞拉总统查韦斯与时任伊朗总统内贾德还一起发表公开声明，对西方的军事行动进行谴责，认为西方对利比亚进行了"帝国主义侵略"；并同意跟进事态，加大力度维护和平。

从世界主要国家对"保护的责任"的态度与立场来看，各国对"保护的责任"的内涵、适用范围，尤其是武力使用等方面仍存在诸多分歧。尽管"保护的责任"这一理念在 2005 年世界首脑大会上被世界上大多数国家所签

❶　BADESCU C G. Humanitarian intervention and the responsibility to protect：Security and human rights［M］. Washington DC：Brookings Institution Press，2008：8.

❷　SERRANO M. The responsibility to protect and its critics：Explaining the consensus［J］.Global Responsibility to Protect，2011，3：8-10.

字接受，然而，对该理念的接受并不意味着签字国对该理念应用到干预实践上的支持。

第四节　"异化"的人道主义干预：利比亚国际干预中的"保护的责任"

在利比亚国际干预中，国际社会以联合国为领导中心，一反常态，"主动履行""保护的责任"，迅速达成政治合意。美国前国务院政策规划司司长、现普林斯顿大学教授斯劳特，称利比亚战争是"保护的责任"的成功范例，应当在世界上推而广之。❶ 近 5 年时间过去了，利比亚、叙利亚和中东危机有愈演愈烈的趋势，人道主义灾难比国际干预之前有过之而无不及，2015 年利比亚难民偷渡到欧洲的艰辛历历在目，战乱给利比亚的经济造成重大打击，战前利比亚的人均 GDP 为 9494 美元，战争爆发当年萎缩至 3562 美元，至今没有恢复。动荡和贫困之下的当地民众压力巨大。据丹麦一家人权组织最新调查数据显示，自 2011 年卡扎菲政权倒台以来，将近 1/3 的利比亚人患有焦虑、抑郁等精神疾病。因此，过早地下结论利比亚案例是"保护的责任"成功体现，难免有失偏颇，对此应持谨慎的研究态度。国际关系的现实情境与道德诉求往往交织在一起，抽离出纯粹的一面，相当困难。毫无疑问，利比亚的"保护的责任"也富含着诸多大国干涉与利益争斗间的复杂关系，尤其是利比亚国际干预的严峻现实结果证明，干预并没有使得该国更好地实现人权保护和民主发展，相反利比亚持续动荡，人权灾难日益加剧，体现出"保护的责任"理论付诸实践尚有无法完全克服的缺陷。❷ 因此，从结果来看，利比亚的国际干预是人道主义干预被"异化"了：从人道主义干预的目标和

---

❶　MATACONIS D. The "responsibility to protect" doctrine after Libya[J].Outside the Beltway,2011(9).

❷　DUNNE T,BELLAMY A. Syria and R2P[J].Asia Pacific Centre for the Responsibility to Protect Brief,2013,3(5).

结果效用来看，利比亚国际干预没有避免人道主义灾难目标，反而造成更严重的后果；从人道主义理念宣示与过程实践上来看，这些干预在执行过程中往往偏离了人道主义的初衷，实施了某些明显与人道主义宗旨无关的行动。❶

　　研究案例，首先需要回顾一下"保护的责任"在利比亚的实践经过。2011 年 2 月 15 日，利比亚第二大城市班加西爆发了反政府的抗议活动，抗议者与当地警方和政府支持者发生冲突，造成多名示威者丧生。来自国际危机集团的报告表明，利比亚当局对平民的轰炸和袭击可能构成了危害人类罪。❷2 月 19 日，班加西形势急剧恶化，利比亚军队向示威者发射迫击炮弹并用机枪进行扫射。美英等国发表声明，谴责利比亚政府的暴力行径。2 月 21 日，反政府示威者与武装人员在的黎波里绿色广场中心和附近爆发冲突，狙击手向试图占领广场的人群开火，卡扎菲支持者则驱车穿梭于广场，射击和驱逐示威者。利比亚当局武力镇压示威民众，造成重大人员伤亡，导致示威抗议迅速升级为武装冲突，进一步演变为严重的人道主义危机，引起国际社会的极大关注和担忧。随着利比亚局势愈演愈烈，国际社会担心卡扎菲对反动派的武装镇压演变为屠杀，尤其联合国多次开会研讨利比亚局势，建议采取"保护的责任"，迅速展开对利比亚人民的保护。潘基文认为现在将"保护的责任"构想付诸实践的时机已经成熟。非盟、阿拉伯联盟、伊斯兰会议组织、欧盟均迅速对利比亚的局势做出了反应。2011 年 2 月 26 日，联合国安全理事会通过了《第 1970（2011）号决议》❸，认为按照《履行保护责任》报告中确保"保护的责任"得以落实的三大支柱的前两个原则，利比亚卡扎菲政府并没有承担起保护本国居民免受屠杀的危险，利比亚居民有遭受种族灭绝、族裔清洗的可能性；联合国及其他国际社会成员应积极承担起国际援助，因

---

❶　张旗.道德的迷思与人道主义干预的异化[J].国际政治研究,2014(3).

❷　Crisis alert:The responsibility to protect in Libya[EB/OL].(2011-03-17)[2015-12-21].http://www.responsibility to protect.org/index.php/component/content/article/136-latest-news/3200-crisis-alert-the-responsibility-to-protect-in-libya.

❸　联合国安全理事会.第 1970(2011)号决议 S/RES/1970(2011)[EB/OL].(2011-02-26)[2015-12-21].http://www.un.org/chinese/aboutun/prinorgs/sc/sres/2011/s1970.htm.

此决定对利比亚实行武器禁运并对利比亚领导人卡扎菲及其家庭主要成员进行制裁。第 1970 号决议将屠杀本国上街游行民众的卡扎菲政权定以"反人类罪"，实行武器禁运和经济制裁。国际刑事法院宣布对卡扎菲当局武力镇压和平示威民众而可能犯下的危害人类罪正式予以立案彻查。随着利比亚局势的恶化、暴力升级和平民伤亡的日益增多，2011 年 3 月 17 日，安理会又通过了《第 1973（2011）号决议》❶，认为按照《履行保护责任》报告中确保"保护的责任"得以落实的三大支柱的第三个原则，国际社会此时应团结一致，采取及时、果断的反应措施，在利比亚卡扎菲政权显然未能提供这种保护责任时，国际社会有责任及时、果断地做出集体反应，因此决定在利比亚设立禁飞区，禁止"除执行人道主义救援和撤侨任务外的所有飞机"在利比亚领空飞行，并授权成员国采取"不包括向利比亚派遣地面部队的一切必要措施"，保护利比亚平民及其居住区免受武装袭击的威胁。决议还决定对利比亚实施武器禁运和财产冻结等制裁措施，并要求利比亚冲突双方立即实现停火，寻求和平和可持续的解决方案等。第 1973 号决议决定在利比亚设立禁飞区，并授权外国武装力量执行禁飞任务，这又一次拓宽了合法干涉别国内政的界限。同时，这也是安理会有史以来首次一致同意将一国人权问题提交国际刑事法院进行处置，该决议无疑会对国际法产生重要影响。❷ 随后，法、美、英等北大西洋公约组织部分成员国和卡塔尔、阿联酋等阿盟少数成员以执行联合国有关决议为名❸，开始对利比亚实施代号为"奥德赛黎明"的军事行动。利比亚多个城市的军事目标及卡扎菲住所遭到轰炸，政府军防空力量被严重摧毁，地面部队也多次遭到打击。利比亚反对派"过渡委员会"与利政府军展开数月"拉锯战"，并最终占领的黎波里，推翻卡扎菲政权。

---

❶ 联合国安全理事会.第 1973(2011)号决议 S/RES/1973(2011)［EB/OL］.(2011-03-17)［2015-12-21］.http://www.un.org/chinese/aboutun/prinorgs/sc/sres/2011/s1973.htm,2011-05-26.

❷ WYATT E.Security council calls for war criminal inquiry in Libya［N］.The New York Times,2011-02-26.

❸ 由于此次成员包括卡塔尔等非北约成员国,因此国内很多媒体和论文用"北约"来代替"多国部队",既不准确更不严谨。

从对利比亚干预的具体情况来看，第 1973 号决议的"禁飞区"方案符合 2005 年联合国首脑"成果文件"中所隐含的关于国际社会实施武力干预的所有要件：卡扎菲政府的反人类罪、国际社会尝试和平手段的无效、联合国安理会的决议授权、阿盟等地区性国际组织积极支持、北约领导下的多国集体行动。从利比亚骚乱的发生到联合国安理会做出保护人权的决议责任，仅用了 10 天左右的时间。而当国际社会诸多和平手段不能保护利比亚人民的生命和财产安全的时候，以联合国安理会为中心的国际社会在"保护的责任"方面形成连带一致性，仅用了 1 个月的时间即快速达成一致采取军事手段。❶ 国际社会首次令人震惊地如此高效快速地为保护一国人民免受重大人权侵犯，而采取包括军事授权在内的一系列有效措施，体现了国际社会伦理回归的倾向，表明了作为一种概念或者理念，"保护的责任"得到了国际社会在一定程度上的接受和履行。❷

然而，如果仔细斟酌，利比亚国际干预中的"保护的责任"仍然存在诸多需要进一步完善的地方。如果说利比亚案例是"保护的责任"第一次真正的实践，那么这次实践是一次并不完美的实践，其衍生的后果可以说是灾难性的。据 2015 年联合国人权事务高级专员办事处发表的报告显示，2014 年利比亚整体人权形势令人担忧，政治危机日益加剧，地方武装力量活动频繁，猖獗的暴力和持续的战斗对利比亚平民产生严重影响。2016 年 4 月，美国总统奥巴马在接受福克斯新闻台采访时谈道，"我总统任期内最大的错误，大概就是对于推翻利比亚独裁者卡扎菲的后果估计不足"。可见，在奥巴马看来，今天的利比亚"一团乱麻"。

首先，"保护的责任"不等同于政权更迭。安理会第 1973 号决议尽管授权"成员国采取不包括向利比亚派遣地面部队的一切必要措施"，但这并不等同于"以武力推翻卡扎菲政权"。决议本身对采取的措施进行了相当宽泛

❶ KUWALI D.Responsibility to protect:Why Libya and not Syria? [J]. Policy & Practice Brief,2012(16).

❷ BOREHAM K.Libya and R2P:The limits of responsibility[EB/OL].(2011-03-31)[2015-12-21].ht-tp://www.eastasiaforum.org/2011/03/31/libya-and-r2p-the-limits-of-responsibility/.

的授权。"保护的责任"首要指向应该是保护该国民众的最基本人权，推翻卡扎菲政权一方面并没有增加利比亚民众的人权福利，国内持续的动荡使得人权更难保障；另一方面，推翻卡扎菲政权超越了安理会的授权范围，为以后实践"保护的责任"留下了巨大争议和隐患。北约等国家把自己变成反政府武装的空中力量，实际上成为利比亚冲突的参战一方，丧失了"保护的责任"应有的公正客观立场。将保护平民的目标与政权更迭联系在一起的行为会严重损害规范的合法性，给未来规范共识的达成增添了不确定性。

其次，利比亚"保护的责任"执行机制缺失，战后正义责任缺失。按照"保护的责任"的第三原则，要"灵活快速的反应"，但是在对利比亚军事强制过程当中，行动的时间、打击的程度和范围等均无明确标示。尤其是后期的重建过程，存在严重不足。由于利比亚面临分裂局面，尤其是民兵武装势力割据局面，利比亚希望联合国推迟表决取消禁飞区决议，但是安理会还是一致通过了"2016 号决议"取消禁飞区，北约也于几天后宣布终止军事行动，西方国家的撤出，使得利比亚局势进一步恶化，重建过程面临巨大的挑战。联合国安理会 2011 年 9 月通过向利比亚派遣联合国利比亚支助特派团。支助团核心任务是在利比亚促进政局稳定和战后重建。然而支助团的后期工作效果并不明显，2014 年 7 月，随着利比亚安全局势持续恶化，联合国支助团撤出驻利比亚工作人员。利比亚战争诚如美国前总统特别助理道格·班多所说："利比亚战争证明'保护的责任'理论是虚假的，它不是人道主义作战行动。诚然，卡扎菲政权残忍野蛮，但它的部队在'拯救'利比亚人民的战争之前没有大规模屠杀平民。犹如在第三世界国家的其他内战，这场战争是历经战斗本身才造成的杀戮。"● 2015 年 9 月，奥巴马希望盟国能够配合美国介入战后的利比亚，盟国方面反应冷淡。奥巴马表示，"在填补利比亚的战后重建工作上，盟军本可以做得更多"。奥巴马还点名批评英、法两国领导在利比亚重建问题上心不在焉："考虑到欧洲与利比亚、叙利亚地缘上

● 时殷弘.严格限制干涉的法理与武装干涉利比亚的现实[J].当代世界,2011(11).

的接近性，且大部分欧洲人对在利比亚无所作为颇有微词。当时自己确信，随后欧洲国家会在卡扎菲下台后进一步介入战后重建，但结果事与愿违。"

再次，利比亚案例具有特殊性，未来短期内可复制性不大。"保护的责任"主要反映了利比亚个体案例的特殊性：以北约为集团的西方国家干预利比亚得到了阿盟、海合会和非盟等地区性国际组织的支持，而且这些国际组织与利比亚有着天然的地缘政治关系，它们的支持为国际干预的成功奠定了重要基础；卡扎菲及其亲密政要迫害国内民众，并且很少参与国际社会的共同活动，疏远了大部分国际社会成员；利比亚国内教派和地区力量纷繁复杂，反卡扎菲的民间力量一直存在，且能在外部作用下，发挥重要作用；世界各大国在利比亚并无突出的核心利益等诸多偶然因素的结合，使西方军事干预得以实现。换言之，利比亚案例是一个很有可能不会得到复制的个案。

最后，西方国家的战略意图贯彻始终[1]，使得"保护的责任"与地缘政治、意识形态、国家利益等直接相关。利比亚位居中东地缘政治的核心位置，是北非重要的地缘大国，西方以"保护的责任"进行干预不能排除地缘政治的重要战略考量。[2] 此外，利比亚与西方国家长期在意识形态上对立对抗，被西方认为是"另类国家"，这也是西方国家武力干预的原因之一。反观沙特、约旦等美国盟友，其人权环境也存在诸多问题，在阿拉伯变乱中，沙特、约旦等国家政府对抗议民众也有压制行为，但美国区别对待，没有行使"保护的责任"。当然，石油等经济利益也是西方干预的一个重要选择理由，迫使卡扎菲下台、扶持亲西方的反对派上台，有利于西方石油公司介入利比亚石油开发，谋求经济利益的潜在目的有目共睹。

---

[1] SAIRA M. Taking stock of the responsibility to protect[J].Stanford Journal of International Law,2012,48(2):339.

[2] ZVEREVA T.Sarkozy vs Qaddafi[J].International Affairs,2011,57(4):81.

第五节　"保护的责任"的未来：概念框架或国际规范？

"保护的责任"是国际社会对人权和主权概念反思和实践过程中建构出的新规范。从上面的分析可以看出，"保护的责任"在道德伦理层面较为广泛地获得国际社会的认同，虽然已进入适用阶段，但在现实的国际安全执行方面，"保护的责任"未能摆脱人道主义干预的原本就业已存在的固有缺陷，特别是其对传统主权的冲击，引起许多发展中国家的忧虑。如何使"保护的责任"避免成为一种"危险的责任"，这已经成为负责任的国际行为体迫切面临的一大难题。❶ 学术界也存在诸多疑问，国际社会在利比亚问题上"保护的责任"的"低层级一致性"，是否是一个例外？特别是当前西方对叙利亚迟迟不愿进行实质干预的情况下。由于国家间的经济文化发展差异性，世界舆论对"保护的责任"的认同并不一定表明国家政府的价值认同态度，因此，既不能忽视"保护的责任"的规范影响力，也不能夸大其所凝聚的国际共识，应保持一份"审慎的原则"，在人的安全与国家的安全、国际干预与主权内政、全球治理与人权国际保护之间找到一个适度的"平衡点"。

经过几十年的发展，"保护的责任"的确已成为国际社会保护人权、思考人类社会共同的人道价值的一种概念框架，不过就其发展时间、各国行为体集体理解程度等来分析，尤其就广泛的国际共识而言，"保护的责任"只是规范性的要素，仍没有发展成为一种成熟的国际规范。

一、共有知识："保护的责任"未来国际规范路径分析

国际关系中的建构主义认为，知识可以完全是自有的，也可以是共有的。自有知识指个体行为体持有而他人没有的信念；社会共有知识是个体之间共同的和相互关联的知识，它构成文化的主体，而文化包括规范、规则、制度、

---

❶ 汪舒明."保护的责任"与美国对外干预的新变化——以利比亚危机为个案[J].国际展望,2012(6).

意识形态、组织和威望体系等。❶"共有知识是行为体普遍接受的关于事物因果判断、目标和手段之间联系等的解释。"❷相对于共有知识，自有知识在一个社会结构的观念成分中，是偏狭浅薄的。因为共有知识是被某一群体共同接受的知识，因此比自有知识更容易扩散，能够造成更为广泛的影响。由于"保护的责任"超越了传统的民族国家视野，更多的是从全人类的共同利益价值出发，即使各国因为国家利益和文化上的不同存在认知差异，但是通过国际人权规范的传播和固化，可以形成共有知识。自 2005 年在国际社会形成基本共识以来，"保护的责任"规范的传播和发展迅速。短短数年，它已成为国际社会成员处理人道主义危机和讨论国际社会反应的中心词汇。❸国际社会在利比亚事件之后，深入反思如何破解"保护的责任"干预的利益藩篱，聚合各国的共同话语，排除国家私利，形成"最大公约数"。为此，国际社会积极努力，尝试"保护的责任"理论创新。巴西代表向联合国提议成立民主联盟，旨在使得"保护的责任"客观化，不受大国主观利益所左右，从而保障"保护的责任"措施的公正和及时。同时，民主联盟机制要求武力干预时必须具备必要性基础，事后还需接受国际社会的复核。巴西还提出"保护中的责任"，试图规定保护的具体清单。国际社会这些努力和尝试，是"保护的责任"规范寻求进一步扩大国际共识的体现。

（1）主权国家对保护本国公民基本人权负首要责任。"一个保护人权的制度就是好制度，一个侵犯人权甚至根本不承认人权的制度就是坏制度。"❹至少在形式上说，"尊重和保障人权"在今天已经成为世界性的共识，具有坚实的共有知识基础。保护本国人民免遭种族灭绝等首先是主权国家的责任，

---

❶ 温特.国际政治的社会理论[M].秦亚青,译.上海:上海人民出版社,200:180-181.

❷ ROTHSTEIN R L. Consensual knowledge and international collaboration:Some lessons from the commodity negotiations[J].International Organization,1984,38(4):736.

❸ BELLAMY A.The responsibility to protect and international law[M].Leiden:Martinus Nijhoff Publishers, 2011:7,137.

❹ MILNE A J M. Human rights and human diversity:An essay in the philosophy of human rights[M].New York:State University of New York Press,1986:1.

这与《联合国宪章》宗旨和原则是一致的。不管是人与人之间，还是种族之间、国家之间，有问题有矛盾都应该通过谈判、协商、选举等民主和平的方式来解决，而不应该以野蛮粗暴的消灭对方的武力方式来解决。

（2）"保护的责任"概念内涵适用于种族灭绝、战争罪、族裔清洗和危害人类罪等四种罪行，推动共有知识产生。国际社会认知共同体一旦在形成共有知识以后，通过一些国家和国际组织发起行动，对那些严重侵犯人权、实行种族灭绝的行为施加压力，影响他们决策的传播、选择和执行，促使国家和国际组织改变立场和进行政策调整。国际社会认知共同体还可以借助共同体的跨国联系使它们向各国政府同时施加压力。影响政府决策是认知共同体建构的主要特点。国家或非国家行为体的决策者在接受认知共同体的"社会化"共有知识以后，可以反过来影响其他国家有关"保护的责任"问题的判断和行为方式，从而大大提高国际社会在该问题上的政策协调能力，并最终促成"保护的责任"国际规范的建立。新的观念和政策一旦制度规范化，就会获得合法的地位。❶ 未来一旦"保护的责任"国际规范形成，将会重新建构一种"保护的责任"共有知识、通过传播这种共有知识和理念使得共有知识社会化、建构国家针对侵犯人权的行为、改变政府对人权、人道主义干预的现有政策，从而推动国家之间在人权、人道主义干预等问题上的合作。

（3）"保护的责任"凝聚的共有知识是身份认同的基础。共有知识的形成将会促进国际社会对"保护的责任"的身份认同重构。英国学派的社会连带主义者尼古拉斯·威纳将"保护的责任"称为"主权的人道主义责任"。❷这种"保护的责任"，将会塑造一种新的行为体身份认同。"保护的责任"身份必须基于国际社会的共识观念、规则的形成以及既有的身份秩序。在此基

---

❶ ADLER E，HAAS P M.Conclusion：Epistemic communities，world order，and the creation of a reflective research program[J].International Organization，1992，46(1)：383-384.

❷ WHEELER N J. The humanitarian responsibility of sovereignty：Explaining the development of a new norm of military intervention for humanitarian purposes in international society[M]//WELSH J M.humanitarian intervention and international relations.Oxford：Oxford University Press，2004：29-51.

础上对具体的"保护的责任"身份，形成国际社会普遍一致的认同，从而形成现实具体的国家身份秩序。正如斯塔恩所分析的，如果"保护的责任"是真正的国际法初级规范，得到国际社会集体身份的认同，那么对它的违反就应该有制裁或相应的法律后果，否则，"保护的责任"的法律规范属性将会遭到广泛的质疑，只能作为软法或者政治原则来看待。❶ 当然，身份的造就是一个长期的互动过程，但是"保护的责任"理论已经为国际人权规范保护的建构提供了一种有效的经验借鉴。

（4）国际实践推动"保护的责任"共有知识与规范发展。冷战后前南国际刑事法庭、卢旺达国际刑事法庭的建立与运行以及联合国的一系列实践：达尔富尔危机、东帝汶危机、缅甸危机、利比亚危机以及当下的叙利亚危机，都见证着"保护的责任"的实践，全球化和相互依赖的深入发展，更是让"保护的责任"成为经实践发展的"信念共识"，"保护的责任"在某种程度上具有了国际社会的习惯性约束力。❷ 2009 年对联合国关于《保护的责任执行报告》讨论中，94 位发言者中有 2/3 之多积极肯定了这个报告。世界舆论多数对"保护的责任"也持肯定态度。据 2007 年世界舆情机构的调查，美国对"保护的责任"认同率是 74%，巴勒斯坦是 69%，以色列是 64%。❸

（5）"保护的责任"重新解构人道主义干预。国际社会有关"保护的责任"的共识源于对人道主义干预的重新框定，"关注的焦点从干预者向被干预的目标亦即遭受伤害的平民转移"，转换"人道主义干预"的话语，从而打破了"人道主义干预"规范中"人权"与"主权""干预者权力"与"受害者权利"相冲突的困境。❹ 新构建起来的规范共识，在达尔富尔、利比亚、

---

❶ STAHN C.Responsibility to protect,political rhetoric or emerging legal norm?[J]. American Journal of International Law,2007,101(1).

❷ 李杰豪,龚新连."保护的责任"法理基础析论[J].湖南科技大学学报：社会科学版,2007(5).

❸ DAALDER I H. Beyond preemption：Force and legitimacy in a changing world[M].Washington DC：Brookings Institute Press,2007：3.

❹ CHANDLER D. Unraveling the paradox of "the responsibility to protect"[J].Irish Studies in International Affairs,2009,20：27-39.

缅甸等人权保护案例中不断丰富，未来可能会逐步演变成一种国际习惯法。"保护的责任"意味着对迫切需要保护人类的局势做出反应的责任。如果预防措施不能解决或遏制这种局势，而且某个国家没有能力或不愿意纠正这种局势❶，那么就可能需要更广泛的国际社会的其他成员国采取干预措施。这些强制措施可能包括政治、经济或司法措施，而且在极端的情况下，它们也可能包含军事行动。

二、"保护的责任"的不确定性

当然"保护的责任"理论，当前仍存在很多争议。在某些方面，"保护的责任"并未能摆脱人道主义干预的原先固有缺陷，特别是其对传统主权的冲击，引起包括中国和印度等许多发展中国家的担心和质疑。例如，在2012年，联合国秘书长潘基文在有关"保护的责任"的会议上指出，利比亚等国的例子表明履行"保护的责任"使很多生命得到拯救。而目前正在发酵的叙利亚危机则是对国际社会履行"保护的责任"又一次考验，截至目前，尽管叙利亚国内冲突已造成上万人死亡，大量叙利亚民众成为难民流亡欧洲，但是联合国安理会尚未做出任何制裁或军事干预措施。❷

首先，在现行国际法情势下，主权禀赋、不干涉内政和禁止使用武力等原则限定了其效用发挥，"保护的责任"具有诸多不确定性，需要进一步发展和推动才能成为国际习惯法规则。❸"保护的责任"内核实质作为一个从人道主义介入的基础上发展起来的概念或者理念，"保护的责任"只是改变了争议的措辞和辩论的视角，试图引导"介入与主权"问题的争议走向不同的方向和更具道德性的议题。❹"保护的责任"理论希望通过扩大主权的内涵和

---

❶ 罗伯特·杰克逊认为这些国际或政府可以称为"准国家"（quasi-state）。——JACKSON R H. Quasi-state：Sovereignty，international relations，and the third world[M].Cambridge：Cambridge University Press，1990.

❷ 王琼.国际法准则与"保护的责任"兼论西方对利比亚和叙利亚的干预[J].西亚非洲，2014（2）.

❸ WEISS T G. Humanitarian intervention：Ideas in action[M].Cambridge：Polity Press，2007：2001.

❹ MCCORMACK T. The responsibility to protect and the end of the western century[J].Journal of International and State Building，2010，4（1）.

外延，即"主权是人民的主权，而非主权的主权"❶，达到在国际法上强调保护人权的责任的目的，但是这容易导致逻辑上的混淆，从而可能会危及国际社会秩序的稳定。"目前国际保护责任的诸多主张仍然保持着不确定性。"❷正如一些学者所指出的，这一对主权的新理解将导致毁坏国际秩序的支柱而又不提供一个成熟的替代品的结果。❸

　　其次，在当前国际社会仍然未能摆脱权力和利益争斗的场域里，安理会"保护的责任"在利比亚首次实践，并没有为今后形成创设"国际实践"奠定实质性要件。一些大国是否会无视国际法律条件、通过任意方式，借口"保护的责任"和"人道主义干涉"肆意侵犯他国主权，可能性依然存在。"'保护的责任'思想就是西方霸权暴力干涉弱国内政合法化的一个幌子，更确切的说法应该叫'干涉的权利'。"❹西方大国保护对象的"异化"可能会导致恶性循环效应：治理衰弱国家反对派"发动叛乱"——当局政府采取暴力手段镇压——国际社会应用"保护的责任"进行包括武力在内的国际干预——反对派反叛成功并推倒原政权力量——刺激国内其他帮派和分支或原政府势力新叛乱。这种循环模式必将鼓励和纵容国内分离势力与反对派势力，其结果可能会进一步加剧地区局势紧张，导致更大规模的人权侵害和人道主义灾难。❺目前国际社会在有关"保护的责任"的文化价值认同方面依然存在巨大分歧，"保护的责任"国际习惯法一旦形成，在没有相应的严格规范制约的条件或背景下，为西方国家干涉发展中国家，特别是被西方国家视为

---

❶　REISMAN W M. Comment,sovereignty and human rights in contemporary international law[J].The American Journal of International Law,1990:866-869.

❷　STAHN C.Responsibility to protect,political rhetoric or emerging legal norm? [J]. American Journal of International Law,2007(1).

❸　WELSH J M. Taking consequences seriously:Objections to humanitarian intervention[M].Oxford:Oxford University Press,2004:53.

❹　EVANS G. Responsibility to protect:An idea whose time has come-and gone[N].The Economist,2009-07-23.

❺　KUPERMAN A J. The moral hazard of humanitarian intervention:Lessons from the balkans[J].International Studies,2008,52:49-80.

"眼中钉"的国家，提供一定的国际法依据，国际社会势必走向动荡不安。"'保护的责任'绝不是可以自动生效的一项硬性法律原则，当前它还缺乏应对现实国际政治的灵活性，'保护的责任'理论仍处于萌芽状态。"❶ 因而，"国际保护责任机制只有进一步发展才能成为有约束力的真正的国际法规范"。❷

再次，"保护的责任"保护范围过于狭窄，并且被严格限定适用范围。"保护的责任"的范围限定为种族灭绝、战争罪、族裔清洗和危害人类罪四种，本质上保护的是一种消极权利，过于保守和狭隘，由自然灾害等引发的人道主义灾难和危机也应是保护的重要内容。"保护的责任"人权主体资格与责任行使方式并不相同，作为一个主体的人，无论是种族灭绝，还是难民潮、艾滋病、自然灾害，其人权的资格性质是一样的，只是二者的责任行使方式有差异而已。就此而言，"保护的责任"保护诸如人道主义灾难的积极权利，并不过度延伸这一概念，使其脱离原貌，也没有使其丧失实际的用途。"保护的责任"应介入自然灾害所造成的人道主义灾难，并强调国际社会对受害国及其人民应承担积极的援助与重建责任。❸ 基于"保护的责任"机制的制度张力及其应然的发展趋势，除适用于种族灭绝、族裔清洗、反人类罪等极端恶行外，"保护的责任"应全面涉及应对一切对人类构成威胁的人为和自然的因素。由自然灾害引起的人道主义灾难是否应纳入"保护的责任"，各国之间存在严重分歧，法国、克罗地亚、斯洛伐克等少数国家对此表示支持。❹ 但 2005 年世界首脑会议成果把"保护的责任"的适用范围严格限定在种族灭绝、战争罪、族裔清洗和危害人类罪这四种罪行上面，因此二者的张力是"保护的责任"需要厘清的一个问题。

---

❶ Ensuring:Responsibility to protect,lessons from Darfur[J].Human Rights Brief,2007,2(14).

❷ BRUNNEE J,TOOPE S N. Institutions and UN reform,the responsibility to protect[J].Journal of International Law & International Relations,2005,2(1).

❸ SAECHAO T. Natural disasters and the responsibility to protect:From chaos to clarity[J].Brooklyn Journal of International Law,2007,32(2):663-707.

❹ 罗艳华."保护的责任"的发展历程与中国的立场[J].国际政治研究,2014(3).

最后，从更宽泛的角度来说，"保护的责任"既包括预防的责任和做出反应的责任，更包括重建的责任，而目前国际社会更多关注的是前面两个，尤其是做出反应的责任，这有悖于国际人权保护的实质要义。关于"保护的责任"的事论，过多集中在应当实施保护性干涉，尤其是围绕一国政府瘫痪失能，外界是否干预反应这一主题，而忽视了外力在实施保护性干涉过程中的责任问题，更弱化干预的适当终结、事后问责机制，尤其是干预后的国际人权保护和重建工作。例如，在利比亚战争中，一些国际人权组织认为北约有使用大规模杀伤性武器之嫌，利比亚反政府组织也有滥杀政府军的行为。联合国人权理事会发表报告指出，利比亚内战双方部队均犯下了"危害人类罪和战争罪"。❶ 对北约和利比亚反政府武装的监督和问责，如何执行，需要一个公平的体制约束。国际新闻媒体对"保护的责任"的干预反应过程做了轰炸式报道，而对战后重建过程中的人权保护鲜有声音。在利比亚战争一周年之际，还有数万人流离失所。务实而不是抽象地谈"保护的责任"，对国际社会可能更为紧要。毕竟，别忘了，"保护的责任"的终极目的是保护人权，使处于危机中的民众免于恐惧，实现包括经济、生活水平提升在内的幸福。

---

❶ 联合国人权理事会调查委员会.调查委员会:效忠卡扎菲和反对卡扎菲的部队均犯下严重罪行[EB/OL]. (2012-03-02)[2015-12-21].http：//www.un.org/zh/focus/northafrica/newsdetails.asp？ newsID＝17334&criteria＝libya.

第五章　人道主义干预在实践上的
新发展：嵌入中东剧变的分析

实践是理论在现实生活中的反映，人道主义干预是现代国际政治实践生活中的一种特殊现象。二战后特别是冷战结束以来，随着西方大国对科索沃、达尔富尔等地区以及近期对利比亚、叙利亚等中东、北非国家的干预，人道主义干预在实践上逐渐呈现出一些新方式、新特点和新趋势。❶ 本章拟探讨中东、北非变局中国际干预的新特点、合法性以及新趋势，以便更好地把握未来国际干预范式的演进规律，厘清国际政治和国际关系的变化脉络，从而为应对有关国家国内冲突的国际干预起到警示作用。

第一节　国际社会对利比亚国际干预的态度与反应

2011 年初，中东、北非政局持续动荡、波及范围不断扩大，导致"阿拉伯之春"浪潮一波一波推向高潮。其中，卡扎菲面对国内反对势力的示威、叛乱采取的武力镇压方式，引发利比亚反对派与利比亚政府之间的武力对抗。西方有关国家和阿拉伯联盟等地区组织积极介入，加强对利比亚的政治、经济和军事干预。相比较于 1999 年的科索沃国际干预，尽管这次利比亚人道主义干预也引起部分大国异议和少数几个国家的反对，但总体在国际社会上并没有引发太大争议。"在利比亚问题上，大国形成罕见的一致意见——先有制

---

❶ BRETT M.Libya and the danger of humanitarian intervention[J].Socialist Project,2011(3).

裁，后有禁飞区。"❶ 总体上看，对利比亚的国际干预是国际社会的主流声音。联合国作为最具权威的国际组织，这次是主动介入，并且安理会五大常任理事国中并没有大国行使否决权。这在一定程度上表明，对利比亚的国际干预大国间是有共识的，至少是"有限的共识"。这一方面表明国际社会对利比亚局势的高度关切，对利比亚人民生命和财产安全高度负责，支持利比亚人民的选择；另一方面也反映出国际社会总体上对卡扎菲专制暴政的不满，在尊重人类基本人权等价值观上与卡扎菲不为伍，大多数国家默认联合国授权的国际干预，在"保护的责任"方面存在连带一致性。纵观这一事态发展的全部过程，对国际干预的态度主要有支持、保留和反对意见。

第一，支持者推动国际干预。西方国家无疑是推动国际干预最积极、最主要的力量，在这里无须多言。值得一提的是，联合国比以往更加积极主动。联合国秘书长潘基文在决议通过后表态，联合国不会坐视大规模反人道屠杀在成员国中发生。在联合国会议上，利比亚常驻联合国代表、也是卡扎菲的长期朋友阿卜杜勒·拉赫曼·穆罕默德·沙勒加姆公开谴责卡扎菲屠杀手无寸铁的本国人民，表明不再代表卡扎菲政府，而只代表利比亚人民要求国际社会干预。他发言后，受到中东各国驻联合国代表的拥抱安慰。❷美国总统奥巴马表示，希望利比亚反政府武装在推翻卡扎菲政权后能尊重人权，带领利比亚人民走上民主之路。希拉里·克林顿称，在利比亚建立禁飞区首先需要轰炸防空系统等相关目标，还包括使用无人驾驶飞机和向反对派武装提供武器装备等。在阿拉伯国家中，卡塔尔表示准备参加"旨在保护利比亚人权"的国际行动，阿联酋也有意参加打击利比亚的军事行动。阿拉伯国家联盟秘书长穆萨强调，安理会的这项决议意在保护利比亚人民，而不是对利比亚的侵略。欧洲理事会常设主席范龙佩与欧盟外交和安全政策高级代表兼欧盟委员会副主席阿什顿发表联合声明，对安理会决议表示欢迎，称这项决议使得

---

❶ 丁果.联合国制裁利比亚作用有限[J].南方人物周刊,2011(10).

❷ 丁果.联合国制裁利比亚作用有限[J].南方人物周刊,2011(7).

对利比亚采取军事行动具有法律基础，同时阿拉伯国家联盟的立场也使得军事行动达到了拥有"地区支持"的标准，欧盟已经准备好履行安理会决议。此外，安理会中的阿拉伯国家黎巴嫩及三个非洲国家南非、尼日利亚和加蓬对联合国利比亚问题的决议投了赞成票。

第二，持保留意见者主张有限干预、对话为主。中国、俄罗斯两个常任理事国和印度、巴西、德国 3 个非常任理事国投了弃权票。俄罗斯对安理会的决议谨慎乐观。俄外长称，俄方在与利比亚政府代表会晤期间，呼吁利比亚应尽快全面执行安理会的决议，"我们向利比亚政府提出我们原则性立场的一些问题，首先是利比亚尽快停止流血冲突。我们还向利比亚高层提出明确宣布并全面执行安理会决议。这些决议要求停止任何针对平民的武力行动"。中国在解决利比亚危机中秉持一贯的反对在国际关系中使用武力的态度，对决议中的一些内容有保留。在安理会第 1973 号决议磋商过程中，中国和其他一些安理会成员提出了一些具体问题。但遗憾的是，不少问题没有得到澄清和回答。因此，中国对该决议投了弃权票。

第三，反对意见者主张利比亚冲突应该由国内自行解决。在他们看来，人道主义关怀、"保护平民"只不过是干涉行动中用来掩饰真实目的的漂亮借口而已，丰富的石油才是西方最关心、最直接、最现实的利益问题。朝鲜、委内瑞拉、伊朗等国在联合国通过决议后声明：反对任何外部势力的政治或军事干涉，利比亚何去何从最终将由利比亚人民做出决定，任何外部政治势力和军事势力施加的影响都不会有助于解决利比亚问题。此外，南非、缅甸、古巴等国，多次表示要在联合国决议的框架内和平解决利比亚问题，并主张应通过对话等方式，寻求政治解决，反对武力干预。

第二节　中东变局中国际干预的新特点

冷战后，国际力量对比发生了有利于西方的变化。在此背景下，西方国家加快推进"人权国际化"和联合国"人权中心化"，西方主导下的北约等国际组织成为实施国际干预的重要主体，借助联合国或者以联合国名义进行的集体干预成为国际干预的主要形式，经济制裁、政治压力、军事打击成为国际干预的主要手段，如科索沃战争。但是，随着西方特别是美国实力的相对下降，国际干预行动不再沿袭原有形式，而是花样翻新，如采取军事措施强行实现对象国的政权更迭，这在对利比亚的军事干预中表现得极为明显；或施压待变，如西方对叙利亚干预的鼓噪；或斡旋和平解决政治危机，如也门总统在美国干预下通过选举的形式"体面"下台。综合起来看，这些干预在实践上较之以往的国际干预有着明显不同的几个特点。

一、美国从台前走向幕后，英法充当"急先锋"

自 2011 年中东北非地区剧变以来，西方多次策动对该地区有关国家的干预，美国扮演着领导者的角色，参与干预行动但不牵头，而是推动欧洲发挥"显要"的作用，以图既能远离风险，又能达到"花最少的钱、用最少的兵、办最大的事"这一目的。在参与对利比亚的军事行动中，奥巴马政府一再表示要调动欧洲盟友的关键性作用，美国要发挥"关键但辅助性"作用，从一开始就采取了"有限介入"和"决不当头"的策略，并承诺美国不会派遣地面部队，强调盟国在联合军事干预行动中的责任分担，美国提供情报和武器支持而由法、英冲在最前头。❶这表明，美国独自决策、独自行动、独自买单、独享尊荣的干预模式正在变化，美对并非攸关其核心利益的地区进行干预时可退居幕后，而将主导权交给法、英等欧洲国家，从而胎生出"有限干预"模式。❷布鲁金斯学会战略问题专家欧汉龙指出，在处理利比亚问题时，奥巴马政府突出了多边合作的必要性和有效性，令盟友与合作伙伴得以发挥更大作用，这是奥巴马外交政策所取得的一个显著成就。❸在这样一种干预中，美

---

❶ BELLO W. The crisis of humanitarian intervention[J].Foreign Policy in Focus,2011(8).

❷ LOBE J. U.S.-Libya:Debate stoked over leading from behind[J].Inter Press Service,Washington,2011(9).

❸ O'HANLON M. Libya and the Obama doctrine:How the United States won ugly[J].Foreign Affairs,2011(8).

国付出的成本也是最少的，与总耗资约 13000 亿美元的伊拉克战争和阿富汗战争相比，美国在利比亚的军事行动只花费约 10 亿美元，可谓九牛一毛。❶在叙利亚问题上，美国也是由法、英大展拳脚、冲锋在前。它们对叙利亚实行全面封锁和围困，一方面实施贸易、石油、武器等全面制裁❷，以图削弱叙政府的实力；另一方面孤立阿萨德，撤回驻叙大使，对叙利亚进行"人道主义"的"狂轰滥炸"和连篇累牍的"舆论谴责"，比如英法媒体深入叙前线（霍姆斯），报道政府军所谓的"杀人如麻"、犯下战争罪行，高调宣传"石油副部长叛逃西方""将军叛逃土耳其"等，以否定叙政权的合法性，进而动摇叙当局的执政信心和执政基础。除了英法扮演主力军、"急先锋"外，阿盟和土耳其也十分活跃、高调。阿盟国家一直积极介入利比亚、叙利亚问题，甚至牵头起草针对两国的联合国安理会决议草案，比如在利比亚设立"禁飞区"的决议；卡塔尔、阿联酋还派军用飞机直接参与针对利比亚的军事行动；阿盟不惜中止叙利亚的成员国资格，牵头召开应对叙利亚危机的国际会议，不断出台制裁措施以迫使阿萨德下台，沙特、卡塔尔等甚至提出向叙利亚反对派提供武器援助，卡塔尔外长称"我们应该采取各种措施和手段去帮助"叙反对派。❸作为阿拉伯世界最有影响力的国际组织，阿盟对成员国"动真格"，外引国际力量对本地区事务进行干涉，确实是十分罕见。土耳其的"奥斯曼之梦"一直未消，目前正积极"向东看"，希望在中东事务中发挥重要作用。针对邻国叙利亚，土耳其积极参与英、法、美的各种干预行动，还为叙反对派武装"自由叙利亚军"提供庇护、输送轻武器。❹在俄罗斯和中国否决联合国安理会关于对叙利亚行动的决议草案后，土耳其一度表示，土方无法对这个"大失败"保持沉默，进而配合西方在叙靠近土方边境的地区

---

❶ BELASCO A.The cost of Iraq,Afghanistan,and other global war on terror operations since 9/11[EB/OL]. (2011-03-29)[2015-12-21].http://fas.org/sgp/crs/natsec/RL33110.pdf.

❷ HAGUE W. EU has "intensified" sanctions against Syria[J].The Telegraph,2012(2).

❸ BLOMFIELD A.As Bashar Al-Assad secures 90pc in referendum,Syria death toll passes 8000[J].The Telegraph,2012(2).

❹ MacFarquhar N.Forces tighten grip in rebel city under siege[N].The New York Times,2012-02-29.

建立"安全区"，开辟"人道主义走廊"。美顺势对土示好，为其打气，指出在叙利亚问题上土耳其是一位领导者，是"一个本着良心和理解叙利亚人民痛苦的国家"。❶

二、培植反对派，塑造"内战式"干预新模式

在中东、北非剧变中，西方一直注重在有关国家扶植反对力量，以整合、培育成统一的政治和军事武装力量开展反政府斗争，如在利比亚和叙利亚实行的"以利制利""以叙制叙"战略，用军事、制裁、围堵等强力手段推进当地的"民主化"，巩固扩大所谓"革命"成果。在利比亚冲突中，反对派力量虽然早就存在，但势单力孤、派系林立、群龙无首，无法与卡扎菲政权抗衡。西方迅速帮助他们在利第二大城市班加西成立临时政权——"利比亚全国过渡委员会"，与卡扎菲分庭抗礼。然后，西方就着手向利反对派派遣军事顾问，提供武器、通信技术设备以及物资、情报支持，助反对派武装由小变大、由弱变强，并逐个攻破卡扎菲政府军的防线，最终占领了首都的黎波里、抓住了卡扎菲，实现了"改朝换代"。在对利比亚事务的干预取得成功之后，西方力图将这一模式复制到叙利亚。它们首先帮助叙反对派力量组织化、合法化。2012年2月24日，美、法、德、土以及阿盟、欧盟、非盟、联合国等60多个国家和国际组织在突尼斯召开"叙利亚之友"国际会议，整合叙利亚多个反对派力量，承认最大的反对派"叙利亚民族委员会"是叙利亚代表"公正、民主"的组织，同意增加对反对派的援助，强化对巴沙尔政权施压，号召"民主叙利亚"的朋友们团结、联合起来，结束阿萨德政权，同时呼吁其他国家援助叙反对派。❷此后，西方国家等寻求武装反对派。2011年7月在土耳其成立"自由叙利亚军"，其目标就是要推翻叙现政权。该组织成立半年多来发展迅速，现已对叙军队和安全部队构成严重威胁。据英国媒体披露，叙利亚反对派武装"自由叙利亚军"已从美、法等西方国家获得武

---

❶　DOMBEY D.Turkish diplomacy：An attentive neighbor[J].The Financial Times,2012(2).

❷　Clinton calls for allies of Syria to unite[J].The Wall Street Journal,2012(2).

器，并已掌握了防空导弹等先进武器。❶

三、注重干预的合法性，扩大干预共识

人道主义干预行为的合法性，主要来源于联合国的合法性授权以及相关国际法的明确规定。西方在中东、北非剧变中千方百计地寻求这种合法性。美国、北约组织为此调整了干预策略与手段，采取"巧防务"战略❷，强调在国际干预中军事手段的合法使用，努力与国际组织和地区大国进行更多的协调、合作，甚至加强防务联合。❸它们百般利用联合国"保护的责任"的旗号。❹这在对利比亚事务的干预中表现得尤为明显。鉴于之前科索沃战争和伊拉克战争没有或者缺乏联合国的授权而未能获得合法性承认的教训，这一次西方国家主要在联合国框架内行动，向各国说明"对利干预的必要性"，使得涉及利比亚的决议最终都在安理会顺利通过，进而严重孤立卡扎菲政权，造成其合法性危机。当联合国安理会通过第 1970 号和 1973 号决议后，西方立即把联合国的授权发挥到极致，以"保护平民"的名义建立"禁飞区"，继而采取空中打击的战争手段，使得军事打击有更充分的合法性。❺西方多次强调军事打击行动的合法性，称其是"执行联合国安理会第 1973 号决议"，"不会插手利比亚政治事务，要让利比亚人民自己塑造他们的未来"。西方自我标榜严格遵照联合国安理会决议的法律框架，禁止"对利比亚任何部分的

---

❶ RASLAN R. So-called free Syrian army receives weapons from the U.S. and France[EB/OL].(2012-03-01)[2015-12-21].http://sana.sy/eng/22/2012/03/01/403460.htm.

❷ MENON A.European defence policy from Lisbon to Libya[J].Survival:Global Politics and Strategy,2011,53(3).

❸ SCIANNA M B.It's smart defense,stupid:The european common security and defense policy and hegemony in the 21st century[J].The Small Wars Journal,2012(2).

❹ MARQUAND R. How Libya's Qaddafi brought humanitarian intervention back in vogue[J].The Christian Science Monitor,2011(3).

❺ MICHAEL C,STEPHEN M.The myth of U.S.humanitarian intervention in Libya[J].International Socialist Review,2011,77(5/6).

任何占领"。同时，西方也非常重视地区承认的合法性，争取阿盟对西方干预中东地区事务的支持。即使在有严重分歧的叙利亚问题上，西方也是不厌其烦地在国际多边场合推动各种表决，寻求所谓的"授权"，在 2012 年 2 月关于叙问题的决议草案于安理会表决时遭否决后，西方又将几乎相同的决议草案拿到联合国大会去表决并获通过，其后又在联合国人权理事会上提交一份谴责叙当局镇压平民的决议案再次获得通过。3 月 20 日，法国就叙利亚持续镇压反对派问题分发主席声明草案，表示"全面支持"联合国及阿拉伯联盟联合特使安南，有意先借主席声明达成对叙事务进行干预的共识。这些决议或声明虽然仅具一定的象征意义，对各会员国没有法律约束力，但是为外部干预叙事务争取了一定的道义优势，加大了对叙利亚政府的政治压力。❶

四、干预手段多样化，高科技、新武器、私营军事公司不断使用

由于建设性干预等因素的影响，西方对中东、北非事务的干预在手段上变得比过去更加灵活多样。一是采取"巧防务"❷，注重运用非接触式高科技、新武器。❸如在对利比亚的干预中，西方首先利用无人机展开侦察，配合网络系统的指挥与管制，将目标方位信息传达到战机、军舰或地面部队，大幅提升武力打击的精准度，使用导弹攻击，摧毁陆、空、海军，取得制空权。在围绕伊朗核问题的博弈中，美国甚至动用无人机对伊朗进行秘密侦察。二是越来越多地采取互联网等"虚拟"干预手段。这在突尼斯、埃及的政治"变天"中表现得尤为明显，以脸谱（Facebook）、推特（Twitter）为代表的社交网络扮演了重要角色，发挥了信息传播、"草根动员"的关键性作用。因此，西方将其剧变冠之以"社交网络革命""脸谱革命"等称号。美国《福布斯》杂志称，"突尼斯是阿拉伯世界中第一个由崛起的公民力量、更确

---

❶ 吕德胜.对叙动武是否会绕过联合国［N］.解放军报,2012-02-25(3).

❷ NYE J S. Get smart:Combining hard and soft power［J］.Foreign Affairs,2009,88(4):161.

❸ DAALDER H,STAVRIDIS J G.NATO's victory in Libya［J］.Foreign Affairs,2012(2).

切地说是网民推翻现政权的国家"。❶2011年2月，时任美国国务卿希拉里发表"互联网自由"演说，对互联网在埃及、伊朗这两个国家加速政治、社会和经济变革中的作用表示赞赏。❷5月，奥巴马总统在其第二次关于中东、北非政策的演讲中强调，"在21世纪，信息就是权力，我们必须支持互联网的自由开放，将通过互联网、卫星电视等信息手段支持中东政治变革"。❸三是利用私营军事公司的力量进行干预。"私营军事公司大多与五角大楼关系密切，它们在美国政府的秘密支持下大搞海外军事活动。"❹波黑战争期间，五角大楼就曾暗地指使美国MPRI公司的雇佣军协助克罗地亚政府军打击塞族势力，经过专业训练的克罗地亚部队战斗力明显增强，在一个星期内就夺回整个塞尔维亚占领区，并迫使塞尔维亚方面签订和平协定。同样，在中东剧变利比亚和叙利亚地区冲突中，常常能见到私营军事力量的身影，他们大多是美国国防部雇佣的"前沿打手"。❺此外，外部干预手段还包括策划杀戮事件、出资购买武器、支持叛乱组织、制造虚假新闻等，目的是动摇民心、军心、信心。

五、新兴大国作用上升但仍为有限

利比亚国际干预的选择以及国际干预所遵循的价值标准，都是西方主导的，但中俄等新兴大国崛起，在全球以及地区事务中的话语权明显提升，承担的国际责任与以往相比，的确是大大增加了，其角色和作用越来越不能被西方所忽视。特别是中俄两国不断协调立场，在利比亚问题上主张和平对话

---

❶ CARR J.In Tunisia,cyberwar precedes revolution[J].The Forbes,2011(1).

❷ CLINTON H R.Internet rights and wrongs:Choices & challenges in a networked world[EB/OL].(2011-02-15)[2015-12-21].http://www.state.gov/secretary/rm/2011/02/156619.htm.

❸ OBAMA B. Remarks by the president on the Middle East and North Africa[R].Washington,D.C.:Office of the Press Secretary,2011.

❹ BENICSAK P. Overview of private military companies[J].A Arms Management,2012,11(2):315-324.

❺ BLOMFIELD A.As Bashar Al-Assad secures 90pc in referendum,Syria death toll passes 8000[J].The Telegraph,2012(2).

的方式，强调以政治而非军事手段促进人道主义危机和利国内危机的解决。胡锦涛主席2011年6月访俄时，在双方发表的《关于当前国际形势和重大国际问题的联合声明》中指出，为避免暴力进一步升级，有关各方必须严格遵守联合国安理会第1970号和1973号决议，不得随意解读和滥用。重要的是尽快停火，通过政治外交方式解决利比亚问题。在利比亚战后重建问题上，中俄也是持参与态度的，9月在巴黎举行的"利比亚之友"国际会议上，中俄都派员参加，其中中国是首次参与以利比亚反对派为主角的国际会议。但是随着形势的变化，俄罗斯立场从一开始坚定不移到后来的摇摆不定再到后来的对反对派的承认，表明在国际干预上大国的考虑是不断变化的。另一个新兴国家——南非在这次利比亚冲突国际干预中的表现十分耀眼，自北约对利比亚实施军事打击以来，积极斡旋各派尽快停火和推进政治改革，祖马总统更是亲自赴的黎波里来斡旋停火。在南非主导下，非盟一直试图通过外交途径解决利比亚冲突，并提出了包含设立过渡期、组织大选和保护平民等内容在内的停火路线图，以此重新取得在非洲事务上的话语权。可见，人道主义国际干预不仅仅是西方独角戏，地区大国、新兴大国也在主动扮演积极角色，发挥与西方"破坏性"不同的建设性作用。

六、地区主要国家和国际组织更加积极地发挥作用

与以往美国主导干预不同，针对这次利比亚冲突，欧洲特别是法国在推动国际社会对利比亚进行制裁时，态度非常积极，甚至多次主张军事干预。在联合国第1973号决议出台后，法国利用准许外国以保护利比亚平民为由，在利比亚空域开辟禁飞区，通过空袭等手段来摧毁卡扎菲军队的作战能力，为反对派的地面进攻清除进攻的任何障碍，而卡扎菲本人正是在空袭中受伤而被俘身亡。另外一个特点是，与此前反对对伊拉克动武不同的是，阿盟国家这次在利比亚问题上以"附和"西方的姿态高调介入，非常积极、主动推动安理会通过在利比亚设立禁飞区。作为阿拉伯世界最有影响力的地区组织，对成员国"动真格"，敦请国际力量对本地区事务进行干涉，确实是十分罕见。

第三节　中东变局中人道主义干预国际法实践分析

继利比亚战争之后，叙利亚和伊朗局势急剧演变、扑朔迷离，外部干预的可能性日益增加。"为何干预，由谁干预、怎样干预、干预结果"是人们普遍关注而又十分敏感的焦点问题。❶

从实质上说，中东、北非变局中的国际干预，就是以"保护的责任"为理由实现对象国的政权更迭。对埃及、突尼斯和利比亚的国际干预，援引的理由即"保护的责任"。不可否认的是，美国仍然是当今世界唯一有能力全面推动"保护的责任"的国家。通过对中东、北非国家的干预，美国不断加强其世界领导的地位，从而逐渐将"保护的责任"变成新的全球性规范。奥巴马政府在运用"国家保护责任"原则的时候，明显采用双重标准，即通过延续"人权高于主权"的逻辑，抢占国际法律和道义的制高点，推动联合国施行制裁，如果行不通，再谋求联合国外的行动予以打击，其特点就是超越国家的独立、主权和领土完整原则，强行推行西方的制度、模式和价值观，直至实现对象国的政权更迭。中东、北非变局中的国际干预表明，这种"保护的责任"正面临被滥用的危险，如果放任下去，该原则自身也会遭到彻底破坏。

从现实看，西方推动国际干预的逻辑是自我私利的算计。实践中，人道主义干预常常因涉及政治上的算计和国家利益上的竞争而成为大国角逐之地。复杂的地缘政治环境让人道主义保护变得并不单纯，很多是出于狭隘的政治利益或经济利益（如石油）的考虑，甚至可能简单地出于对某个领导人的好恶（如西方都不喜欢萨达姆、卡扎菲），这使人权保护经常演变为政权更迭行动。❷因此，不可否认的是，对利比亚事务的国际干预中充斥着美国自身利

---

❶ WESTERN J,GOLDSTEIN J S. Humanitarian intervention comes of age[J].Foreign Affairs,2011,90(6):50.

❷ ZUNES S. Libya:R2P and humanitarian intervention are concepts ripe for exploitation[J].Foreign Policy, 2011(3).

益考虑。人道主义干预的"有选择性"很难避免，国际法、人道主义有时仅仅作为一种附带因素来考虑，有时则根本不在议事日程之列。奥巴马政府区别对待利比亚与也门、巴林等，双重标准和道德伪善一目了然。巴林和阿曼在"阿拉伯之春"影响下，同样面临着国内政治和人道主义危机，但美国并没有对巴林和阿曼政府武力镇压民主示威者表示坚决反对，更没有对两国政府进行军事打击以推翻之。这是因为，位于波斯湾区域的这两个国家对美国利益的重要性要高于利比亚。❶此外，在一些非洲国家屡屡出现的"政治暴力"、饥荒问题等人道主义危机时，也鲜见美国身影。❷是否以"保护的责任"为原则进行人道主义干预，其实就是西方大国决策者们在干预带来的收益与代价之间进行权衡的结果。❸ 换句话说，人道主义干预是否成为现实，在相当程度上取决于西方大国的投入产出比。"奥巴马主义"调整对外干预的形式和手段，反映了美国力量变化与转型的现实。人道主义干预虽然越来越成为全世界的关切，但仍然受限于地缘政治、能源资源以及政治意图。❹可以看出，西方之所以关注中东、北非国家，地缘政治战略考虑是重中之重。

对中东北非变局中的人道主义干预既需要政治层面分析，同时更需要从国际伦理和国际法理角度来考察。在这次中东、北非变局中，联合国安理会关于利比亚问题的决议引起的争议最大，引发的探讨最多，它们无论是对利比亚剧变本身，还是"人道主义干预"的理想和实践，都产生了重要影响，并将在今后的国际政治和外交实践中进一步发酵。❺

---

❶　MICHAEL H. U. S. policy in Syria and Libya：Realpolitik versus "humanitarian" intervention［J］. Geopolitics Examiner,2011(6).

❷　VALENTINO B A.The true costs of humanitarian intervention［J］.Foreign Affairs, November/December, 2011,90(6):68.

❸　PATRICK S. Libya and the future of humanitarian intervention［J］.Foreign Affairs,2011(8).

❹　PATRICK S. Libya and the future of humanitarian intervention［J］.Foreign Affairs,2011(8).

❺　PATTISON J.The ethics of humanitarian intervention in Libya［J］.Ethics & International Affairs,2011,25 (3):273.

一、理由正当性问题

按照公认的国际关系和国际法原则，只有当一国国内确实存在着大规模践踏基本人权的行为，以及一国政府无力或不愿承担在保障国内广大人民最基本的生存需要方面的应有责任，国际社会才有权利对其内部事务进行干涉。❶ 2011 年 2 月，利比亚第二大城市班加西爆发反政府抗议活动，抗议者与当地警方、政府支持者发生冲突，造成多名示威者丧生。随后，示威抗议迅速升级为武装冲突，进一步演变为严重的人道主义危机，引起国际社会的极大关注和担忧。卡扎菲对民众镇压造成的人道主义危机，这在人权主义者看来就是充分的干预理由。但是，实际上，国际干预在利比亚造成了更多、更严重的人道主义灾难。据联合国方面称，自 2011 年 3 月以来，利比亚冲突中伤亡、遭绑架的平民及安全人员共计超过 50000 人死亡，另有 10 多万人逃难到邻国。这种灾难性状况的严重性远甚于以美国为首的北约对利军事打击之前。西方对利干预的合理性因此大打折扣。

二、授权合法性问题

联合国是决定或最终确认国际社会是否存在人道主义灾难的唯一合法机构。"授权是安理会建议的行动，其意义在于明确和加强使用武力的合法性。"❷安理会第 1973 号决议"决定在利比亚设立'禁飞区'，授权成员国采取'不包括向利比亚派遣地面部队的一切必要措施'"。这是否代表联合国明确授权外界对利比亚进行包括武力在内的干预？国际社会对此解读不一。俄罗斯常驻联合国代表丘尔金说，"第 1973 号决议绝不是动武的合法授权书。西方联军对利比亚的军事行动已完全超出了联合国的授权。这不啻是对联合

---

❶ 时殷弘,沈志雄.论人道主义干涉及其严格限制——一种侧重于伦理和法理的阐析[J].现代国际关系,2001(8):37.

❷ 李鸣.联合国安理会授权使用武力问题探究[J].法学评论,2002(3):73.

国权威的挑战"。❶不过，也有一些人认为，安理会授权对利比亚领导人卡扎菲军队采取军事行动，从而为未来欧洲及美国空袭利比亚铺平道路。❷可以看出，国际社会的争议主要集中在"一切必要措施"是否包括武力在内、北约的干预行动是否超出联合国的授权范围、国际干预是否超越合法性的边界。❸有鉴于对利军事干涉在授权问题上的教训，在后来关于叙利亚问题的两次联合国安理会表决案中，俄罗斯和中国都投了否决票，避免了西方再次将有解读歧义的安理会决议当成武力干涉授权的危险。西方不得不转向利用联合国大会进行表决，促其通过了一项联合国大会决议，以此对叙政府施加舆论和政治压力，但这个决议不具有法律效力。

三、手段合理性问题

自从第二次大战结束以来，国际社会在处理国际危机事件时，特别强调通过和平谈判方法谋求政治解决，只有在和平的方法穷尽时，安理会才能授权使用武力。当前在叙利亚问题上，世界各主要国家、阿拉伯联盟和联合国等组织都在呼吁停止暴力行动，俄、中以及阿盟和联合国纷纷派出特使或代表前往调停，敦促叙利亚冲突双方通过和平谈判解决问题。包括美国在内的不少西方国家一直有人鼓噪进行军事干涉，其理由就是叙利亚当局对和平抗议者实施了武力镇压。之前，在利比亚，当时的局势并没有严重到安理会必须即刻对利采取包括使用武力等一切措施的地步，还是存在和平解决利比亚危机的可能性。但是，武力却成了西方国家优先使用的手段，而非最后使用的手段。这有违联合国宪章的和平宗旨，有悖于国家作为人类最高组织形式所应具备的人道关怀、法理精神和政治审慎。

---

❶ 多国联军对利比亚军事行动或已超出联合国授权[EB/OL].(2011-03-29)[2015-12-21].http://news.xinhuanet.com/world/2011-03/29/c_121244433.htm.

❷ Libya,Europe and the future of NATO:Always waiting for the U.S. cavalry[J].The Economist,2011(6).

❸ PATTISON J.The ethics of humanitarian intervention in Libya[J].Ethics & International Affairs,2011,25(3):275.

四、程度合适性问题

如果一旦可以合法使用武力，还存在一个武力使用的程度合适性问题。使用暴力的程度需要合适相对称，亦即使用武力的数量、种类、烈度、对象类别、地理范围和持续时间要有分寸，针对性很强。按照这样的原则，北约对利比亚的军事打击明显过度。北约发起"奥德赛黎明"军事行动时称，目标是保护利比亚平民和反对派组织，并打击卡扎菲政权抵抗"禁飞区"建设的能力。北约从2011年3月开始的军事行动，到结束时的半年多时间里，其主要以空中打击为主，没有派出地面部队，也没有出现外国军事占领现象，军事选择包括使用巡航导弹袭击利比亚固定的军事基地和防空系统，还使用了载人飞机和无人机来对付卡扎菲的坦克、人员载运车和步兵营地，军事强度弱于科索沃空袭，目标也主要是针对卡扎菲及其军队。但其造成的人员伤亡和物质损失仍很严重。尽管西方自称对利空袭目标"范围有限"，但其空袭规模和范围频遭外界质疑。❶

五、后果可控性问题

合适性问题，由此引出关于人道主义干预合法性的最后一个指标，即后果可控性问题。也就是说，人道主义干预的预期后果，要求必须是利大于害。一般而言，不管可能带来什么裨益，只要预计发生以下任何一种情况，就不应采取干预行动：干涉造成的生命死亡以及财产损失过大；干涉严重损伤国际稳定与大国关系；干涉会使人道主义灾难加剧。❷西方以人道主义为理由对利比亚的干预行动不但造成被干预国人民生命和财产的巨大损失，导致中东地区的严重动荡和世界主要大国间关系紧张，损害联合国权威，而且促使被

---

❶ MILNE S. If the Libyan war was about saving lives,it was a catastrophic failure[N].The Guardian,2011-10-26.

❷ 时殷弘,沈志雄.论人道主义干涉及其严格限制——一种侧重于伦理和法理的阐析[J].现代国际关系,2001(8):61.

干预国内部派别对立，所有这些事态在干预之前是可以预料的。西方对利比亚的国际干预带来的人道主义危机却正在发酵。利比亚战争夺去了5万多人的生命，战后由于缺水、缺粮、缺油，的黎波里城内和周边地区有数百万人处境危险。"毫无疑问，北约对利比亚干预所造成的人道主义危机将在今后几年，持续影响区域稳定。"❶另外，利比亚新成立的临时政府内部斗争激烈，执政当局内部派别繁多，包括前政府高官、宗教团体和部落势力等，在"后卡扎菲时代"的权力蛋糕分配中，各方都想利益均沾、分得最多一份，由此引发严重的权力斗争，令利比亚国家的重建之路荆棘密布。

第四节　中东变局中的国际非政府人权组织

冷战结束后，在信息革命所带来的交通、通信手段的飞跃发展，全球性问题日益凸显、多发，以及自身优势等多种因素的共同推动下，国际非政府组织的数量快速增长，在国际政治中扮演着越来越重要的角色，现已成为国际关系中不可忽视的重要影响因素。而国际非政府组织中的人权组织更是在国际人权、地区冲突、国际环境和人道主义救援等领域异常活跃，大有成为国际非政府组织的"代言人"趋势。❷近年来，无论是阿富汗、伊拉克战争及后期重建，达尔富尔危机、缅甸密松水坝事件，还是中亚地区的颜色革命和中东剧变中都能看到国际非政府人权组织的活跃身影。本节旨在通过研究国际非政府人权组织对中东剧变的影响与特点，以期有助于全面理解人道主义干预的概貌。

一、问题的提出与论域建构

国际非政府人权组织在中东剧变中究竟扮演了什么角色，起到多大作用，对此问题的研究，首先需要了解其自身生命特性与发展路径。非政府组织独立于政府体系之外，同时又不具有企业的营利性质，所以被称为是继政府和企业之后的"第三部门"。国际非政府人权组织是独立于政府和政治团体，

---

❶　MILNE S. If the Libyan war was about saving lives, it was a catastrophic failure[N].The Guardian,2011-10-26.

❷　ASWAL B S.NGO in the human rights management[M]. New Delhi:Cyber Tech Publications,2010.

通过各种方式在国际和国内层面上致力于促进和保护人权而自身并不追求权利的独立组织。❶ 国际非政府人权组织的作用领域主要包括：监督联合国有关人权的文书实施，提供世界各国人权信息，促进国际人权标准的建立，监督各国和地区实施国际人权标准，派遣调查团调查具体的侵权问题并促使其纠正以及开展人权观念舆论宣传。❷ 按照克劳德·维奇的观点，国际非政府组织有关人权问题的研究议题主要涉及五个方面：非政府组织有关人权最主要的实现目标；谁设置和主导这些目标；实现这些人权目标的战略；人权战略网络中可资利用的资源；人权的实现评价效果。❸ 目前，人权观察和大赦国际是仅有的两个全球范围的人权组织。❹❺ 此外，还包括一些地区性的国际非政府人权组织，例如，自由之家、国家民主研究所、第三世界反对剥削妇女运动、保护少数民族权利组织、支持人权律师委员会等。

　　国际非政府人权组织在"跨国倡议网络中占据的统治地位"❻ 是不断形成的。1823 年成立的英国及外国反奴隶协会被认为是第一个国际非政府人权

❶ PACK P. Amnesty international：An evolving mandate in a changing world［M］//HEGARTY A，LEONARD S.Human rights：An agenda for the 21st century.New York：Cavendish Publishing Limited，1999：267.

❷ ABIEW F K. Assessing humanitarian intervention in the post-cold war period：Sources of consensus［J］. International Relations，1998，14（2）：70.

❸ WELCH C E. NGO and human rights：Promise and performance［M］. Philadelphia：University of pennsylvania Press，2001：1.

❹ 该组织于 1978 年成立，总部设在美国纽约，以调查、促进人权问题为主旨。早期名为"赫尔辛基观察"，为了监视苏联对赫尔辛基协定的执行情况。日益壮大后，该组织又以"观察委员会"的名义涉及世界上的其他地区。1998 年，所有委员会在人权观察的旗帜下统一起来。

❺ 创立于 1961 年 7 月，是一个人权监察的国际性非政府组织，由世界各国民间人士组成，监察国际上违反人权的事件。据其官方网址称，现时在全世界已经有超过 200 万名会员，是全球最大的人权组织。根据组织的简介，"我们奉行并推广《世界人权宣言》及其他国际法的人权法则，主要的工作为预防及终止肆意侵犯身体以至精神方面的健全、表达良心的自由以及免受歧视的自由"。该组织于 1977 年获颁诺贝尔和平奖，1978 年获颁联合国人权奖。

❻ ATKINSON J，SCURRAH M. Globalizing social justice：The role of non-government organization in bringing about social change［M］.New York：Palgrave Macmillan，2009：240.

组织。❶ 从国际劳工团结到国际人道主义运动，早期国际非政府组织的活动已涉及较为广泛的国际人权事务，但因特定议题而设立，与现代意义上的人权非政府组织有差别。一战后，随着国际联盟的诞生，国际非政府人权组织进入快速发展时期，仅 1919 年新成立的常规国际非政府人权组织就达到 40个。❷ 二战后，在《联合国宪章》第 71 条的制度性安排下，国际非政府人权组织享有一定法律地位，开始广泛从事人权和人道主义援助活动，尤其是其倡导的各种社会运动，对整个世界政治产生了重要的影响。冷战后苏东剧变，人道主义干预兴起，引发大量有组织的私人活动和自愿活动，赋予了国际非政府人权组织更大的吸引力。而信息技术的革命更是把国际非政府人权组织带入新的发展阶段，国际非政府组织在很多国际事件中逐渐成为直接参与者角色，其参与国际治理和影响政府间国际组织以及各主权国家的方式变得更直接和有效。❸ 总体来看，一方面，国际非政府人权组织在促进国际人权公约和文件的制定，监督国际人权法的实施，开展国际人权援助，从事国际人权研究与教育等方面，正发挥着日益重要的作用；另一方面，它也成为西方价值观念的重要"传播者"，其渗透活动在一些转型中的发展中国家，有可能转变为颠覆现存社会体系的力量，这一点在中东剧变中表现得尤为明显。

二、国际非政府人权组织对中东变局的影响

国际非政府人权组织通过长期在中东地区的经营活动❹，变革了中东地区的政治话语体系，促进了中东国家公民社会的发展，推动了中东地区民主

---

❶ WILLETTS P.The conscience of the world：The influence of non-government organizations in the UN system [R].Washington D C：Brooking Institution,1996：15.

❷ LAVOYER J P,MARESCA L. The role of the ICRC in the development of international humanitarian law,in international negotiation[M].Netherlands：Kluwer Law International,1999：501-524.

❸ 马长山.法治进程中的民间治理——民间社会组织与法治秩序关系的研究[M].北京:法律出版社,2006:10.

❹ 此次中东剧变中活跃的国际非政府人权组织主要包括大赦国际、人权观察、埃及"阿拉伯人权组织"、非暴力行动与战略应用中心等。

化进程，通过基金资助和跨国网络培训了专业性的反抗力量，这些都为政治反对派的抗争活动创造了宽松环境。

（1）打破传统的话语禁锢，塑造政治变革性的新人权话语体系，形成有利于剧变的人权话语环境。自 20 世纪 80 年代中期开始，人权观察、大赦国际等组织加大对中东地区人权发展状况的关注，每年相继发布的人权报告书，中东地区人权话语的外部环境开始宽松。在国际非政府人权组织的话语压力下，中东国家相继颁布《伊斯兰世界人权宣言》《阿拉伯人权宪章》等重要人权文件。这些人权宣言打破传统的伊斯兰宗教人权话语禁锢，推动了人权观念的更新普及，为阿拉伯世界人权运动和非政府人权组织的建立，提供了人权理论框架。例如，突尼斯人权行动者在大赦国际等国际非政府人权组织的帮助下，成立了"突尼斯人权委员会"，"该组织是近年来马格里布地区唯一听得见的、始终如一地发出保护人权和抗议人权受侵犯声音的组织"。❶ 埃及学者艾曼·奥克尔指出，非政府人权组织对埃及的政治格局和政治话语环境产生了重要影响，这种影响在穆巴拉克倒台之前就已经显现，在后来的社会剧变过程中更是表现得淋漓尽致。❷ 中东剧变中，人权观察等国际非政府人权组织的一个最重要的影响战略就是把人权价值转换为大众话语，它们通过普通伊斯兰民众能够理解的语言、图片，进行人权报告发布，把抽象的人权话语转换为人权观念的普及，在民众中产生一种真正的人权维护责任。"各种非政府人权组织不仅要提供资金支持，而且更要参与中东当地民主话语建设，营造宽容的人权发展环境。"❸ "阿拉伯之春"中的民众纷纷走上街头，要求自由、民主和人权，这与国际非政府人权组织长期对该地区的人权精神和术语渗透有着密切关系。

---

❶ WALTZ S. Human rights and reform：Changing the face of north African politics［M］. Oakland：University of California Press，1995：139.

❷ 王震.它们一直在行动：中东剧变中的 NGO［J］.世界知识，2012(16).

❸ ZAFER D.Aid and The Arab Spring：Why The World Bank and NGOs just don't get it［N］. Worldcrunch，2012-02-23.

（2）促进公民社会的快速发展，形成有利于剧变的力量团体。中东地区国际非政府人权组织通过跨国倡议网络，与当地非政府组织一起推动公民社会发展，引发伊斯兰民众重新审视对社会发展的理解，人们对民主本土化的认识得以增强。"国内各种非政府人权组织构成一个重要的媒介力量，通过这些组织，要求民主化力量团体提出变革新要求，这种变革不仅包括参与者，而且也包括政治话语的内容和规则。"❶ 截至目前，在埃及就有 36 家非政府人权组织。在中东剧变中，NGO 工作者把自己看成是潜在的组织力量，公民权利和政治权利得以积极扩张，这种组织力量有力地改变了现有的社会体系。西方非政府人权组织所推动的"民主治理援助"成功地培育了埃及青年人的"权利意识"，形成一支为民主而走上街头示威和集体游行的战斗力量群体。非政府人权组织在客观上"解除了政府的疑虑，以保证中东地区安全地、尝试性地迈向政治民主化，从而为更多的有党派性的反对团体提供了机会"。❷ 2013 年受西方支持的埃及一家非政府人权组织把警察侵犯人权、虐待犯人的视频放在 YouTube 上，引发民众上街抗议。2012 年 8 月，美国总统奥巴马 2008 年竞选团队负责人 Michael Simon，在开罗给"埃及民主研究会"成员做专门的人权项目培训。据统计，2011 年，仅国家民主研究所就在埃及开展了 739 次短期培训，举办"非暴力抵抗"讲座，接受培训的人数多达 13671 人。这些培训内容主要包括教授如何组织罢工、罢课，如何通过手势进行交谈，如何克服恐惧心理，如何动摇政府的统治等。一位接受过美国非政府人权组织培训的也门青年活动者说："培训对我非常有帮助，因为我之前认为变革只能通过武器和暴力才会发生。现在看来，和平抗议和其他非暴力手段也可以达到目的。"❸

（3）推动了民众对民主化需求的增长，提高了民众的政治意识和民主权

---

❶ WALTZ S. Making waves：The political impact of human rights groups in north Africa[J].The Journal of Modern African Studies,1991(3):504.

❷ CRYSTAL J.The human rights movement in the Arab world[J].Human Rights Quarterly,1994(3):439.

❸ 王震.它们一直在行动：中东剧变中的 NGO[J].世界知识,2012(16).

利觉醒，增加执政当局的政治改革压力，形成有利于剧变的主观愿景。二战后，阿拉伯国家在实现民族独立之后，建立了威权统治型国家体制。突尼斯、埃及、利比亚、也门、叙利亚都是三四十年以上的威权统治，文化相同，社会构成相似，经济状况相近，这些国家的政府都无力推动民主化发展。正是在这种背景下，国际非政府人权组织通过与当地非政府组织的跨国互动，促进当地民众民主意识的觉醒和民主诉求的伸张。"对于精英群体和大众来看，愈发明显的是解放和发展的益处，仅能通过民主化和人权保护的途径才能获得。"❶ 战后获得民主政治体制的失败，使人们更加追求如埃及"阿拉伯人权组织"所强调的"个人自由和个人信仰的权利，思想和表达的自由权利以及政治参与的权利"。❷对于大多数背负沉重历史包袱的阿拉伯国家来说，要想在短期内彻底实现经济、政治和社会现代民主化并非易事。这些非政府组织提出的保护人权、实现宪政、遏制腐败、实现社会公平正义等种种看似合理的社会改革诉求，既提升了民众对于社会政治改革的期待，也增加了执政当局进行社会变革的压力。❸ 中东有的现政府，面对背后有西方支持的国内非政府人权组织，采取一定的应对措施，但收效甚微。例如，2012 年 1 月，埃及安全部队和司法人员在开罗突然搜查 17 家外国人权机构。其中包括总部设在美国的 3 个团体，以及德国的阿登纳基金会。此举引发美国为首的西方国家强烈不满，批评"出人意料"的突查行动违背埃及政府建立民主政体的初衷。

（4）无形的文化宗教渗透，引发中东地区精英和民众对本土文化宗教价值的怀疑，造成思想混乱，降低社会共识和国家凝聚力。自由之家、国家民主研究所等非政府机构帮助中东一些国家的"民主力量"建立起"独立的工会、教会、政党、报刊和司法机构"，并通过培植这些"民主的基础结构"，最终使中东地区按照西方的意图转变。针对中东地区出现的官员贪污受贿、

---

❶ AN-NA'IM A. Human rights in the arab world：A regional perspective[J].Human Rights Quarterly,2001（3）：709.

❷ 吕耀军.中东非政府人权组织的特征与挑战[J].阿拉伯世界研究,2012(1).

❸ 王震.它们一直在行动：中东剧变中的 NGO[J].世界知识,2012(16).

贪图享受、对政治冷漠等问题，西方非政府组织利用广播、电视等媒体故意无限制放大，极力丑化中东国家的政府和政党。面对西方非政府人权组织鼓吹的民主、人权、自由等所谓普世价值，一大批中东当地精英在民族传统和西方主流价值之间出现了认知混乱，甚至丧失了对自身国情和民族文化传统的基本判断。在中东剧变中，多数阿拉伯精英出现"集体失语"，这是思想意识形态领域出现混乱的表现。❶ 此外，大赦国际、人权观察、保护少数民族权利等国际非政府人权组织支持中东地区逊尼派侨民成立组织、出版刊物，并与利比亚、叙利亚等国内的民族分离主义势力遥相呼应。在他们的支持下，中东地区一些民族分离主义势力趁机打着拥护抗议者的旗号大肆进行民族分离活动，为伊斯兰极端势力回潮创造了条件，恶化了原本就脆弱的政治生态和安全环境。❷

（5）发挥跨国倡议网络的作用，影响中东当地非政府人权组织，弱化独立性，使其成为附属执行机构。国家民主研究所、自由之家等国际非政府人权组织与中东当地非政府人权组织始终保持着一种跨国倡议网络关系。人权观察、民主基金会等在中亚"颜色革命"、科索沃战争中的社会运动成功带来的示范效应，构成埃及社会运动"跨国环境与外部行为体角色"重要因素。如"埃及变革运动"组织领导人承认，他们之所以通过动员民众采取和平抗议的方式挑战政府权威，就受到东欧与中亚地区社会运动尤其是2003年底的乌克兰"橙色革命"和2004年的格鲁吉亚"玫瑰革命"推翻政府经验的重要启发。❸ 总部设在德国的阿登纳民主基金"高举人权大旗，鼓动当地非政府组织对抗政府，引发埃及、阿联酋等诸多中东国家不满"。❹ 中东地区非政府人权组织先天发展不足，"依赖综合征表现明显"，普遍面临经济困

---

❶ 王震.它们一直在行动：中东剧变中的 NGO[J].世界知识,2012(16).

❷ STIGLITZ J E.The Arab Spring is at risk without aid now[N].Financial Times,2011-06-06.

❸ NNDIA O,et al. The Kefaya movement:A case study of a grassroots reform initiative[M].Pittsburgh:Rand Corporation,2008:14-20.

❹ SHAH A.Gulf states cast dim eye on reform after tumult[N].The New York Times,2011-04-18.

难，主要依靠外国非政府组织的资金援助生存。❶在中东剧变过程中，一方面，中东非政府人权组织开辟信息渠道，依赖于西方或国际人权组织的媒体途径和压力方式，大量转载和引评人权观察等报道内容。另一方面，中东非政府人权组织监控、搜集本国人权状况的资料和信息，对人权灾难敏感区域进行调查研究，获得第一手资料，提供给国际非政府人权组织。一些穆斯林民众称当地这些非政府人权组织为"欧美人权组织在中东的复制品"。2012年，埃及政府搜查开罗 17 家外国非政府组织。"这一行动是对非政府人权组织非法收受外国资助，而进行的广泛、持续的调查之一。"❷

三、国际非政府人权组织在中东变局中的行动特点

人权观察、大赦国际、自由之家等国际非政府人权组织在中东剧变中将自身塑造成为相互联系、相互支持的全球跨国倡议网络组织，其行为特点主要表现为以下几个方面。

（1）调查并曝光侵犯人权的行径。人权观察、大赦国际等国际非政府人权组织任务，"最好的工具"是公布侵犯人权的信息，让政府在自己的公民和国际社会面前感到尴尬。非政府人权组织将也门、利比亚、叙利亚等国家在人权方面的不法行为予以曝光，如发布的 2011 年度人权报告，通过一些有影响的媒体公开报道严重侵犯人权的情势，羞辱卡扎菲、巴沙尔等政府首脑，形成一种外部压力。❸ 在中东剧变过程中，人权观察进入突尼斯和埃及开展独立调查，并派工作人员赶赴利比亚冲突前线调查采访。在 2011 年 3 月西方空袭利比亚最紧张期间，人权观察在政府军和反政府军交火最激烈、国际机

---

❶ 20 世纪 90 年代，埃及和巴勒斯坦人权组织不断浮现，其中许多依靠于国外资金，如埃及有人权法律研究和资源中心(1989)、开罗人权研究协会(1993)、埃及妇女问题中心(1994)、法律援助中心(1994)、埃及妇女权利中心(1996)、民主发展协会(1996)、阿拉伯法官和律师独立中心(1997)、犯人人权中心(1997)、人权保护地区计划行动者(1997)。

❷ 黄培昭.埃及军方突袭西人权机构[N].环球时报,2011-12-31(4).

❸ HENKIN L. Human rights: Ideology and aspiration, reality and prospect[M]//POWER S, ALLISON G. Realizing human rights: Moving from inspiration to impact. New York: Palgrave Macmillan, 2006: 24.

构纷纷撤离时，仍留在当地监察人权状况，及时传递人权信息。2011 年 8 月
4 日至 11 日，人权观察派出 4 人工作小组前往的黎波里和利比亚西部政府控
制区，和利比亚高官就冲突期间违反人权的事件进行会谈，期间还访问了的
黎波里的两座关押示威人士的监狱。2012 年 8 月 16 日，人权观察在叙利亚政
府军用飞机轰炸阿泽兹（Azaz）两小时后，立即赶赴现场进行实地调查，称
有至少 30 人死于此次空袭。"在实地调查、了解利比亚战争人权状况的同时，
这些国际人权组织还随时发布有关违反人权情况的消息、公布有特定要求的
声明以及专门或综合的人权状况报告，以对相关方面施加压力，唤起国际舆
论的关注，改善利比亚人权状况。"❶ 与大赦国际一样，人权观察收集的信息
往往成为西方国家或联合国人权机构评估有关国家和地区人权状况的主要资
料来源。

　　（2）充分发挥互联网等"虚拟"社交网络的作用。突尼斯、埃及的政治
"变天"中，以脸谱（Facebook）、推特（Twitter）为代表的社交网络在国际
非政府人权组织行动中扮演了重要角色，发挥了信息传播、"草根动员"的
关键性作用。因此，西方将其剧变冠以"社交网络革命""脸谱革命"等称
号。在大赦国际、人权观察以及其他国际机构工作的人权分子组成的埃及
"新左派"，通过脸谱、推特等社交网络，不断上传与"一·二五革命"事件
相关的照片、视频、新闻，而且构建出富有情感煽动性、互动方式良好但又
不具备明显政治性的页面，吸引了广泛的用户关注。❷ 叙利亚人权观察组织承
认其信息主要是基于 YouTube 图像而来，并没有确认信息来源的独立性。美
国《福布斯》杂志称，"在国际人权组织的协助下，突尼斯是阿拉伯世界中
第一个由崛起的公民力量、更确切地说是网民推翻现政权的国家"。❸ 2011 年
2 月，美国国务卿希拉里发表"互联网自由"演说，对人权组织发挥互联网

---

❶ 张蕴岭.西方新国际干预的理论与现实[M].北京:社会科学文献出版社,2012:231.

❷ KANDIL H.Revolt in Egypt[J].New Left Review,2011,68:20.

❸ CARR J.In Tunisia,cyberwar precedes revolution[J].The Forbes,2011(1).

在埃及、伊朗这两个国家加速政治、社会和经济变革的作用表示赞赏。❶

（3）通过国际司法诉讼，突破传统基于国界的司法管辖权限与范围，将侵犯人权者绳之以法。针对涉及大规模侵犯人权指控的国际申诉，非政府组织通常在搜集可靠情报、准备必要的法律文件方面比个人处于更为有利的地位。人权观察专家 Richard Dicker 认为，"国际刑事法庭如果对也门的阿里、埃及的穆巴拉克、叙利亚的巴沙尔大规模侵犯人权的行为熟视无睹，那么其存在的意义必将受到广泛的质疑"。❷ 2011 年 1 月至 3 月，大赦国际和其他非政府人权组织一起，最早要求把利比亚国际问题提交国际刑事法庭。人权观察向国际刑事法庭提交了其在利比亚实际调查和采访期间获得的重要证据。正是在这些组织的积极努力下，2011 年 6 月，国际刑事法庭指控卡扎菲及其儿子赛义夫、利比亚情报部门负责人赛努西 "阻止和镇压民众示威"，杀害和迫害平民，签署对三人的逮捕令。在叙利亚危机中，人权观察和大赦国际向联合国人权高专办提供了丰富的报告和视频等资料，称叙利亚政府在胡姆斯发起大规模镇压行动，其暴行已达到危害人类罪的程度，呼吁安理会将叙利亚情势移交国际刑事法院。2012 年 4 月，人权观察组织执行主任肯尼思·罗斯（Kenneth Roth）呼吁，将俄罗斯国有军火贸易公司 Rosoboron Export 提交刑事法院，该公司向叙利亚政府提供武器，因为叙利亚正进行危害人类罪行，这时为其提供武器可构成协助犯罪。❸

（4）影响公众舆论，在一定程度上影响美国等西方国家的政治氛围，对决策者的外交决策产生影响。非政府人权组织的活动和公众舆论是一种互动的关系：非政府人权组织的公关可以对其施加影响，而公众舆论有利与否反过来又直接影响到非政府人权组织游说的效果。❹ 自中东剧变以来，人权观

---

❶ CLINTON H R.Internet rights and wrongs：Choices & challenges in a networked world［EB/OL］.（2011-02-15）［2015-12-21］.http：//www.state.gov/secretary/rm/2011/02/156619.htm.

❷ POLGREEN L.Arab uprisings point up flaws in global court［N］.The New York Times，2012-07-07.

❸ Letter to rosoboronexport on Syrian weapons supplies［J］.Human Rights Watch，2012（4）.

❹ 周琪.人权与外交［M］.北京：时事出版社，2002：186.

察曾多次在国会举行的听证会上，指责穆巴拉克、卡扎菲及巴沙尔政府侵犯人权，呼吁美国政府制定一个多边战略来处理中东地区的人权问题。2011 年12 月 8 日，大赦国际举行示威游行，要求美国政府停止对埃及出口武器，避免武器被用来镇压民众抗议。据《今日美国报》与盖洛普民意调查数据显示，美国国内的非政府人权组织采取的报告、分析会等活动，展示了利比亚面临的人权可怕境地，激发了美国民众支持政府采取必要行动的热情。与非政府人权组织有着紧密联系的皮尤研究中心公布的民调显示，47% 的民众认为奥巴马下令攻击利比亚是对的。此外，美国国务院人权局在中东剧变中，多次邀请非政府人权组织参加吹风会，大约有 10 多个组织定期受邀进行有关中东地区人权形势的协商。

（5）依据自身偏好，主动设置议题，提升影响力。在中东剧变中，国际非政府人权组织依凭自身偏好，侧重于关注公民权利和政治权利，有意忽视经济、社会和文化权利。包括人权观察在内的一些国际非政府人权组织调查往往只集中在免受国家侵扰的自由权、民主参与权等公民权利和政治权利方面，而忽视经济、社会和文化权利，甚至很少去探寻公民权利和政治权利遭受侵犯背后的社会经济因素及其他因素。换句话说，在人权观察那里，经济、社会和文化权利只是公民权利和政治权利的附庸。只有公民权利和政治权利才是基本的、首要的权利，没有了这些权利，其他的权利就没有多大的存在意义也不可能实现。非政府人权组织的目标及活动范围越广泛，它们作为客观观察者的特殊地位就越会受到政治目的的破坏，甚至是取而代之。[1] 例如，大赦国际主要致力于"良心犯"的释放，而在中东剧变中，其活动扩大至促进公平审判、监督武器贸易、废除酷刑等。

（6）难以摆脱背后西方政府的身影，扮演"前线侦察员"角色。非政府

---

[1]　STEINER H J. Diverse partners：Non-governmental organizations in the human rights movement：The report of a retreat of human rights activists[R].Boston：Harvard Law School,1991：39.

人权组织受到政府的资助，其行动的自主性自然受到影响❶，这损害了所有非政府组织在人们心目中的公正性形象。❷ 2012 年 1 月，美国新任驻埃及大使安妮·帕特森宣布，美国自穆巴拉克政权倒台后向在埃及活动的非政府人权组织提供大约 4000 万美元资金。埃及《金字塔报》评论说，这些资助主要用于支持埃及的所谓民主和自由进程，在埃及广泛传播西方的价值观、生活方式和意识形态。事实上，它们都是在美国国会的资金支持下监督海外选举和促进外国民主的工具。埃及国际合作部部长阿布·纳加表示，2011 年 3-6 月，埃及非政府组织共接受了大约 1.75 亿美元外来援助，是之前四年总额的 3 倍之多。"现在回顾阿拉伯之春，美国民主促进战略投入资金与五角大楼相比，微不足道，但在煽动抗议者走上街头方面，发挥的作用远远超过前者。"❸

美国在中东地区的投入如图 5-1 所示。

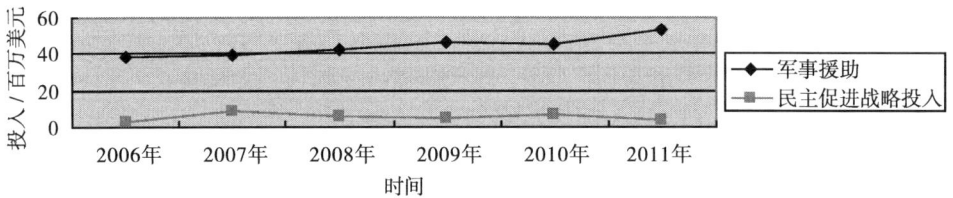

图 5-1　美国在中东地区军事援助与民主促进战略投入比较

数据来源：Supporting democracy in the Middle East[N]. The New York Times，2011-04-15.

四、结论

国际非政府人权组织本应是非政治性、非营利性、不受任何政府支配的

---

❶ EDWARDS M,HULME D.Beyond the magic bullet：NGO performance and accountability in the post-cold war world sterling[M]. Sterling,VA：Kumarian Press,1996；7.

❷ BRETT R. The role and limits of human rights NGOs at the united nations[J].Political Studies,1995,43：98.

❸ NIXON R. U.S. Groups helped nurture Arab uprisings[N].The New York Times,2011-04-14.

独立的民间组织，但是在中东剧变中，卷入了大量的政治活动，从事了许多与其身份不符的活动。不可否认，有些活动带有明显的政治意图，有明显的针对性，其背后有相关国家政府的授意和支持。这些外国非政府组织，在某种程度上，成为美国等国家推行外交政策、实施国际干预的政治工具。当然，中东剧变中的国际人权非政府组织，在人权监督方面也发挥了一定的正向作用，披露了当地政府侵犯人权的事实，并游说有关国家和联合国采取应对措施。可见，非政府人权组织具有积极的一面，同时也有消极的一面。诚如英国《新科学人》期刊所评论的："当他们好的时候，会很好，促进社会的良性发展；当他们糟糕的时候，会很糟，他们只顾自己，毫无责任可言。"

第五节　人道主义干预发展新趋势

一、实践上的新趋势

中东、北非变局中的国际干预昭示了人道主义干预的新走向，折射出国际关系发展的新趋势。

首先，伴随全球化的深入，人道主义干预更加受到各方关注，在形势发展中不断变更干预模式，日益呈现机制化趋势。在全球化时代，人与人、国与国之间的相互依赖日益加深，各国尽管行为规则、立场、动机各异，有时甚至面临人权原则与国家主权原则之间的矛盾，但是出于利益、人道主义等方面的考虑，仍然高度关注发展和保护人权尤其是动荡地区的人权状况，西方更是坚持人权的"普世价值"，全力推动人道主义干预的实践。❶ 但是，千变万化的国际形势不会允许历史剧的简单重复，在大国政治较量、舆论主导以及现实政治的演绎下，人道主义干预模式一定会不断翻新。无论是索马里

---

❶　BANDOW D. War in Libya: Barack Obama gets in touch with his inner neocon[J]. Huffpost World, 2011
(3).

模式、卢旺达模式、波黑模式，还是作为新干涉主义的科索沃模式，都是人道主义干预的历史过往，而席卷中东、北非的"阿拉伯之春"，为人道主义干预提供了新的试验场。该地区多个国家因为政治剧变而分别演绎了"和平解决""战争解决""斡旋总统下台""地区国家出兵支援"等多种模式，引发一场战争（利比亚战争）、四个政权倒台（突尼斯、埃及、利比亚、也门）、多个国家动荡（叙利亚、阿曼、约旦、阿尔及利亚）。西方在利比亚的成功干预，让一些人感到兴奋，他们甚至宣称"人道主义干预时代"的来临。❶ 在有关各方尤其是西方国家的推动下，人道主义干预的机制化趋向也日益明显。一方面，人道主义干预通常基于人道主义的理由，即在人道主义危机的最初阶段，往往出现大规模的暴力事件（如利比亚暴力冲突）甚至种族清洗事件（如卢旺达大屠杀），联合国授权采取行动或派出国际部队加以干预。另一方面，国际干预力量对于对象国国内反对势力保持充分的敏感度，为减免国际干预力量的损失，采取充分的措施和手段将人道主义威胁限制至最低程度，并为此而不惜使用武力（如西非经济共同体对利比里亚进行的干预）。再者，合法的人道主义干预必须拥有国际、地区以及地区内关键国家的广泛支持，在联合行动前要有权威机构的授权和相关各方的共识，避免不同相关方分别支持受干预国内部各方（如联合国对东帝汶的人道主义干预）。另外，人道主义干预受到严格的限定，任何以"保护的责任"为目标的武力人道主义干预必须满足六个要件才能得以施行，即正当的理由、正确的意图、最后的手段、合法的授权、恰当的方式和公道的预期。只有坚持动机的正义性，才能体现干预的善意性；只有确保了干预的善意性，才能体现干预的公正性，达到积极的干预成果。这是指引并衡量人道主义干预的重要标准。但是，无论干预成功与否，干预行动越多，则对国家主权原则的损害越大，也越有可能助长分离主义、反政府主义势力以对抗手段故意刺激政府的武力使用行为，也就是说人道主义干预可能会造成更严重的人道主义灾难。因此，

---

❶ WESTER J,GOLDSTEIN J S. Humanitarian intervention comes of age[J].Foreign Affairs,2011,90(6):55.

人道主义干预仍需在干预与可能的人道主义灾难之间做出平衡。

其次，国家内部冲突对危机管理方式的更新提出了要求，推动联合国在人道主义干预授权、保护平民的责任方面采取更加积极的态度和行动。冷战后，国内冲突代替国际冲突成为国际安全面临的新课题，联合国安理会的安全应对也日益从"反应式文化"转变为"预防式文化"。[1]作为人道主义干预的唯一合法主体，联合国越来越多地卷入一些国家的国内争端中。"保护的责任"从提出到实践，联合国皆扮演了重要角色。特别是联合国秘书长潘基文在 2012 年 1 月于斯坦利基金会举办的"保护的责任"提出 10 周年纪念会议上指出，历史向着更好的方向转变，"保护的责任时代"到来，突尼斯、利比亚事件表明，成千上万的人的生命得到挽救。尽管"保护的责任"是一个非常复杂的概念，落实起来存在很大难度，但他希望各国为继续落实这种责任而团结一致，让世界人民都获得保护。[2] "叙利亚问题将是对'保护的责任'又一次新检验，呼吁国际社会一起加入 2012 年国际人道主义预防年中来。"[3]值得注意的是，相对于人道主义干预，联合国更强调首先进行人道主义援助，如设立"中央救援基金"，协调斡旋政治解决途径，各国也支持由联合国对危机发生国进行客观、全面的评估，提供人道主义救援。联合国不希望自身在解决人道主义危机中被边缘化，故而努力地发出自己的声音。秘书长潘基文多次向危机发生国内部喊话，要求改善或结束冲突状况，如先后在不同场合呼吁国际社会必须采取有效行动应对叙利亚局势。[4] 2012 年 2 月，联合国任命前秘书长安南为联合国秘书长与阿盟的联合特使，赴叙利亚进行

---

[1]　EVANS G. Cooperation for peace：The global agenda for the 1990's and beyond[M].St.Leonard,NSW：Allen & Unwin,1993:99.

[2]　WALZER M. On humanitarianism：Is helping others charity,or duty,or both? [J].Foreign Affairs,2011,90(4):73.

[3]　BAN K M.Address to Stanley Foundation Conference on the responsibility to protect(2012-10-11)[2015-12-22].http://www.un.org/apps/news/infocus/sgspeeches/statments_full.asp? statID=1433.

[4]　KENNEDY E A.Syria conflict：UN Secretary-General Ban Ki-Moon says unrest could have global repercussions[J].The Huffington Post,2012(3).

政治斡旋，称要"尽最大努力找到一条和平解决的路径"。联合国同时派遣工作组前往冲突地区评估人道主义状况，这无疑将对改善当地的人道主义危机状况发挥建设性作用。联合国还通过安理会主席声明的形式，支持特使的斡旋努力，要求冲突各方在联合国监督下停止一切形式的暴力行为，结束有关冲突。❶但是，联合国干预行动的中立、公正、独立性也面临一些挑战，比如人道主义援助经常被蒙上政治色彩，经常被大国特别是西方所左右。

再次，美国在未来的国际干预中更倾向于"巧干预"。毫无疑问，无论是现在还是将来，美国在国际干预中的作用是特殊的，是多个国际干预的发起者和推动力量。但是，美国的干预基于自身考量和对象国的现实情况而具有"选择性"，对不同的对象国有不同的干预方式和对策，如对于虽发生重大人道主义灾难但对美利益无关紧要的国家，美国大都会视而不见；而战略位置重要且对美利益攸关的国家或地区，美国总是不遗余力、想方设法予以干预，最终实现自身的利益。美国付出大量财力、人力发动阿富汗战争和伊拉克战争，但是收效有限并备受质疑，如今正在改弦更张，既希望能够继续发挥全球领袖的作用，又想以最低成本获取最大效果。一方面，美国对干预的态度是坚决的，据美国政府公布的"关于大规模暴行的总统研究指令"，将预防大规模暴行界定为美核心国家安全利益以及核心道德责任。❷为此，美国采取多种干预措施，比如预防性外交、经济和金融制裁、武器禁运，最后是强制性行动。❸另一方面，美国为改善自己深陷伊拉克和阿富汗的战争泥潭、财政赤字严重的状况，采取了新的"灵巧"方式，最大限度地争取同盟国的配合，自己给予幕后支持。❹这就是让其盟国尽可能地分担责任。比如针

---

❶ GLADSTONE R. UN council backs plan for ending Syria conflict[N].The New York Times,2012-03-21.

❷ Presidential study directive on mass atrocities[EB/OL].(2011-08-04)[2015-12-21].http://www.whitehouse.gov/the-press-office/2011/08/04/presidential-study-directive-suspension-entry-immigrants-and-nonimmigran.

❸ O'HANLON M. Libya and the Obama doctrine:How the United States won ugly[J].Foreign Affairs,2011(8).

❹ COHEN R. Leading from behind[N].The New York Times,2011-10-31.

对叙利亚，奥巴马声称，美国采取单边军事行动将是一个错误。❶美国认识到，并不存在一种简单的解决办法，而是要寻求综合性的措施，包括最大限度地组成国际干预联盟，通过制裁、外交施压、内部鼓动，打信息战、舆论战等，以达到压使对象国政府就范的目的。显然，对于美国来说，"巧干预"相对而言是一种"性价比"比较高的干预方式。当然，未来美国干预行动的做出、干预角色的扮演，大致会与其国内政治进程和政策选择有关，可能由于不同政党、不同总统执政而有所不同。

最后，新兴大国的地位和作用将不断上升。新兴国家的崛起是影响当今国际格局发展的主要事态，正在改变国际权力与安全结构，并塑造新的国际话语体系，不同于以往作为"沉默"派，新的形势下在国际人道主义干预中扮演越来越重要的角色。在人道主义干预中，中国、俄罗斯、巴西、南非等国坚持发出独立自主的声音，并不断协调立场，主张坚持和平对话，强调以政治而非军事手段促进危机的解决。针对未来可能的干预，俄罗斯、中国等国仍将一如既往坚持不干涉内政、不单方面施压的原则，据理力争，强调通过和平的、对话的手段解决危机，加快政治和解进程，以和平对话代替流血暴力，从而避免更严重的人道主义灾难。南非等一批地区新兴国家主导下，对地区人道主义事务表现出负责任的态度，积极斡旋、力促政治解决，角色和作用也更加突出。可见，国际人道主义干预不再是西方破坏性的"独角戏"，而是新兴大国、地区大国建设性的"合奏曲"。由于新兴大国、地区大国和平的、建设性作用，西方在国际人道主义干预上的独断专行将越来越会寸步难行，肆意妄为将会受到越来越多的制约，人道主义干预将逐渐恢复其本来面目，离真正实现"人道"的人道主义干预希望不远。

中东、北非变局中的人道主义干预不同于以往干预的新特点及其折射出的国际关系发展新趋势，值得我们认真研究和应对。在人道主义干预大行其道的时代，中国在维护国家统一、打击民族分裂势力以及解决领土争端问题

---

❶　Syria crisis: Obama rejects U.S. military intervention [N].BBC News,2012-03-06.

上并非不存在"被干预"的危险。因此，面对国际上的人道主义干预，中国要态度鲜明、理直气壮地坚持自己的主张和立场，将外交应对行动统一到强化大格局、大战略的意识上来，在将来可能的国际干预中占据有利位置，最大限度地排除国际干扰，以捍卫国家利益和安全，维护世界和平与稳定。

二、理论上的新趋势

随着干预事例的增多，干预会不会从例外转向规范？因为规范与例外之间存在着相互转化的关系。规范中例外过多，规范就会变成例外，而例外则成为规范。换句话说，人道主义干预是否会从例外转化为规范，如果转化为规范，在当前国际社会情势下，如何去规制人道主义干预，是必须面对的理论问题。"人权国际规范到 20 世纪末期应被认为已取得不容违反、不容置疑的普遍国际法规范的地位，任何与之抵触的单方面行动或国际条约和协定在法律上都是无效的。"随着个人成为国际权利和义务的载体复归，第四代人权❶观念得到进一步固化。第四代人权观念同全球性问题意识密切相连，它将享有和平、发展、健全的生态环境、人类共同资源的利用开发和在人道主义灾难中获得援救的权利包括在人权当中。❷ 人道主义干预的未来，就是在

---

❶ 这里的"第四代人权"是指全球化和相互依赖日益加深的背景下，国际社会人权保障的制度化和规范化。人权的发展可划分为四代：第一代是承认公民的政治民主权利；第二代是在人权保护中加入了经济、社会、文化权利；第三代是发展中国家提出的集体人权（各国主权平等）和发展权的问题；第四代是人权观念同全球性问题意识密切相连，它将享有和平、发展、健全的生态环境、人类共同资源的利用开发和在人道主义灾难中获得援救的权利包括在人权当中。一方面它不回避国际人权领域的斗争性和人权保护任务的艰巨性；另一方面它也试图超越传统的视域，推动国际人权规范的社会化，让国际人权规范成为约束主权国家的一项强制性法律规范。因而，它大不同于徐显明依据当代中国政治生态环境和实践提出的"第四代人权"。徐显明认为，人权运动自西方资产阶级革命以来经历了自由权本位、生存权本位和发展权本位三个历史阶段，在人类的文明进步史上确立了自由、平等和发展三个里程碑式的权利理念。但传统的这三代人权都有其局限性，它们重在人权局部，而非人类整体；重在矫枉，而不在开新；重在斗争，而不在和谐。在人类跨人经济一体化、法律趋同化、信息共享化的新时代之后，已表现出相当的不适应。基于此，他提出第四代人权，即和谐权。

❷ 时殷弘. 论 20 世纪国际规范体系——一项侧重于变更的研究[J]. 国际论坛，2000（3）.

国际社会内寻求国际人权保护的"最大公约数"，建构国际规范共识。

冷战结束之后，有关人道主义干预的理论发展呈现出多元化的态势，人权以及人道主义干预规范理论的复兴就是其中的一个重要方面。规范理论将世界政治中伦理判断的标准作为自己的研究主题，并寻求国际实践中广泛的道德包容和社会重建的共有原则。规范理论所提出的问题具有非常重要的现实意义，如全球化时代国际政治与经济秩序的变迁、人道主义干预的合法性基础、大规模杀伤性武器的扩散、全球范围生态环境的保护等，对这些问题的解答，传统的分析范畴已难以胜任，重视文化因素、注重伦理思考的规范理论则可以提供一个更好的视角。❶ 因而，未来人道主义干预观念也是一个不断演化、社会建构的过程。它同人权国际规范一样，将会具备出现、扩散和内化三个阶段的周期。❷

合法人道主义干预是国际人权规范共识构建的一种互动结果和反应。但当前国际社会依然没有达到就某些观念、利益和规范足够的统一程度，人道主义干预必须具备一定的规制性条件。"国际关系概念或范畴意义上的人道主义干预有其一定的伦理和法理依据，并且有其一部分应予肯定或容许的政治原因，然而也是出于伦理、法理和政治上的重大理由，人道主义干预无论在理论上或实践中都必须受到严格的限制。"❸

（一）人道主义干预的合法性问题及其规制性条件

从人权国际规范的发展路径可以看出，基于保护人权的人道主义干预，

---

❶　张旺.国际关系规范理论的复兴[J].世界经济与政治,2006(8).

❷　国际规范的早期研究偏重于规范对国家行为的影响,分析规范为什么重要以及如何重要等更具实质性的问题。对国际规范产生和变化研究的相对较少。玛莎·费丽莫和凯萨琳·西金克,从社会建构的角度研究规范本身的演化,即国际规范从出现、扩散到内化的生命周期,关注规范的形成、社会化机制和跨国倡议网络等内容。规范生命周期的不同阶段,行为体、行为体的动机和发生的机制是不一样的。—— FINNE-MORE M,SIKKINK K. International norm dynamic and political change[J].International Organization,1998,52(4): 887-890,896-915.

❸　时殷弘,沈志雄.论人道主义干涉及其严格限制[J].现代国际关系,2001(8).

已经逐步成为一项获得国际社会广泛认可的国际规范。国际伦理和法理的正义化趋势，加上由此而来人权国际法和国际社会干预权利的产生和发展，给作为一个范畴的人道主义干涉提供了一定程度的依据，而这也是 20 世纪 90 年代不少具体的人道主义干涉案例往往被许多国家认可的一大原因。❶ 主张人道主义干涉合法的学者，主要从《联合国宪章》没有明文规定禁止人道主义干预以及人道主义干预已经成为自然法的一部分等理论来证明其合法性。

尽管人道主义干预有一定的伦理和法理依据，但在当前国际社会仍然发展不够成熟充分的情况下，如果不对人道主义干预进行法理方面的严格限制，放任人道主义干预事件频频发生，那么，任何一个国家都有可能打着"人道主义"的旗号对别国发动战争和侵略，国际社会将重新进入无政府状态。国家主权将无从得到保护，人权的保护也更无从谈起。因此，制定人道主义干预合法化的标准，进一步使其规范化，能够增强对滥用人道主义干预的法律限制。只有通过立法使人道主义干预进一步规范化和制度化，才能使人道主义干预真正发挥其保障人权、促进和平的作用。

(二) 人道主义干预的合法性问题

对人道主义干预及其合法性的研究，一直是西方国际法学界研究的热点。冷战后，自由主义在世界范围内又一次复兴。自由主义认为国际社会在法律上有权利、在道德上有责任进行人道主义干预。这种认知大大推动了人道主义干预在实践和理论层面合法化的研究。依照瑞斯曼（Reisman）所提出的合法性的标准，判断某一单方面行为是否合法，要考虑：①在有关法律系统中是否有合法的单方面行动之存在可能性；②如果有，再考虑该具体行动是否符合合法行为的本质要件。因而，如果认定人道主义干预是合法的，必须一是证明其符合《联合国宪章》的宗旨，或者至少宪章没有排除国际干预；二是在条约无明确界定的情况下，如果人道主义干预作为一种制度存在，是符合自然国际法的。

---

❶ 时殷弘,沈志雄.论人道主义干涉及其严格限制[J].现代国际关系,2001(8).

关于人道主义干预合法性的争论，实质上是对如何解释《联合国宪章》禁止使用武力原则的内容产生的争议，争论的引发尤其与对禁止使用武力原则的禁止范围的不同理解有关。❶ 马兰祖克就认为"这一问题至多是处于一种含混不清且无法得出总结性答案的状态"。❷《联合国宪章》本身就包含了一些合法性的例外。《联合国宪章》第一章第一条就明确写道：为了维护国际和平与安全，采取有效的集体方法，以防止且消除对于和平之威胁，制止侵略行为或其他和平之破坏，并以和平方式且以正义及国际法的原则，调整或解决足以破坏和平之国际争端或情势。从宪章对人道主义正义性的肯定，可以看出集体安全制度下的国际干预与国家主权存在一致性。《联合国宪章》第42条规定："安理会如认为第41条所规定之办法为不足或已经证明为不足时，须采取必要之空海陆军行动，以维持或恢复国际和平及安全。此项行动须包括联合国会员国之空海陆军示威、封锁及其他军事举动。"据此，《联合国宪章》赋予了安理会采取武力执行行动的权力。安理会所采取的行动如果涉及使用武力，必然是适用第42条的规定。❸《联合国宪章》第二条第七项第二款"但此项原则不妨碍第七章内执行办法之适用"，使得人道主义干预行为的出现与联合国的活动有了某些联系。"该条文可以看出，宪章没有反对人道主义干涉，理由是人权已日益被认定为不再是限于一国管辖范围之内的事务。"❹ 一般而言，由联合国出面进行的人道主义干预通常是为了维护国际社会的和平与安全或人权。联合国成立之后，特别是冷战后，已经有了很多次的人道主义干预行动。"联合国对索马里、卢旺达、科索沃等的干预行为，

❶　VERWEY W D. Humanitarian intervention under international law[J].Netherlands International Law Review,1985,32(3):377.

❷　MALANCZUK P. Humanitarian intervention and the legitimacy of the use of force[M].Amsterdam:Het Spinhuis,1993:11.

❸　RUSSETT B,SUTTERLIN J S. The UN in a new world order[J].Foreign Affairs,1991(1):69.

❹　伯根索尔.国际人权法概论[M].潘维煌,顾世荣,译.北京:中国社会科学出版社,1995:2-3.

为以后的人道主义干涉行动打开了大门。"❶ 此外，根据《联合国宪章》第二条第四款的狭义解释，宪章不禁止基于人道方面的必要情势而使用武力。唐纳利认为该条文不应解释成绝对禁止使用武力——只要人道主义干涉不是以直接危害他国的领土完整或政治独立为目的，则干涉就不在禁用武力范围之内。❷

上面对《联合国宪章》有关干预例外的分析，旨在说明经安理会授权，以联合国名义进行的人道主义干预在绝大多数情况下能得到大多数国家的支持。❸ 也就是说，获得联合国安理会批准的人道主义干预毋庸置疑是合法的。此外，还要必须考虑到单边人道主义干预的合法性问题。单边人道主义干预可以分为两种，一种是联合国授权的形式多边、实质单边的行动，比如美国主导的针对伊拉克的海湾战争。这种单边人道主义干预必须符合主权的合理公正行使，有一定的限度。单边干预就是为使别国人民免遭超出限度的专横和持续的虐待而单边的正当使用的强制行动。这种建立在《联合国宪章》基础之上的强制性行动，在当前更多的是一种"集体强制行动或联盟的行动"。"《联合国宪章》第七章规定的集体措施，是构成国际罪行的责任形式。"❹迈克尔·史密斯指出，后冷战时代人道主义危机的出现，使国际社会各个层次的行为体面临或保持沉默或采取行动的选择，进行干预，在必要时使用武装力量，是对集体行动的一种改进，使集体行动在符合当代变化了的实践的基础上更为合理化。❺ 这种集体行动的确符合《联合国宪章》第42条规定，即"此项行动须包括联合国会员国之空海陆军示威、封锁及其他军事举动"。安理会有

❶ EVNAS G,SALLNOUN M. Intervention and state sovereignty:Breaking new ground[J].Global Governance,2001,7.

❷ 唐纳利.普遍人权的理论与实践[M].王浦劬,等,译.北京:中国社会科学出版社,2001:298-299.

❸ ANSARI M H. Some reflections on the concepts of intervention,domestic jurisdiction and international obligation[J].Indian Journal of International Law,1995,35:202.

❹ WEILER J H H,CASSESE A,SPINEDI M. International crime of state:A critical analysis of the ILC's draft article 19 on state responsibility[M].Berlin:Walter de Gruyter & Co.,1988:164.

❺ SMITH M J. Humanitarian intervention revisited[J].Harvard International Review,2000,22(3).

权将它在《宪章》第七章中的权力授予联合国各会员国；具体而言，安理会在海湾战争中将其对行动的指挥和控制权授予各会员国，在法律上是可接受的。❶当然，从本质上讲，授权行动或参加授权军事行动的各国部队不是安理会的附属机构，它们不同于联合国主导的人道主义干预行动。联合国是公认的具有法律人格的国际法主体，由它本身采取的行动与经它授权而由其他国家或组织来采取的行动，具有不同的法律地位，也将引起不同的法律后果。❷

还有一种就是，未经联合国授权的单边主义行动，或者称为人道主义干预合法性的"事后追认说"。❸如果人道主义干预行动，没有获得联合国安理会的授权，那么从国际实在法上说，是违反了《联合国宪章》。但是也有一些学者认为，只要安理会默认或者事后认可了人道主义干预行动，则干预行动即为合法。比如，安理会在北约结束科索沃军事行动后默认了北约的干预行动，这种"事后追认说"表现为安理会于 1999 年 6 月 10 日通过了关于解决科索沃问题的第 1244 号决议。❹ 但是这种默认说并不能构成未经联合国授权的单边人道主义干预的合法说，因为当前只有安理会授权的干预行动，才能够是合法的。联合国前秘书长安南也在多次讲话中强调，在现有国际背景下，未经安理会授权而单边直接动用武力、采取干预行动，将危及建立在宪章基础上的国际安全体系的核心。❺ 玛莎·费丽莫对这两种不同类型的人道主义干预做了一个很好的概括，"以联合国为集体的多边人道主义干预对国家来说有着重要的用处。它增加了各国行为的透明度，从而使其他国家相信冒险主

---

❶ SAROOSHI D.The United Nations and the development of collective security[M]. Oxford：Clarendon Press，1999：153,186.

❷ AMERASINGHE C F.Principles of the Institutional Law of International Organizations[M]. Cambridge：Cambridge University Press,1996：244.

❸ 李万才.当前国际人权法面临困境的原因[J].国际关系学院学报,1999(3).

❹ FALK R A. Kosovo,world order,and the future of international law[J].The American Journal of International Law,1999,93：847-857.

❺ 吴昊.两难困境：论国际人道主义干涉[EB/OL].(2015-10-15)[2016-01-09].http://article.china-lawinfo.com/Article_Detail.asp? ArticleID=2100.

义和扩张将不会发生。单边主义的军事干预，即便是出于人道主义目的，也会引人生疑。对于干预国来说，转向不那么大公无私的目标太容易了。而且，多边主义是分担负担的一种方式，对国家来说比单边行动要廉价一些"。❶

就自然法而言，第三章已经谈到它是人道主义干预的规范与本体，这里不再赘述。但需要强调的是，自然法有两个要件：各国的重复类似行动，以及被各国普遍认为有法律约束力的。前者是"常例"，是客观的因素；后者是"法律确信"，是主观的因素。❷ 就这两方面来看，当前，的确并未形成人道主义干预的自然法规范，因为人道主义干预并未形成为国家的持久、划一的惯例，还不具备习惯法规则所要求的物质因素。❸ 但是，当前全球化和相互依赖日益加深，特别是市民社会和人权国际规范的发展，在人道主义干预方面，国际法越发具有普遍性和约束力，作为国际法上的一项制度的人道主义规范，正在孕育产生。"二战以后国际伦理与法理的正义化趋势，或者说是它们向普遍和绝对的根本伦理的某种历史回归趋势已突出地表现在国际法上面。"❹ 以《联合国宪章》为中心的当代国际法大致保留了原有的实在法，同时吸纳了不少类似于自然法的内容，"自然法与实证主义传统之间的紧张的平衡，甚至对立的关系被吸收进了国际法和《联合国宪章》之内"。❺《联合国宪章》制定以来，人道主义干预逐步强化，国际社会已经出现了19次之多的

❶ FINNEMORE M. Constructing norms of humanitarian intervention[M]// KATZENSTEIN P J.The culture of national security:Norms and identity in world politics.New York:Columbia University Press,1996:176.

❷ 王铁崖.国际法[M].北京:法律出版社,1995:14.

❸ 中国学者认为不存在人道主义干预的自然法。然而也有的中国学者认为,可能存在进行人道主义干预的必要,因此要界定人道主义干预并限制其使用条件。——王铁崖.国际法[M].北京:法律出版社,1995:113;王虎华."人道主义干涉"的国际法学批判[J].法制与社会发展,2002(3);杨泽伟.人道主义干涉在国际法中的地位[J].法学研究,2000(4);黄瑶.人道主义干涉的走向[M]//黄进,肖永平.展望21世纪国际法的发展.武汉:湖北人民出版社,2001:157-170;罗国强.人道主义干涉的国际法理论及其新发展[J].法学,2006(11).

❹ 时殷弘,沈志雄.论人道主义干涉及其严格限制[J].现代国际关系,2001(8).

❺ DUKE S. The state and human rights:Sovereignty versus humanitarian intervention[J].International Relations,1994,7(2):30.

人道主义干预行为。❶ 人道主义干预行为被联合国作为其集体安全体系的构成手段，安理会依据《联合国宪章》可以采取强制措施，这就为一种集体的人道主义干预提供了可能性。因而，从近代开始，不乏人道主义干预的事例，而且它在国际法上也具备一定的约束力。

从上面的分析可以看出，20世纪尤其二战以后国际伦理与法理的正义化趋势，或者说是它们向普遍和绝对的根本伦理的某种历史回归趋势，是人道主义干预频繁出现的部分深层原因，也是当代人道主义干预概念本身的伦理和法理依据。❷ 正义原则要求各得其所，因而每个国家的公民作为人，都应得到基本的尊严与权利，如果这种基本的合理需要被侵害，那么正义原则就会要求扬善抑恶，维护这些基本的合理需要并制止侵害行为。无论是反对派还是支持派，有关保护人权、对人道主义的维护，关系到国际和平与安全，是取得了最低限度的一致。尽管依据平等原则的要求，各国都拥有形式上平等的主权，应当互不干涉国家内政。但在国家滥用权力侵害其公民的基本尊严与权利之时，或者在国家因崩溃而无力保护其公民的基本尊严与权利之时，依据更高的正义原则，就有实行人道主义干预的必要。"当且仅当人道主义干预与保护国际人权相一致的时候，人道主义干预是合法的。"❸ 因此，作为符合自然国际法的理念，人道主义干预未来可能会发展为实在国际法上的一项制度。总之，人道主义干预是自然国际法上的一项权利，它并不因1945年《联合国宪章》的缔结而丧失其自然法效用。❹

---

❶ 这19次人道主义干预行为主要包括：1948年阿拉伯国家在巴勒斯坦的干预，1960年比利时干预刚独立的刚果，1964年比利时和美国联合干预刚果，1965年美国干预多米尼加，1971年印度出兵东巴基斯坦，1975年南非干预安哥拉内战，1976年印尼干预东帝汶，1978—1979年越南入侵柬埔寨，1978年坦桑尼亚干预乌干达，1983年美国武装干预格林纳达，1989年美国入侵巴拿马，1990年美国对利比里亚的武力干预，1991年美、英、法、加等多国部队对伊拉克北部地区的干预，1992年对索马里的干预，1993年对海地的维和干预，1994年对卢旺达种族屠杀干预，1995年对波黑的干预，1999年对东帝汶的干预，1999年以美国为首的北约空袭南斯拉夫。

❷ 周振春.人道主义干涉的国际法规制[J].集美大学学报：哲学社会科学版，2006(3).

❸ TESON F R.A Philosophy of international Law[M].New York：Westview Press，1998：56.

❹ AREND A C，BECK R J.International law and the use of force-beyond the UN charter paradigm[M]. New York：Routledge，1993：132.

（三）人道主义干预的规制性条件

美国蒙大拿大学的阿诺弗斯基认为，"如果没有军事干预，受保护的人权就失去了意义"。❶ 但是军事干预必须依据一定的标准，否则就容易被滥用。也就是说，只有通过立法使人道主义干预进一步规范化和制度化，确保一个正当合理、持续平衡、一贯高效和富有成果的制度化规范形成，才能使人道主义干预真正发挥其实现国际社会人权保障与合作、维护世界的和平与稳定的作用。

人道主义干预作为一种符合正义原则的规范制度，其存在本身是没有问题的；但是必须对人道主义干预进行制度上的规范，也就是说，人道主义干预的具体成立条件，必须通过自然国际法来做具体的分析与考量。从非完美主义的道德立场出发处理国际社会秩序和正义的关系❷，既充分关切那些遭到严重侵犯的个人基本权利，关切这些群体的正义要求，同时也关注国际社会秩序整体的稳定性，在人道主义干预上要坚持审慎的道德原则。因而，联合国合法授权的人道主义干预，应遵循以下原则。

第一，合理性原则。只有军事可制止或避免最初触发干预的屠杀或苦难，才能证明有理由采取行动。如果不能实现实际的保护，或如果进行干预的后果不能比不采取任何行动更糟糕，那么就没有理由进行军事干预了。因而，在军事干预前，须有充分的证据表明，确实存在已构成国际罪行的大规模侵害基本人权的行为。此处应明确"基本人权"仅限于"生命权、人身安全权"等；"大规模"指侵害对象是某一广泛群体。❸ 只有出现以下两种情况干预才合理：一是一国国内确实存在着大规模践踏基本人权的行为，该政府是

---

❶ ARONOFSKY D. The international legal responsibility to protect against genocide, war crimes and crimes against humanity：Why national sovereignty does not preclude its exercise[J].ILSA Journal of International & Comparative Law,2007,13(2).

❷ 克雷格,乔治.关于非完美主义的道德立场和伦理观[M].时殷弘,等,译.北京:商务印书馆,2004:387-389.

❸ 伍艳.浅议人道主义干预的立法规制[J].现代国际关系,2002(10).

这类行为的主使者或纵容者，或无力制止此类行为，并且拒绝别国或国际社会旨在制止这类行为的救助提议时；二是一国政府无力或不愿意承担保障国内广大人民最基本的生存需要的应有责任，并且同样拒绝别国或国际社会的相应的救助，以致人民的生存和起码的人身或财产安全陷于异常严重的灾难时。●

第二，合法性原则。联合国是唯一合法的决策主体。只有这一具有普遍性和权威性的国际组织才有可能对这类行动进行适当的规范。实际上，比较能够得到国际社会普遍认同的人道主义干预行动，如对索马里、海地、卢旺达、前南斯拉夫等，所依据的都是联合国安理会的决议。虽然这些行动本身也并非全无疑问，但与其他的人道主义干预行动相比，它们显然是以较为符合"联合国宗旨"的方式进行的，因而更具有合理性和合法性。"人道主义干预"的主体必须具备合法性，唯一合法和有效的干预模式是"联合国主导+授权"模式。● 只有安理会才有权决定是否需要采取人道主义干预行动。任何地区组织在处理这样的问题时，必须"与联合国之宗旨和原则符合者为限"●，"如无安全理事会之授权，不得依区域办法或区域机构来取任何执行行动"●。联合国对于干预合法性的垄断是不能逾越的，只有在安理会依《联合国宪章》第7章断定"和平之威胁""对和平之破坏或侵略行为"存在后，才能授权实施军事行动（包括人道主义干预行动）。根据联合国大会通过的关于侵略的定义的决议精神●，凡未经安理会授权而对别国采取军事干预应被视为侵略行为，应遭到国际社会的谴责和惩罚。

● 时殷弘,沈志雄.论人道主义干涉及其严格限制[J].现代国际关系,2001(8).

● 张春,潘亚玲.有关人道主义干涉的思考[J].世界政治与经济,2000(7).

● 《联合国宪章》第五十二条.(2006 – 05 – 01)[2015 – 12 – 21].http://www.un.org/chinese/aboutun/charter/chapter8.htm.

● 《联合国宪章》第五十三条.(2006 – 05 – 01)[2015 – 12 – 21].http://www.un.org/chinese/aboutun/charter/chapter8.htm.

● 1974年4月14日,联合国大国通过了有关侵略的第3314号决议,把侵略定义为"一个国家使用武力侵犯另一个国家的主权、领土完整或政治独立,或以与《联合国宪章》不符的任何其他方式使用武力"。

可见，人道主义干预应该在联合国的授权之下进行，任何单方面越过联合国而擅自发动的人道主义干预都应被视为违反国际法的行为。联合国的成立以及国际法的规范发展使得国际社会进入有秩序的"规范性社会"，如果放任一些国家和组织任意越过联合国的授权而单方面使用武力，国际社会势必再次回到无秩序的混乱局面。区域性组织（如北大西洋公约组织）并无授予"人道主义干预"的权力；在未经安理会同意的情况下，任何国家也无权发起对别国的"人道主义干预"，否则，应视为侵略行为。

第三，最大必要性原则。人道主义干预的实施，必须以其他救济手段均告无效为前提，即应遵循"救济耗尽"原则。❶ 要先明确是否适用和平手段，争取用和平手段达到目的，然后是制裁和援助，最后才是军事打击。按照《联合国宪章》的规定，只有当形势发展到足以证明已威胁到地区或全球的和平或者是侵略行为时，才能考虑和采取国际干预。除非其他所有解决手段确实得不到采用的可能，或者虽经认真采用但不能奏效，才能使用武力。武力作为解决危机的不得已的最后手段，是一条出于根本伦理且在《联合国宪章》的原则与精神中得到确认的重要准则。❷ 使用武力的人道主义干预，是破坏构成国际社会基础的国家主权最为严重的行为，因此，在采取这一行动过程中，必须做出慎重的判断，必须先行使用非强制性手段，也必须以现行制度中的人权保护的确保履行措施无以发挥作用为前提。当然，对已确认的灭绝种族的行为，有时也须展开分秒必争的武力干预而非必须穷尽非强制手段。这也就是沃尔兹的"最后的手段"，即"国家在诉诸战争之前必须用尽所有'合理、可行'的手段；谈判、威胁和经济制裁往往比战争手段更适用，因为它们更具妥协性，更有利于政治安排"。❸

第四，最小损害原则——适当性原则。使用武力的唯一目的是为了阻止

❶ SHAW M N. International law[M].Cambridge:Cambridge University Press,1997:202-203.

❷ 时殷弘,沈志雄.论人道主义干涉及其严格限制[J].现代国际关系,2001(8).

❸ WALZER M. Just and unjust wars:A moral argument with historical illustrations[M].4th ed.New York: Basic Books,2006:97-98.

大规模反人道事件的继续蔓延，干预应采取使目标国的损失尽可能小的方式，并避免不必要的、会危及目标国的主权及国内政治秩序的后果。干预行动应遵循国际人道法，并尽量减少对被干预国其他任何方面的损害。如有损害，需进行合理补偿或重建。若损害性后果是干预国所致，应责令干预国对被干预国实施经济赔偿和其他补救措施。若危害后果并非干预国过错所致，则联合国应对被干预国进行援助和适当的经济补偿。

　　第五，目标确定原则。对人道主义干预的目标应做严格、清晰并广为接受的界定，并在各目标间划分层次、保持平衡，从而限制干预的范围和程度。❶ 联合国应该对某地区发生的人道主义灾难事件及时给出评估。联合国必须对形势进行独立的、无偏见的调查，拥有自己独立的信息来源。在出现危机时，联合国应成立专门机构，收集情报和评估情势，以便安理会研究并做出决定。这样的机构应由一些独立的专家组成，并直属安理会领导。❷ 应当明确的是，由种族迫害、民族和宗教冲突等导致的"人道主义危机"，威胁到的首先是发生危机国家的人民，其邻国和所处地区可能受到的影响则包括由此引发的内战和难民问题，对整个国际社会的影响则是如果对危机坐视不管会导致道义原则和国际秩序受到挑战。就发生危机的国家、邻国及地区和国际社会所受到的不同程度的影响，可以制定不同层次的目标。干预的首要目标应是制止灾难、维护和平，而不是激化矛盾、扩大灾难，危机国家的人民更应得到的是人道主义援助，而不是成为全面制裁和军事打击的受害者。为此，能否将"取代现政权以推进人权"作为"人道主义干预"的目标之一值得深思。以"人道主义"来否定由内部民主程序产生的合法政府的合法性，不顾及危机国家多数人民的意愿，则难以达到干预的真正目的。干预的次要目标应是防止危机向邻国或地区扩散之势，国际社会在对危机做出道义上的反应时应持谨慎的态度。❸

---

❶　杨成绪.新挑战——国际关系中的"人道主义干预"[M].北京:中国青年出版社,2001:355.

❷　钱文荣.人道主义干预与国家主权——科索沃战争的教训[J].和平与发展,2000(3).

❸　杨成绪.新挑战——国际关系中的"人道主义干预"[M].北京:中国青年出版社,2001:355-356.

第六，均衡性原则。在人道主义干预的手段方面，保持外交手段、经济制裁和武装介入之间的平衡。在对人道主义灾难袖手旁观和动用武力干涉之间，寻求一条"中间道路"。人道主义干预的手段包括：大国说服或施压的政治办法；外交斡旋；经济制裁和军事干预。干预手段选择的局限性是，有的内战国家的政治、军事权力分散在各个地方军阀和交战团体手中，大国说服或施压难以奏效，全面制裁最终只能使平民受害，而"精确"制裁又无法实施。因此，即便确认外交与经济制裁对人道主义灾难无效，联合国主导的军事干预成为必需时，由于军事人员与平民混杂在一起，军事干预既危险又难以达到目的。面临这种困境时，可以通过预防性的军事部署来达到外交行动与军事威慑的相互支持和强化，军事手段备而不用，保持外交与军事的平衡。比如，联合国在索马里的强制行动，主要就是因为它没有限于人道目的的活动所需要的最小限度的强制措施，而是非常急迫地按照美国等西方发达国家的设想，试图构建新的民主制度。❶

(四) 人道主义干预具体实施机制

就人道主义干预的具体机制，应包括以下几点。

第一，规范对人道主义干预的调查程序。对人道主义危机进行公正的事实调查，是保证干预行动正义的前提。当前安理会缺乏相应的调查程序，因而完善安理会对人道主义问题进行调查的程序可以通过组织专门委员会进行，或授权其进行。由于国际组织的灵活性和无利益性的特点，调查程序可以通过人权委员会和人权事务委员会来完成。在联合国体系中，人权委员会和人权事务委员会可以接受来文申诉，并对某些国家的大规模侵犯人权事件进行调查，调查结果主要向有关国家或个人或联合国经济及社会理事会报告。在这个制度的基础之上，不妨做适度的延伸，即在该调查结果为肯定的情况下，

---

❶ FARER T. Intervention in unnatural humanitarian emergencies[J].Human Rights Quarterly,1996,18:9-13.

另向安理会提交报告，由安理会进一步审视其情势以做出相应的决议。❶ 在人权委员会和人权事务委员会查明有充分证据证明震惊人类良知的大规模、持续的侵犯人权的人道主义灾难情形已经出现或即将发生的情况下，该人道主义问题就不是在本质上属于国内管辖的事项，联合国就有权进行人道主义干预。

第二，完善采取人道主义干预行动的决策程序。可以增强联合国大会在采取人道主义干预行动的决策程序方面对安理会的影响力。"如果由国家组成的国际社会同意设立人道主义干预合法化的条件，那么从理论上来看，最适宜的方式是以联合国大会决议的形式将其明确化。"❷ 安理会"大国一致"原则和大国否决权的行使有可能会降低安理会有关人道主义干预紧急行动决议的效率，因此，可以将此类决议置于安理会制定议事规则的范畴之中，这样一来，由于是程序事项，则不适用否决权。一个可以考虑的办法是，增强联合国大会在采取人道主义干预行动的决策程序方面对安理会的影响力。《联合国宪章》第 10 条和第 11 条规定，联合国大会有广泛的讨论权和建议权；第12 条还规定，大会可以根据安理会的请求提出建议；第 30 条规定，安理会有权自行制定议事规则；根据第 27 条的规定，制定议事规则的事项属于程序事项，不适用否决权。这样，安理会可以在不适用否决权的情况下，按照制定议事规则的程序，决定是否采取人道主义干预行动应听取大会的建议。❸

第三，在巩固集体安全体制政治基础的前提下，进一步完善有关集体安全体制的法律、法规，尤其是要统一对相关概念和法律条文的解释；根据《联合国宪章》第 43 条加紧建立强制军事行动所需的军队，使联合国在维持国际和平与安全方面更加具有执行力。❶ 此外，在进行武力干预以前，也应充分发挥联合国秘书长的公正性地位，进行外交斡旋，与安理会的功能相互

---

❶ 石慧.对人道主义干涉现象的新解读——以社会学方法为研究路径[J].现代法学,2005(2).

❷ 杨泽伟.联合国改革与现代国际法:挑战、影响和作用[J].时代法学,2008(3).

❸ 肖凤城.国际法对人道主义干涉的否定与再思考[J].西安政治学院学报,2002(1).

❶ 支元.论人道主义干涉的合法性及其国际法规制[J].西北工业大学学报:社会科学版,2007(2).

补充。在发生严重的人道主义灾难之时，秘书长也可提请安理会动议。秘书长曾在斡旋一系列协议中起过关键作用，如结束两伊战争、导致苏联军队撤出阿富汗、建立柬埔寨基础广泛的联合政府、结束萨尔瓦多的长期内战。❶

第四，设立干预之后的审查及援助救济程序。干预是否达到预期目标以及被干预国造成预期外的损失，对干预后果必须进行有效的监督。联合国大会有必要对干预行动的正义性和有效性进行事后审查。对于滥用干预，肆意作为，发生巨大负面后果的情况，应由联合国和干预团体予以补偿。同时，对干预行动造成的灾难性后果（如环境污染、饥荒等），应做区别处理。若灾难性后果是干预国因过错违反国际义务所致，应责令干预国对被干预国实施经济赔偿和其他补救措施。若危害后果并非干预国过错所致，联合国则应对被干预国进行援助和适当的经济补偿，因为只有这样才能让人道主义干预达到其恢复人权、保护弱者、促进人权发展的人道主义目的，也只有这样才能真正促使国际社会以谨慎的姿态对待人道主义干预。❷

人道主义干预的前景完全取决于干预国打算用它来做什么，或更准确地说，干预国是恰当地运用还是滥用。如果国际社会想让人道主义干预作为一个在道德、政治和法律上均能接受的手段继续存在下去，那么任何国家在准备诉诸人道主义干预时，应该考虑和遵守这些最基本的规制性条件。❸

---

❶ 杨成绪.新挑战——国际关系中的"人道主义干预"[M].北京:中国青年出版社,2001:155.

❷ 伍艳.浅议人道主义干预的立法规制[J].现代国际关系,2002(10).

❸ 杨泽伟.联合国改革与现代国际法:挑战、影响和作用[J].时代法学,2008(3).

第六章　中国应对人道主义干预的基本思路

中国已成为全球化浪潮中不可或缺的重要成员，也同样会涉及人道主义干预问题。中国政府也明确提出，"发生大规模人道主义危机或大规模严重违反人权情况时，迅速采取措施加以缓解和制止，是国际社会的普遍共识和正当要求"。❶ 近年来，随着我国"一带一路"积极主动的外交实践拓展，中国政府开始积极参与国际人道主义干预规范建构，强调通过多边主义，实现国际社会的"善治"。中国应对人道主义干预，就是要处理好中国传统道德伦理和当代人道主义情怀二者之间的关系。"国不以利为利，以义为利也。"中国从传统文化中汲取精华，倡导在国际关系中践行正确义利观，在国际合作中不但注重利，更注重义。❷ 因此，人权保护和人道主义应是我们社会的基本价值诉求。"中国既是一个社会主义国家和最大的发展中国家，同时又是一个正在崛起的新兴大国，还是联合国安理会的常任理事国和在其他一些国际组织负有重要责任的国家。这些事实，决定了我们在人权、主权以及人道主义干预等问题上，要有一个既符合国家利益，又具备世界视角的看法。"❸ 中国并不排斥真正的出于人道主义的国际干预。这一点在中国支持并参加了经安理会授权和当事国赞同的对海地的维和行动以及东帝汶的人道主义干预实践中已经得到充分证明。但中国坚决反对某些国家或国家集团为了推行自己

❶　张义山在安理会发言强调：保护平民需要预防冲突［EB/OL］.（2005-12-10）［2015-12-21］.http：//news.sina.com.cn/o/2005-12-10/10477672825s.shtml.

❷　习近平主席在韩国首尔大学的演讲［EB/OL］.（2015-12-21）［2014-07-04］.http：//news.xinhuanet.com/world/2014-07-04/c_1111468087.htm.

❸　王逸舟.当代国际政治析论［M］.上海：上海人民出版社，1995：82.

的战略目标，以人道主义干预为名，未经安理会授权和当事国合法政府或冲突双方同意而采取的有"选择性的"国际干预。我们应确立对待人道主义干预的态度："比较现实而合理的选择是，在严格坚持国家主权原则基础地位的前提下，结合现实，允许一定的符合严格限制条件的人道主义干涉。"❶其次，必须对人权与主权的关系有一个认识："基本人权是不可剥夺、不可克减的权利，而国家主权也应得到尽可能的尊重。"❷历史发展到今天，我们必须谨慎地思考当代中国所面临的人道主义干预课题，对人道主义干预理论和实践进行探索，以便在更深更广的程度上融入全球化，在参与国际合作的同时维护和实现好中国的国家利益。

第一节　从科索沃到叙利亚：历史比较视野下的中国人道主义干预的立场选择

中国在人道主义干预问题上的立场确定有着多维度的复杂考虑。从科索沃危机、苏丹达尔富尔危机、中东剧变中的利比亚危机和正在发酵的叙利亚危机，中国政府一方面奉行"不干涉内政原则"；另一方面中国作为联合国安理会五大常任理事国之一，对联合国有关一国人道主义危机不得不表态，对联合国安理会讨论的对有关当事国采取外交谴责、经济制裁、武器禁运或设立禁飞区等决议内容不得不投票，如果投票赞同，还要承担相应的国际义务，比如参加联合国维和行动等。纵观中国政府在历次人道主义危机中的立场选择，呈现出多面性和复杂性特点（见表6-1）。

---

❶　沈志雄.西方学者有关人道主义干涉的理论争论评析[J].国际论坛，2003（1）.

❷　吴昊.两难困境：论国际人道主义干涉[EB/OL].（2015-10-15）[2016-01-09].http://article.china-lawinfo.com/Article_Detail.asp？ ArticleID=2100.

表 6-1　中国在联合国表决中的重要投票

投票时间	决议内容	投票情况	投票原因
1972 年	孟加拉国加入联合国决议	否决票	出于对巴基斯坦的支持，也是当时中国抗衡苏联和印度国际政治斗争需要
1972 年	巴勒斯坦和阿拉伯国家的修正案	否决票	传统的外交政策，支持阿拉伯国家的正义事业
1991 年	海湾战争 678 号决议	弃权票	基于国际社会的共同声音，反对伊拉克对科威特的武装侵略
1997 年	向危地马拉派遣联合国军事观察员的决议	否决票	危地马拉与我国台湾维持交往关系以及每年在联合国总务委员会上联署所谓要求台湾"加入"联合国的提案
1999 年	有关马其顿决议草案	否决票	马其顿政府批准与我国台湾建立往来关系
1999 年	有关政治解决科索沃问题的决议	弃权票	从国际正义的角度，政治解决科索沃问题，恢复科索沃的秩序
2001 年	向阿富汗派遣维和部队决议	赞成票	有利于维护阿富汗稳定，帮助阿富汗临时政府维护喀布尔及其他地区的和平与安全
2003 年	解除对伊拉克经济制裁决议	赞成票	解除联合国对伊拉克长达 13 年的经济制裁，对伊拉克战后经济、政治生活和联合国在其间的地位等问题进行整体规划
2004 年	联合国 1546 号决议	赞成票	结束了美英军队对伊拉克的占领，同时规定美英将国家主权交给伊拉克临时政府，决议对国际社会都具有重大的意义
2006 年	苏丹制裁草案	弃权票	在诸多具体细节尚未搞清楚、缺乏令人信服的证据的情况下，即要求结束制裁委员会的讨论，将之提交安理会采取行动，有悖于安理会多年形成的做法，也不符合制裁委员会工作指导原则
2006 年	朝鲜核问题 1718 号决议	赞成票	朝鲜民主主义人民共和国无视国际社会的普遍反对，悍然实施核试验，此举不利于东北亚地区的和平与稳定
2007 年	缅甸问题决议草案	否决票	缅甸问题本质上仍是一国内政，缅甸国内局势并未对国际与地区和平与安全构成威胁

续表

投票时间	决议内容	投票情况	投票原因
2008 年	制裁津巴布韦决议草案	否决票	干涉一国内部事务
2009 年	制裁朝鲜 1874 号决议	赞成票	朝鲜核试验危害了地区安全稳定
2011 年	制裁利比亚的第 1973 号决议	弃权票	中国政府高度重视和尊重由 22 个成员组成的阿拉伯联盟关于在利比亚设立禁飞区的相关决定
2011 年	谴责科特迪瓦内战双方造成的对人权大规模侵犯 1975 号决议	赞成票	不断升级的暴力行为严重危害科特迪瓦人民
2014 年	关于叙利亚问题 S/2014/348 号决议	否决票	应当以尊重国家司法主权为前提，草案不利于增进互信

一、科索沃危机

1998 年科索沃危机爆发后，中国政府在危机开始阶段，强调各方通过协商对话解决危机，这种外交态度是我国外交坚持不干涉内政原则前提下，外交应对灵活性的体现。但随着北约对科索沃进行军事打击，中国态度急转，指出北约对科索沃的军事行动违反了《联合国宪章》的宗旨、原则，违反了国际法准则，是对联合国和安理会权威的挑战。1999 年 3 月北约对南斯拉夫联盟共和国进行大规模的空袭，中国旗帜鲜明地表态："北约这种行为粗暴违反了《联合国宪章》和公认的国际法准则。中国政府对此表示强烈反对。"随后俄罗斯等国提出草案，要求安理会谴责北约的行径违反了《联合国宪章》，并要求北约立即停止使用武力，中国投了赞成票。同年北约轰炸中国驻南联盟大使馆后，中国对北约行径的反对和谴责更加激烈。❶

---

❶ 张旗.变革的中国与人道主义干预[J].世界经济与政治,2015(4).

二、达尔富尔危机

达尔富尔位于苏丹西部，毗邻利比亚、乍得和中非共和国，面积约 50 万平方千米，相当于法国国土面积。达尔富尔人口为 600 万人左右，主要为非洲黑人和阿拉伯人。2003 年 2 月，达尔富尔地区由黑人居民组成的"苏丹解放军"和"正义与公平运动"以政府未能保护他们免遭阿拉伯民兵袭击为由，发动了反政府的武装斗争。苏丹政府随后迅速进行武力平叛，并积极动员民兵、预备役等组织参与平叛过程，为此导致长期的暴力冲突和人道主义灾难。达尔富尔危机在美国的强力干预推动下，在 2004 年初迅速国际化。达尔富尔地区的人道主义危机，从本质上来说，是典型的苏丹社会治理危机。[1]

在危机初期，中国政府采取不干涉别国内政政策，中国在严格坚持"和平共处五项基本原则"和中非关系新达成的外交原则基础上处理苏丹达尔富尔危机。在达尔富尔危机的非盟化阶段，中国政府采取有限度的国际社会协调政策，主要对苏丹政府进行私下劝解，战略上给苏丹政府以更多时间适应局势并调整政策。在达尔富尔危机的联合国化阶段，中国积极协调，首先提出了"双轨制"和"三方机制"，来促进达尔富尔危机尽快解决，并积极与国际社会一起共同推进。[2]

从中国政府在联合国的投票分析来看，2004 年 6 月安理会决议首次涉及这一危机，至 2010 年 10 月安理会共通过 33 份相关决议。其中，中国 26 次赞成，7 次弃权，没有否决票。与科索沃危机相比，中国政府与国际社会一道共同承担维护地区稳定和保护苏丹人权的责任，而没有过分强调不干涉内政和主权原则，重点强调对人道主义和人权的关怀。[3] 达尔富尔危机是中国首次参与解决的周边地区以外的错综复杂的非传统安全危机，中国采取了极为

[1]　WAAL A D.Briefing：Darfur，Sudan：Prospects for peace[J].African Affairs，2005（1）：134.

[2]　TAYLOR L.China's oil diplomacy in Africa[J].International Affairs，2006，82（9）.

[3]　LEE P K，CHAN G，CHAN L H. China in Darfur：Humanitarian rule-maker or rule-taker？[J].Review of International Studies，2012，38.

有效的应对政策，成功地应对了该挑战。这一定程度上是因为中国对人权规范和"保护的责任"规范的内化程度加深，是中国在国际国内尊重人权、把保护人权视为"负责任大国"的应有之举。❶

三、利比亚危机

2011 年 2 月 26 日，联合国安全理事会通过了第 1970 号决议，决定对利比亚实行武器禁运并对利比亚领导人卡扎菲及其家庭主要成员进行制裁。第1970 号决议将屠杀本国上街游行民众的卡扎菲政权定为"反人类罪"，实行武器禁运和经济制裁。随着利比亚局势的恶化、暴力升级和平民伤亡的日益增多，2011 年 3 月 17 日，安理会又通过了第 1973 号决议，决定在利比亚设立禁飞区，禁止"除执行人道主义救援和撤侨任务外的所有飞机"在利比亚领空飞行，并授权成员国采取"不包括向利比亚派遣地面部队的一切必要措施"，保护利比亚平民及其居住区免受武装袭击的威胁。决议还决定对利比亚实施武器禁运和财产冻结等制裁措施，并要求利比亚冲突双方立即实现停火，寻求和平和可持续的解决方案等。第 1973 号决议在利比亚设立禁飞区，并授权外国武装力量执行禁飞任务，这又一次拓宽了合法干涉别国内政的界限。

在利比亚问题上，对于包含"将问题移交国际刑事法院、武器禁运、旅行禁令、资产冻结"等内容的第 1970 号决议，中国投了赞成票。中国政府声明，之所以投赞成票，主要是考虑到利比亚当前极为特殊的情况和阿拉伯及非洲国家的关切。而对于决定在利比亚"采取一切必要措施保护平民和设立禁飞区、强制执行武器禁运"的第 1973 号决议，中国只是投了弃权票。中国政府声明，之所以投弃权票，主要是因为中国政府高度重视和尊重由 22 个成员组成的阿拉伯联盟关于在利比亚设立禁飞区的相关决定。由此可见，在利比亚危机爆发时，中国政府同国际社会一道，受到"保护的责任"规范影响，基于对利比亚民众基本人权的保护和关怀，从人道主义立场，尊重阿盟

---

❶ 张旗.变革的中国与人道主义干预[J].世界经济与政治,2015(4).

等地区组织的倡议，对干预采取默认支持的立场。

四、叙利亚危机

2011 年年初开始，阿拉伯世界出现动荡，叙利亚政府与叙利亚反对派之间爆发了持续的冲突。叙利亚的反政府示威活动于 2011 年 1 月开始并于 2011 年 3 月升级，随后反政府示威活动演变成了武装冲突。截至 2015 年 9 月，叙利亚危机自 2011 年 3 月爆发已有四年半时间，成为西亚北非动荡中持续时间最长、牵涉利益最多的一场变革。

2011 年，对联合国关于叙利亚问题的 S/2011/612 号决议"强烈谴责叙利亚当局，威胁将采取制裁措施"，中国投了否决票。中国政府在投票后解释了否决票理由，"应充分尊重叙利亚主权；制裁或威胁使用制裁无助于问题解决"。2012 年，对联合国关于叙利亚问题的 S/2011/612 号决议"谴责叙利亚当局，要求各方立即停止暴力"，中国也投了否决票。中国政府在投票后解释了否决票理由，"片面向叙利亚政府施压无助于叙利亚问题的解决"。❶ 2014 年，对联合国关于叙利亚问题的 S/2014/348 号决议"将问题移交国际性刑事法院"，中国再次投了否决票。中国政府在投票后解释了否决票理由，"应当以尊重国家司法主权为前提，草案不利于增进互信"。

从中国政府在联合国有关叙利亚问题的投票来看，中国有关叙利亚制裁等草案与利比亚制裁草案相似，但中国都投了否决票。在叙利亚危机中，即便是阿盟极力支持和倡议的草案，中国还是予以否决。中国这种立场变化的根源就在于经过利比亚事件的检验，笼罩在"保护的责任"下的规范神话被打破，它同样也会沦为西方大国出于私利而选择性干预的幌子。"保护的责任"在利比亚的异化，使得国际社会对叙利亚的干预持谨慎态度。"北约对

---

❶　SHESTERININA A.Evolving norms of protection：China，Libya，and the problems of civilians in armed conflict［R］.Ottawa：the Canadian Political Science Association，2013.

利比亚的干预，北约行动的争议和指责使得对'保护的责任'的共识不复存在。"❶

与此同时，在叙利亚危机中，中国积极作为，推动外交解决，塑造中国形象："中国在叙利亚问题上没有私利，中国不庇护谁，也不刻意反对谁，而是秉持公正。"2012 年，中国公布解决叙利亚危机准则，"中国欢迎联合国和阿盟共同任命叙利亚危机联合特使推动政治解决危机；叙利亚政府和各派别应立即开启'不附带先决条件、不预设结果的包容性政治对话'；中国表示支持联合国在协调救援工作方面的'主导作用'；国际社会应当尊重叙利亚的'独立、主权、统一和领土完整'，为叙利亚各政治派别开启对话创造条件、提供必要建设性协助并尊重其对话结果"。自利比亚危机后，国际社会"保护的责任"进入"规范竞争阶段"，中国对导致主权更迭的强制干预，保持谨慎态度，坚决抵制。

第二节　中国对人道主义干预的对策

当前国际关系更趋复杂多变，人道主义干预和"保护的责任"也日趋规范化与硬化。❷ 如何在秩序和正义间寻求平衡是国际社会还在求索的难题，如何既不失自我道义立场，又能切实维护秩序和自身利益则是中国外交需要研究的课题。本节旨在探索中国在国际压力之下如何既维护国家利益又有益塑造负责任大国形象，如何更加有效地选择"介入"关键点，如何在回应国际诉求、推动国际合作与实现中国战略利益之间选择平衡点。

---

❶　EVANS G.The responsibility to protect after Syria and Libya[R].Melbourne：the Annual Castan Center for Human Rights Law Conference，2012.

❷　MEPHAM D，RAMSBOTHAM A.Safeguarding civilians：Delivering on the responsibility to protect in Africa [R]. London：Institute for Public Policy Research，2007：6.

一、回应人道主义干预和"保护的责任"在国际社会中扩散传播,有效选择"介入"关键点

随着中国在全球治理中的角色变化和地位提升,中国应该从维护本国国家利益出发,积极回应国际社会人道主义干预相关规范,从发展中国家的视角来丰富和完善人道主义干预体系,引导其朝着有利于国际公平正义的方向发展,推动"保护的责任"向较为谨慎的方向发展,在"人道主义介入与不干涉内政"之间找到一个适度的平衡点。"创造性介入"是一种新的积极态度,即在 21 世纪第二个十年到来之际,中国对国际事务要有更新的参与意识和手法,这种新的"创造性介入"立场,既不是对"韬光养晦"姿态及做法的抛弃,又绝非西方的干涉主义和强权政治,而是符合中国新的大国位置、国情国力和文化传统的新选择。❶

第一,积极回应人道主义干预的共有知识传播。自 2005 年在国际社会形成基本共识以来,"保护的责任"规范的传播和发展迅速。中国政府一贯赞成《联合国宪章》有关尊重人权与基本自由以及为促进人权而进行国际合作的原则。中国作为 2005 年"保护的责任"签字国,应积极参与知识的传播与重新塑造,推动预防、治理和能力建设,向更为谨慎稳妥的方向发展。"有关当事国应主动担负终止有罪不罚的责任,将肇事者绳之以法。我们鼓励当事国充分发挥国内司法机构的作用,也赞同在不损害一国主权、尊重当事方意愿的前提下提供建设性协助。"❷ 中国支持 2006 年联合国安理会通过的"关于武装冲突中保护平民的 1674 号决议",以及 2009 年联合国大会上对"保护的责任"的非正式辩论和随后的实施"保护的责任"的相关决议。❸ 无论是

---

❶ 王逸舟.创造性介入:中国外交新取向[M].北京:北京大学出版社,2011:21.

❷ 张义山在安理会发言强调:保护平民需要预防冲突[EB/OL].(2005-12-10)[2015-12-21].http://news.sina.com.cn/o/2005-12-10/10477672825s.shtml.

❸ PRANTL J,NAKANO R.Global norm diffusion in East Asia:How China and Japan implement the responsibility to protect[J].International Relations,2011,25(2):212-213.

达尔富尔危机，还是利比亚干预，都表明国际社会对中国担负起更多的国际社会责任的国际诉求更加强烈，中国应对人道主义干预应该更加积极、主动，既不能为西方的不合法干预埋下伏笔，同时又要在回应国际诉求、推动国际合作和实现中国战略利益之间选择好平衡点。具体而言，对于"保护的责任"，我国应注意以下几点。其一，需要突出当事国政府在履行人权保护方面的首要责任。主权国家应该担当起本国民众基本人权保护的最主要责任，包括联合国在内的国际社会的作用是辅助性的。其二，如果当事国政府已经不具备履行国内基本人权的保护责任时，则优先采取非暴力手段，即外交谈判、经济制裁或其他和平措施。而"介入"的时间点，应该选择在当事国人道主义灾难发生的早期抑或萌芽期，只有这样才能够真正落实到保护当事国民众的人权。其三，假如当事国因为自身人权救济能力有限，主动同意外部力量协助"介入"，那么应首先在取得联合国安理会的同意基础上，部署联合国人员对当事国国内民众人权进行保护。其四，如果联合国的力量不足以维护当地局势稳定和人权，那么联合国安理会在取得当事国同意基础上，授权某些国际组织，甚至某国承担"保护的责任"。但是这种局面的前提条件是：当事国同意；如不及时拯救，当事国人权面临大规模侵害；联合国安理会授权；干预取得效果后，及时撤离。

第二，"创造性介入"地区热点问题，在"介入"与不干涉内政之间寻找平衡点。中国要成为一个全球性大国，需要为国际社会提供更多和更全面的国际公共产品，特别是克服眼下的困难、创新性地发展传统的不干涉内政理论。❶ 通过创造性地提供国际公共产品，不仅可以避免不干涉内政，还是对不干涉内政理论和实践的新发展。如何选择创造性介入的区域和领域？由于受目前我国发展阶段和整体实力影响，介入的范围有限，在一些与中国核心利益密切相关的地区，中国可以积极发挥自身的作用，提出介入的规则和可选择方案。当然，介入的方案、规则需要深思熟虑，需要结合介入国的具

---

❶ 王逸舟.创造性介入：中国外交新取向[M].北京：北京大学出版社,2011：3.

体情况和周边国际组织以及国际社会的整体意向。比如达尔富尔危机，中国提出的"介入"原则经过多方磋商，获得国际社会一致同意，最终化解了危机。

第三，注意在创造性介入时，重点协调好与国际社会尤其是与中美关系的良性互动。随着中国的不断崛起，中美之间的关系的不确定性与可塑性增强，在统筹思考中国的全球战略定位与角色时，重点需要思考如何实现创造性介入与中美关系的良性互动，首先是要避免"中国威胁论"的可能上升，以及中国的积极主动"介入"引发国际社会尤其是美国的消极应对和战略回应。在具体做法上，可以举办两国学者共同参加的有关人道主义干预的学术研讨会，举办两国人道主义救援减灾联合实兵演练、两国海军联合护航、维护人道主义援助物资安全，反海盗合作与交流、维护和应对海上共同挑战等。例如，2015 年 4 月，中国海军帮外国撤侨，体现了"创造性介入"。海军第 19 批护航编队临沂舰，从也门亚丁湾撤离巴基斯坦、埃塞俄比亚等国在也门的公民 220 多人。外国撤离人员被临沂舰安全送至吉布提共和国的吉布提港，并得到各国使馆人员妥善安置。据统计，撤离人员中有巴基斯坦人 176 名，埃塞俄比亚人 29 名，新加坡人 5 名，意大利人 3 名，德国人 3 名，波兰人 4 名，爱尔兰人 1 名，英国人 2 名，加拿大人 1 名。此次撤离行动是中国政府首次为撤离处危险地区的外国公民采取的专门行动，充分体现了中国政府"以人为本"的外交理念和国际人道主义精神，也是中国外交一次成功的"创造性介入"。

第四，坚持"促和优先原则"。在干预和"介入"的过程当中，要增强我国的整体外交斡旋的能力，保持与当事国、当事国中的反对派、国际组织、西方大国和地区组织，尤其是有关国家的沟通、协调，采取更加积极的预防性外交，发挥劝谈、促和的建设性作用。在促和方面，可以主张坚持对话谈判，通过耐心谈判，缩小冲突双方的分歧，找到各方关切的"最大公约数"，实现争端的和平解决。当然这种对话方式花费时间可能长些，但付出代价最小，后遗症最少，最能从根本上解决问题，也最符合争端双方广大人民的长远利益。❶ 以利比亚和叙利亚干预为例，中国可以更早采取与反对派的接触，创造劝和、促谈的有利条件。2014 年，中国主动邀请叙利亚"全国对话联盟"等境内外反对派团体访华，表明中国外交已经向积极进取、加强谋划、参与治理、拓展影响的方向转变。2015 年，中国确定中东问题特使，宫小生特使指出解决叙利亚问题的几项原则：第一，当务之急是推进反恐合作；第二，政治解决是叙利亚问题的根本出路；第三，缓解人道危机刻不容缓。2016 年，中国政府任命谢晓岩为叙利亚问题特使，目的就是要更好地发挥劝和、促谈作用，更加积极地贡献中国智慧和方案，更加有效地加强同有关各方沟通协调，为推动叙利亚问题最终妥善解决发挥建设性作用。

第五，坚决维护联合国的权威，在国际法范围内推进"介入"。中国在"介入"热点地区时，要维护联合国的权威，《联合国宪章》作为当今国际社会广泛接受的国际法文件，其精神和宗旨是促进国际合作，维护世界和平。尊重介入对象国的国家主权及其人民的自主选择、遵守《联合国宪章》的外交"介入"本身就代表着中国的"创造性介入"行为获得了被介入对象国政府的认同与接受。当中国的国家利益受到直接威胁或损害时，中国进行"创造性介入"，既要维护中国的国家利益，又要得到当事国政府的认同与接受，即既维护自身利益又能获得国际合法性，只有这样，"介入"才能合理合法，才能得到当事国和国际社会认同，也才能获得成功。例如，五年来，在叙利亚问题上，始终坚持正确义利观，坚定维护《联合国宪章》的宗旨和原则，坚决反对外部干涉，坚决反对在叙利亚强制推行政权更迭，不遗余力地推动叙利亚问题政治解决。

二、增强人道主义干预国际议题设置引导能力，完善干预链条，参与行动机制制定

中国不仅是"规范的接受者"，还应努力界定"保护的责任"概念的含

---

❶ 姚匡乙.中国在中东热点问题上的新外交[J].国际问题研究,2014(6).

义以及对这个概念的实施手段,成为"规范塑造者"。伴随着当今世界全球化的发展态势和不同文明的碰撞与大面积交融,以及随着中国社会的现代化转型、市场经济的日渐发展,中国已成为一个在世界范围内有着重要影响力的大国。"作为世界大国,中国在和平与发展成为时代主题的背景下,在解决地区争端、维护世界和平、保护基本人权、促进人权进步、维护国际社会的正义等方面肩负着特别的责任。"❶ 面对 21 世纪新的发展环境,我们必须增强在国际事务中的议题设置能力,构建出具有中国话语的"保护的责任"和人道主义干预的理论新思路。"中国是'规范的塑造者'而不是'规范的接受者',期望'塑造和引导保护的责任以符合其立场和利益'。"❷ 任何国家想要避免被国际社会"边缘化",就必须积极参与国际机制,主动内化吸收其规范,改变传统的视域。在面对"保护的责任"和人道主义干预日益制度化、规范化的趋势下,必须在新的规范价值体系下,重构自己的思维方式和价值体系。如果因循守旧、保守残缺,将不利于国家大战略的实施,妨碍了国家软权力的提升和国家形象维护。应该承认,在一个充满变化的世界中,从国家的角色来说,要加快自身的国际化进程、增加人类的合作和发展、协调解决世界面临的共同问题,也有必要调整先前对人权和主权认识的绝对观念,承认某些国际干预是有利于和平和发展的,包括"保护的责任"在内的一些"准国际规范"具有共同的价值理念。近年来,国内有一些学者提出"创造性介入""负责任的保护""保护的义务"等理念❸❹❺,以替代"保护的责任",这些尝试都很好地诠释了我国学者对国际人权规范的重视,有助于提升我国在人道主义干预等方面的国际话语权。

其一,要积极增强在人道主义干预国际议题设置或引导议题的能力,建

---

❶ 齐延平.国家的人权保护责任与国家人权机构的建立[J].法制与社会发展,2005(3).

❷ JOB B,ANASTASIA S.China as a global norm-shaper:Institutionalization and implementation of the responsibility to protect[M]. New York:Oxford University Press,2014.

❸ 王逸舟.创造性介入:中国外交新取向[M].北京:北京大学出版社,2011.

❹ 阮宗泽.负责任的保护:建立更安全的世界[J].国际问题研究,2012(3).

❺ 张旗.道德的迷思与人道主义干预的异化[J].国际政治研究,2014(3).

构战略性外交话语。作为正在崛起的大国，中国学者需要努力加强与西方学者的对话，以提供更具说服力的中国声音。在"保护的责任"和人道主义干预等议题设置方面，需要跳出西方的话语框定，主动定义中国的国际定位，设置国际议题，赢得话语主动权。在具体议题内容设置方面，中国需要进一步推动人道主义干预伦理性研究，注重切入儒家思想的干预元素；用发展中国家的视角来分析国际干预的负面后果及应对措施；加强对国际干预中的选择偏见研究，加强地区性和全球性国际组织在人道主义干预中的话语及作用研究。

其二，高度重视"保护的责任"等话语主体建设的多样性问题，提升话语内容质量。就目前而言，与美国等西方国家政府与智库、大学、基金会等多元话语主体密切配合不同的是，我国在"保护的责任"等话语建构方面主体单一，体现为过度依赖政府的声音。中国有关人道主义干预等话语多为外交人员的官方政策宣示，在感情上、技术上和操作程序上与国际社会的话语模式不同，因此，在丰富性上，不容易获得国际社会的话语认同。此外，中国人道主义干预学术界、理论界相关探讨"禁区"较多，理论上的中国特色痕迹又过于明显，削弱了话语信服力。因此，需要大力培育我国有关人道主义干预的话语主体，通过智库、高校和其他学术研究机构进行相关话语研究，系统评判西方人道主义干预的话语缺陷，重点结合广大发展中国家的话语需求，提出符合国际社会大多数国家支持的中国人道主义干预话语。❶

其三，推动完善干预链条，积极参与人道主义干预行动机制的制定与设计。"中国虽坚定主张'互不干涉内政'原则，但当西方国家以'人道'为由展开干涉行动，与其消极回应、放弃话语权，不如主动利用西方话语约束其行为，确保相关行动真正有利于人道危机的解决，这也符合中国作为负责

---

❶ 陈小鼎，王亚琪.从"干涉的权利"到"保护的责任"：话语权视角下的西方人道主义干涉[J].当代亚太，2014(3).

任大国的国际形象。"❶ 中国要积极利用西方人道主义干预和"保护的责任"发展新趋势，把干预真正引向"保护人民生命基本人权"的方向，预防、做出反应和重建缺一不可。同时，在干预的前提规制、规则、程序、方式等方面提出自己的意见，更多地表达发展中国家的愿望与要求。明确人道主义危机的认定标准，在人道主义干预的手段和规模上进行严格限制与规定，坚持先以斡旋、调解为主要手段，派出部队之前必须征得当事国政府的同意与支持。

三、坚持正确的义利观，支持联合国维持和平行动，共同构建和谐世界

十八大以来，以习近平同志为总书记的党中央针对世界形势的新发展和中国外交的新任务，提出坚持"正确义利观"重要外交思想。强调外交工作中坚持正确的义利观，表明中国是世界命运共同体的重要成员，是积极参与全球治理的负责任大国。人道主义干预，尤其是"保护的责任"与联合国维和行动密切相关。国际社会对安全公共产品的需求增加，中国作为世界大国不断提供安全等方面的需求责无旁贷。当前，中国是联合国维和行动的坚定支持者和参与者。不过，中国对联合国维和行动的性质及其在维护世界和平中的作用的认识，参与维和行动的态度、广度和深度，经历了一个从新中国成立至改革开放前的否定、不参与，至冷战结束前有限度、选择性参与，再21 新世纪积极支持、不断扩大参与的演进过程。这一方面反映了中国国际地位的提高、中国世界观念的变革和中国外交行为方式的转型，也是中国面对国际期待和国际压力的一种应对。❷ "在1971 年中国恢复了联合国的合法席位之后的相当长时间里，中国是不认同联合国维和行动的。然而，随着中国改革开放的深入和与外部世界关系的变化，中国积极参与联合国维和行动。迄

---

❶ 潘亚玲.从捍卫式倡导到参与式倡导——试析中国互不干涉内政外交的新发展[J].世界经济与政治,2012(9).

❷ PRANTL J,NAKANO R.Global norm diffusion in East Asia:How China and Japan implement the responsibility to protect[J].International Relations,2011,25(2).

今我们已派出了近万人，是安理会'五常'中派出部队最多的国家之一。"❶

首先，坚持《联合国宪章》确定的维和三原则，创新维和理念，履行"保护的责任"。对于"保护的责任"的问题，中国代表在联合国维和特委会上的发言中指出，"中国政府对维和行动持一贯的立场，对具体问题应采取具体措施，如果有必要可以使用武力或按照联合国文件精神履行'保护的责任'，同时中国政府也积极践行和发展维和新理念"。2015年6月，中国常驻联合国副代表王民指出："当事国同意，中立，非自卫"的维和三原则，是确保维和行动顺利实施，保持公正性和赢得会员国支持的前提和基础，应继续加以坚持，不应动摇。

其次，中国维护行动应积极寻求国家利益与全球责任之间的平衡性。人数规模、持续时间和涵盖层次上的优势让联合国维和行动在中国的海外行动中占据着核心地位。在维和行动中发挥建设性作用不仅是大国所应承担的责任，同时也是国家利益相互依存的必然要求。❷ 国际护航打击海盗、湄公河联合执法和马航失联飞机搜救已经成为中国合理拓展国际空间的重要尝试。在这方面，维和行动为中国维和人员在复杂的气象水文、地形地貌、种族宗教环境下提高生理和心理调适能力提供了良机。可以预见，联合国维和行动与反恐合作、突发事件应急和国际救灾抢险等行动一起，将成为中国加强同国际社会交流与合作和维护世界和平稳定的重要抓手。❸

再次，更多强调多行为体共同参与的维和模式。在具体维和行动中，应以联合国、地区组织、地区大国三位一体的国际维和行动模式。重点加强联合国与区域组织的协调与合作，高度重视提高区域组织的维和能力。❹ 中国一定要加强同地区组织、地区大国和国际组织的多层次联系和合作，致力于

---

❶ 吴建民.中国外交大发展的30年[J].今日中国,2008(11).

❷ 赵磊.中国参与联合国维和行动的类型及地域分析[J].当代亚太,2009(2).

❸ 吕蕊.中国联合国维和行动25年:历程、问题与前瞻[J].国际关系研究,2015(3).

❹ TEITT S. The responsibility to protect and China's peacekeeping policy[J]. International Peacekeeping, 2011(4).

恢复维和受援国的安宁和稳定。"中国还要拓展自身维和的行动平台和行动深度，考虑将上海合作组织、中国红十字会和其他功能性志愿组织推介出去，充当中国对外维和行动的单独或平行主体，有效补充以中国政府为主体的维和行动。"❶

最后，提高维和行动的效率和维和议程设置能力，推进维和机制改革，争当维和"规范"倡导者。随着联合国维和任务正在从单一型发展到复合型，以及国际关系日趋复杂，地区冲突加剧，外部世界对维和行动需求的不断上升，传统的维和行动在很大程度上，已经无法适应一些冲突地区的实际需要。比如，在联合国维和机制上，中国提出要谨慎处理受援国制度建设和国家治理问题；开源节流，拓展联合国维和资源，提高维和行动的效率；维和部门扁平化，加强组织协调能力。此外，中国还提出消除冲突不能完全依赖于维和，应重视解决造成冲突的根源，特别是经济社会发展问题，应采取综合治理战略，促进维和行动与建设和平领域工作的协调配合，才能使有关国家真正摆脱冲突，实现长治久安。

四、塑造"负责任大国形象"，健全国内人权保障机制，维护海外利益

中国在应对人道主义干预方面，除了积极有为的外交行为外，从自身角度开展国际人权合作，完善国内人权保障体系，这些是"国际规范塑造者"应具备的条件，也是避免外部人权杂音，提升国家"软实力"，建设强大国家的需要。中国从一个近代国际体系中的受压迫者演进到今天全球化体系中的"负责任大国"，展示其良好的"负责任"国际形象至关重要。如何展示？一方面是要加强与国际社会包括人权在内的一系列合作；另一方面是要加强自身能力建设，以人为本，培育人道情愫关怀的社会文化氛围。

首先，对中国来说，要想"有所作为"，走向世界，必须加强与国际社会包括人权在内的各个层面的合作。积极参加国际人权组织，主动接受其有

---

❶　吕蕊.中国联合国维和行动 25 年：历程、问题与前瞻[J].国际关系研究,2015(3).

关人权保护的条约和宗旨。"参加多边国际组织既然是建立国际规范的前提条件，因此从策略上讲，中国就必须参加所有的国际组织。只有参与国际组织有关规则的制定和改革，才有可能使我国有关国际规范的设想得到接受。"❶自 1971 年中国政府恢复联合国合法席位以来，中国逐步参加了联合国在人权领域的诸多活动。改革开放以来，特别是冷战结束之后，中国政府加快了与国际人权机制互动的节奏，签署和批准了一系列人权公约。截至 2015 年 9月，中国已加入《经济、社会和文化权利国际公约》《消除一切种族歧视国际公约》等 27 项国际人权公约。2011 年 12 月，中国政府公布《国家人权行动计划（2012—2015 年）》，这是中国政府制定的第二个以人权为主题的国家规划，是一份落实"国家尊重和保障人权"的宪法原则、推进中国人权事业发展的行动纲领性质的政策文件。该行动计划的最后一部分提出，"有针对性地强调要加强与国际社会在人权领域的合作"。具体来说，可以加强以下几方面的国际合作：深入参与联合国人权理事会工作，推动理事会以公正、客观和非选择方式处理人权问题；认真参加人权理事会对中国的首次普遍定期审议，与各方开展建设性对话，落实合理建议；继续与联合国人权特别机制合作，答复特别机制的来函，根据接待能力并兼顾各类人权平衡的原则，考虑邀请一位特别报告员访华；继续与联合国人权高专办公室开展人权技术合作；继续加强与联合国粮农组织、教科文组织、世界卫生组织、国际劳工组织等专门机构和其他相关国际组织的交流与合作；继续在平等和相互尊重的基础上与有关国家开展双边人权对话与交流；继续参与亚太地区、次区域框架下的人权活动。❷

其次，当然，在加强国际合作的同时，也应建立健全国内人权保障机制。在中国迈向新的全球角色、创造性介入国际事务的过程中，必须承认国内还存在需要改革的诸多弊端。内外两方面的因素结合起来考虑，我们对于借鉴

❶ 阎学通.国际环境与外交思考［J］.现代国际关系,1998(8).

❷ 国家人权行动计划(2009—2010 年)［EB/OL］.(2009-04-13)［2015-12-01］.http://www.china.com.cn/policy/txt/2009-04/13/content_17594931.htm.

和超越西方的问题，就能比较、权衡，做到心中有数。❶ "一个国家能否捍卫自己的国家主权，既要看它防范外部势力干预的军事和经济实力准备得如何，又要看它国家内部的各项'健康指数'提高得怎么样。"❷ 为实现我国人权的充分发展，实现"以人为本"和人民的尊严、促进人的全面发展，加快我国人权发展，推进我国人权保障体制改革，具有一定程度必然性和紧迫性。改革国内人权机构的工作模式，建立事前预防与事后救济并行的人权保护机制，是具有一定实践意义的选择思路。此外，建立专门性的国家人权保障机构无疑是应有的选择，这既是中国进行人权保护的现实需要，也是适应人权保护国际机制发展趋势的客观要求。

最后，创新"不干涉原则"，维护好中国的海外利益。近年来，随着我国企业不断"走出去"，如何维护中国海外利益成为亟须应对的重大战略议题。维护好中国海外利益，首先需要对"不干涉原则"重新理解。为维护好海外利益，中国在一些利益攸关地区，"加大介入"力度，不仅不是对我国长期坚持的"不干涉原则"的否定，相反，它是在全球化新形势下，对这一原则的灵活丰富和发展，也是维护并提升中国爱好和平、支持正义和"负责任大国形象"的需要。因此，我国必须整合资源和实力，把硬实力转化为权力和影响力❸；积极加强国际制度的参与和改革，拓展海外利益维护的制度路径。此外，还应加强中国儒家文化的传播和交流，增强海外利益维护的文化认同。❶ 另外，除海外经济利益保护外，保护海外侨民的人身及财产安全也是维护我国海外利益的重要组成部分。当海外华侨华人遭到集体性、种族性的迫害或灾难性人权事件时，要积极吸收"保护的责任"合理因素，做出必要反应，切实维护本民族的利益，发挥一个大国的应有作用。

---

❶ 王逸舟.创造性介入:中国外交新取向[M].北京:北京大学出版社,2011:191.

❷ 王逸舟.全球政治和中国外交:探寻新的视角与解释[M].北京:世界知识出版社,2003:31.

❸ KATZENSTEIN P J,OKAWARA N. Japan,Asian-Pacific security,and the case for analytical eclecticism [J].International Security,2001,26(3):154.

❶ WEI Z Y. The literature on Chinese outward FDI[J].Multinational Business Review,2010,18(3):73-111.

总之，在一个全球化和日益多元的世界里，包括中国在内的世界各国，对包括人道主义干预在内的未来世界的发展动向，难以给出准确的预测，当我们的规则、规范和国际法，目前仍无法确定如何改善充满争议的人道主义干预的时候，"审慎原则"将变成一种国家外交的重要美德，任何其他的外交傲慢或懈怠行为都会给国家利益带来巨大的损失。

参考文献

[1] FARRE T J. Humanitarian intervention before and after 9·11: Legality and legitimacy[M]// HOLZGREFE J L, KEOHANE R O. Humanitarian intervention: Ethical, legal, and political dilemmas. New York: Cambridge University Press, 2003.

[2] 陈小鼎,王亚琪. 从"干涉的权利"到"保护的责任": 话语权视角下的西方人道主义干涉[J]. 当代亚太, 2014(3).

[3] HOFFMAN S. The politics and ethics of military intervention[J]. Survival, 1995, 37(4): 29-51.

[4] GONZALEZ-PELAEZ A, BUZAN B. A viable project of solidarism? The neglected contributions of John Vincent's basic rights initiative[J]. International Relations, 2003, 17(3): 336.

[5] VINCENT J. The factor of culture in the global international order[J]. The Yearbook of World Affairs, 1980, 34: 252-264.

[6] BROWN C. International relations theory: New normative approaches[M]. Hemel Hempstead: Harvester Wheatsheaf, 1992: 125.

[7] REUS-SMIT C. The moral purpose of the state: Culture, social identity, and institutional rationality in international relations[M]. Princeton: Princeton University Press, 2000: 30.

[8] STEDMAN S J. The new internationalists[J]. Foreign Affairs, 1993, 72(1).

[9] WHEELERS N. Saving strangers: Humanitarian intervention in international society[M]. Oxford: Oxford University Press, 2000.

[10] BULL H. Intervention in world politics[M]. Oxford: Clarendon Press, 1984: 195.

[11] VINCENT J. Grotius, human rights, and intervention[M]. Oxford: Clarendon Press, 1990: 247-252.

[12] MAYALL J. World politics: Progress and its limits[M]. New York: Polity Press, 2000: 5.

[13] ALDERSON K, HURRELL A. Hedley Bull on international society[M]. London: Macmillan Press Ltd., 2000: 27.

［14］BILKOVA V. The use of force in humanitarian intervention：Morality and practicalities［J］. Journal of International Relations and Development，2008，11（1）.

［15］EVAN G.The responsibility to protect：Ending mass atrocity crimes once and for all［R］.Washington，D.C.：Brookings Institute Press，2008：3.

［16］BELLAMY A J.Kosovo and the advent of sovereignty as responsibility［J］.Journal of Intervention and State Building，2009，3（2）：163−184.

［17］CHANDLER D.Rhetoric without responsibility，the attracts of ethic foreign policy［J］.British Journal of Politics and International Relations，2003，5（3）：295−316.

［18］ALBRIGHT M，WILLIAMSON R. The United States and R2P：From words to action［EB/OL］.（2013−07−01）［2015−12−21］.http：//www.usip.org/publications/the-united-states-and-r2p-words-action.

［19］MASSINGHAM E.Military intervention for humanitarian purposes：Does the responsibility to protect doctrine advance the legality of the use for humanitarian ends［J］.International Review of the Red Cross，2009，876.

［20］BANNON A L.The responsibility to protect：The UN world summit and the question of unilateralism［J］.Yale Law Journal，2006，115：1159−1164.

［21］BADESCU C G，WEISS T G. Misrepresenting R2P and advancing norms：An alternative spiral？［J］. International Studies Perspectives，2010，11：354−374.

［22］REBECCA J H. The responsibility to protect from document to doctrine—but what of implementation？［J］. Harvard Human Rights Journal，2006（2）：289.

［23］HOLZGREFE J L，KEOHANE R O. Humanitarian intervention：Ethical，legal and political dilemmas［M］.Cambridge：Cambridge University Press，2003.

［24］WEISS T G. Humanitarian intervention：Ideas in action［M］.Cambridge：Polity Press，2007.

［25］DANNREUTHER R. International security：The contemporary agenda［M］.Cambridge：Polity Press，2007.

［26］ORFORD A.Reading humanitarian intervention：Human rights and the use of force in international law［M］. Cambridge：Cambridge University Press，2003.

［27］WELSH J M. Humanitarian intervention and international relations［M］. Oxford：Oxford University Press，2004.

［28］ABIEW F K. Assessing humanitarian intervention in the post-cold war period：Sources of consensus[J].International Relations,1998:14(2):73.

[29] FIALA A. The just war myth:The moral illusions of war[M].New York:Rowman & Littlefield Publishers Inc.,1998.

[30] FIXDAL M. Humanitarian intervention and just war[J].Mershon International Studies Review, 1998,42(2):283-312.

[31] RAMSBOTHAM O,WOODHOUSE T. Humanitarian intervention in contemporary conflict[M]. New York:Polity Press,1996.

[32] LEVITT J.Humanitarian intervention by regional actor in internal conflicts:The cases of ECOWAS in Liberia and Sierra Leone[J].Temple International & Comparative Law Journal,1998,12 (2):333.

[33] GIZELIS T I, Kosek K. Why humanitarian succeed or fail:The role of local participation[J].Co-operation and Conflict,2005,40(4):363-383.

[34] 周琪.人权与外交——人权与外交国际研讨会论文集[M].北京:时事出版社,2002: 331-351.

[35] BARNETT M N.The United Nations and global security:The norm is mightier than the sword[J]. Ethics & International Affairs,1995(9):37.

[36] LONGFOR T. Things fall apart:State failure and the politics of intervention[J].International Studies Review,1999:64.

[37] FRANK S K. NATO advanced research workshop on implementing ecological integrity[J].Restoring Regional and Global Environmental and Human Health,1999(7).

[38] 周琪.人权与主权——人权与外交国际研讨会论文集[M].北京:时事出版社,2002(1).

[39] 张蕴岭.西方新国际干预的理论与现实[M].北京:社科文献出版社,2012.

[40] 罗艳华.国际关系中的主权与人权:对两者关系的多维透视[M].北京:北京大学出版社,2005.

[41] 钱文荣.人道主义干预与国家主权——科索沃战争的教训[J].和平与发展,2000(3).

[42] 贺鉴.霸权、人权与主权:国际人权保护与国际干预研究[M].湘潭:湘潭大学出版社,2010.

[43] 李少军.干涉主义及相关理论问题[J].世界经济与政治,1999(10).

[44] 朱锋."人道主义干涉":概念、问题与困境[M]//杨成绪.新挑战——国际关系中的"人道主义干预".北京:中国青年出版社,2001:180.

[45] 邱美荣,周清."保护的责任":冷战后西方人道主义介入的理论研究[J].欧洲研究,2012

(2).

[46] 黄超."框定战略"与"保护的责任":规范扩散的动力[J].世界经济与政治,2012(9).

[47] 贾庆国.全球治理:保护的责任[M].北京:新华出版社,2014.

[48] 时殷弘,沈志雄.论人道主义干涉及其严格限制———一种侧重于伦理和法理的阐析[J].现代国际关系,2001(8).

[49] 伍艳.浅议人道主义干预的立法规制[J].现代国际关系,2002(10).

[50] 石慧.对人道主义干涉现象的新解读——以社会学方法为研究基础[J].现代法学,2005(3).

[51] 王剑虹.对"人道主义干涉"的国际法思考——兼论"人道主义干涉"的正当性与合法性问题[J].伊利教育学院学报,2013(1).

[52] 齐延平.国家的人权保护责任与国家人权机构的建立[J].法制与社会发展,2005(3).

[53] 杨泽伟.联合国改革与现代国际法:挑战、影响和作用[J].时代法学,2008(3).

[54] 杨泽伟.人道主义干涉在国际法中的地位[J].法学研究,2000(4).

[55] 朱陆民.冷战后联合国人权保护的合法性危机[J].当代世界与社会主义,2005(2).

[56] 谷盛开.西方人道主义干预理论批判与选择[J].现代国际关系,2002(6).

[57] 崔洪建."人道主义干预"的逻辑、困境及其限度[J].国际论坛,2001(1).

[58] 刘明.国际干预与国家主权[M].成都:四川人民出版社,2000.

[59] 骆明婷,刘杰."阿拉伯之春"的人道干预悖论与国际体系的碎片化[J].国际观察,2012(3).

[60] 阮宗泽.负责任的保护:建立更安全的世界[J].国际问题研究,2012(3).

[61] 陈拯."建设性介入"与"负责任的保护"——中国参与国际人道主义干预规范构建的新迹象[J].复旦国际关系评论,2013(1).

[62] 张旗.变革的中国与人道主义干预[J].世界经济与政治,2015(4).

[63] 哈斯.新干涉主义[M].殷雄,徐静,等,译.北京:新华出版社,2000.

[64] PIETERSE J N. World orders in the making:Humanitarian intervention and beyond[M].New York:Macmillan Press Ltd.,1998:1.

[65] 杨成绪.新挑战——国际关系中的"人道主义干预"[M].北京:中国青年出版社,2001:179.

[66] 戈伊科奇,卢克,马迪根.人道主义问题[M].杜丽燕,等,译.上海:东方出版社,1997:1.

[67] 坎帕纳."人道主义"一词的起源[J].沃尔堡与考陶尔德协会会刊,1946,9:60-70.

[68] 海德格尔.海德格尔选集(上卷)[M].孙周兴,译.上海:上海三联书店,1996:365.

[69] 库尔茨.保卫世俗人道主义[M].余灵灵,等,译.上海:东方出版社,1996:31.

［70］周辅成.从文艺复兴到十九世纪资产阶级哲学家政治思想家有关人道主义人性言论选辑［M］.北京：商务印书馆，1966：4-6.

［71］杜兹纳.人权的终结［M］.郭春发，译.南京：江苏人民出版社，2002：258.

［72］魏宗雷，邱桂荣，孙茹.西方"人道主义干预"理论与实践［M］.北京：时事出版社，2003：28.

［73］VERENYI L. Socratic humanism［J］.New Haven，1963（1）.

［74］The Encyclopedia of philosophy（4）［M］. New York：Macmillan and Free Press，1972：69-70.

［75］索珀.人道主义与反人道主义［M］.廖申白，杨清荣，等，译.北京：华夏出版社，1999：7.

［76］乔姆斯基.人道主义的价值［J］.马克思主义与现实，1999（6）.

［77］米尔恩.人的权利与人的多样性——人权哲学［M］.夏勇，张志铭，等，译.北京：中国大百科全书出版社，1995：158.

［78］Advisory Committee on Human Rights and Foreign Policy and Advisory Committee on Issues of International Public Law.The use of force for humanitarian purposes［R］.The Hague，1992：15.

［79］WELSH J M. Humanitarian intervention and international relations［M］.Oxford：Oxford University Press，2004：3.

［80］奈.理解国际冲突：理论与历史［M］.张小明，译.上海：上海人民出版社，2002：224-225.

［81］VINCENT R J. Non-intervention and international order［M］.New Jersey：Princeton University Press，1974：3.

［82］白桂梅，等.国际法［M］.北京：北京大学出版社，1998：47.

［83］BULL H. Intervention in world politics［M］.Oxford：Clarendon Press，1984：1.

［84］LITTLE R. Revisiting intervention：A survey of recent developments［J］.Review of International Studies，1987，13：49.

［85］FREEDMAN L. Strategic coercion：Concepts and cases［M］.Oxford：Oxford University Press，1998：2.

［86］FREEDMAN L. Military intervention in European conflicts［M］.Oxford：Blackwell，1994：1.

［87］ROSENAU J N.The concept of intervention［J］.The Journal of International Affairs，1968，22：165-176.

［88］瓦茨.奥本海国际法：第一卷第一分册［M］.王铁崖，等，译.北京：中国大百科全书出版社，1995：443.

［89］日本国际法协会.国际法辞典［M］.北京：世界知识出版社，1985：12.

［90］NYE J S，Jr. Understanding international conflicts：An introduction to theory and history［M］.

Longman,2007:149.

[91] KECK M E,SIKKINK K.Activists beyond borders:Advocacy networks in international politics [M].New York:Cornell University Press,1998:12.

[92] SCHNABEL A. Humanitarian intervention:A conceptual analysis[M] //MACFARLANE S N, EHRHART H G. Peacekeeping at a crossroads. Clementsport, NS:Canadian Peacekeeping Press, 1997:29.

[93] LAUTERPACHT H. The Grotian tradition in international law[M] //FALK R, et al. International law:A contemporary perspective.New York:Westview Press,1985:28.

[94] JENNINGS R,WATTS A. Oppenheim's international law[M].9th ed.London:Harlow Essex, 1992:430−432.

[95] VERWEY W D. Humanitarian intervention in the 1990s and beyond:An international law per-spective[M] //PIETERSE J N.World orders in the making. London:Macmillan Press Ltd., 1998:180.

[96] 周琪.人权与主权——人权与外交国际研讨会论文集[M].北京:时事出版社,2002:319.

[97] 罗玉中,万其刚,刘松山.人权与法制[M].北京:北京大学出版社,2005:655 .

[98] 时殷弘,沈志雄.论人道主义干涉及其严格限制[J].现代国际关系,2001(8).

[99] WIGHT M. Politics power[M].Harmondsworth:Penguin Books,1979:191.

[100] HOFFMANN S,et al. The ethics and politics of humanitarian intervention[M].Notre Dame: University of Notre Dame Press,1996:18.

[101] PAREKH B. Rethinking humanitarian intervention[M] //PIETERSE J N.World order in the making.New York:Macmillan Press,1998:147.

[102] 文森特.人权与国际关系[M].凌迪,等,译.北京:知识出版社,1998:10.

[103] ROBERTS A. Humanitarian war:Military intervention and human rights[J]. International Affairs,1993,69(3):429.

[104] FINNEMORE M. Constructing norms of humanitarian intervention[M] //KATZENSTEIN P J. The culture of national security:Norms and identity in world politics.New York:Columbia Uni-versity Press,1996:154.

[105] 奈.理解国际冲突:理论与历史[M].张小明,译.上海:上海人民出版社,2002:225.

[106] WELSH J M. Humanitarian intervention and international relations[M]. Oxford University Press,2004:3.

［107］ International Commission on Intervention and State Sovereignty. The responsibility to protect ［R］.Ottawa,2001.

［108］ PIETERSE J N. World orders in the making:Humanitarian intervention and beyond［M］.New York:Macmillan Press Ltd.,1998:4;42.

［109］ GRIFFITHS M,LEVINE I,WELLER M. Sovereignty and suffering［M］//HARRISS J. The Politics of humanitarian intervention.London:Pinter,1995:46-47.

［110］ MANDELBAUM M. A perfect failure［J］.Foreign Affairs,1999,78(9/10):2-5.

［111］ RAMSBOTHAM O,WOODHOUSE T. Humanitarian intervention in contemporary conflict［M］. New York:Polity Press,1996:43.

［112］ VINCENT R J. Human Rights and international relations［M］.Cambridge:Cambridge University Press,1986:127.

［113］ WALZER M. Just and unjust wars:A moral argument with historical illustrations［M］.4th ed. New York:Basic Books,2006:107.

［114］ MAYALL J. World politics:Progress and its limits［M］.New York:Polity Press,2000:131.

［115］ Jones B.Intervention without borders:Humanitarian intervention in Rrwanda,1990—1994［J］. Millenium:Journal of International Studies,1995,24(2):225-248.

［116］ SCHEFFER D J. Towards a modern doctrine of humanitarian intervention［J］.University of Toledo Law Review,1992:266.

［117］ MURPHY S D. Humanitarian intervention:The United States in an evolving world order［M］. Philadelphia:University of Pennsylvania Press,1996:11-12.

［118］ BAXTER R,LILLICH R B. Humanitarian intervention and the United Nations［M］.Charlottesville:University Press of Virginia,1973:53.

［119］ 大沼保昭.人权、国家与文明［M］.王志安,等,译.北京:生活·读书·新知三联书店, 2003:109.

［120］ 汉弗莱.国际人权法［M］.庞森,等,译.北京:世界知识出版社,1992:29.

［121］ 周琪.人权与主权——人权与外交国际研讨会论文集［M］.北京:时事出版社,2002:321.

［122］ 周桂银.中国、美国与国际论理［J］.国际政治研究,2003(4):37.

［123］ 白桂梅,龚刃韧,李鸣.国际法上的人权［M］.北京:北京大学出版社,1996:2.

［124］ 唐纳利.普遍人权的理论与实践［M］.王浦劬,等,译.北京:中国社会科学出版社, 2001:245.

［125］魏宗雷,邱桂荣,孙茹.西方"人道主义干预"理论与实践［M］.北京:时事出版社,2003:19.

［126］龚刃韧.国际法上人权保护的历史形态［J］.国际法年刊,1991:230-231.

［127］拉布金.新世界秩序中的人道主义干预:为何原有的规则更好些［M］//杨成绪.新挑战——国际关系中的"人道主义干预".北京:中国青年出版社,2001:23.

［128］魏宗雷,邱桂荣,孙茹.西方"人道主义干预"理论与实践［M］.北京:时事出版社,2003:38-50,135-190.

［129］李红云.人道主义干涉的发展与联合国［J］.北大国际法与比较法评论,2001(1).

［130］WEISS T G,COLLINS C. Humanitarian challenges and intervention:World politics and the dilemmas of help［M］.New York:Westview Press,1996:18.

［131］魏宗雷,邱桂荣,孙茹.西方"人道主义干预"理论与实践［M］.北京:时事出版社,2003:192.

［132］施莱,布塞.美国的战争——一个好战国家的编年史［M］.陶佩云,译.北京:生活·读书·新知三联书店,2006.

［133］克里斯腾森.人道主义干预的政治与道德层面［M］//周琪.人权与主权——人权与外交国际研讨会论文集.梁晓燕,等,译.北京:时事出版社,2002:339.

［134］颜旭.卢旺达大屠杀中美国政府的"不作为"政策及其原因［J］.大庆师范学院学报,2007(8):133.

［135］SAINTS D. Where does Clinton doctrine go［N］.Washington Post,1999-07-02.

［136］JOYNER C C,AREND A C.Anticipatory humanitarian intervention:An emerging legal norm?［J］.United States Air Force Academy Journal of Legal Studies,2000,10:50.

［137］PAUST J J. NATO's use of force in Yugoslavia［J］.Transnational Law Exchange,1999,2:3.

［138］CASSESE A.Are we moving towards international legitimating of forcible humanitarian countermeasures in the world community［J］. European Journa of international Law 10,1999:25.

［139］SIMMA B.NATO,the UN and the Use of Force:Legal Aspects,EJIL,1999,10(1):14.

［140］NEWMAN M. Humanitarian intervention confronting the contradictions［M］.London:Hurst Company,2009:38.

［141］吴征宇.正义战争理论的当代意义辨析［J］.现代国际关系,2004(8).

［142］KHADDUR M. War and peace in the law of Islam［M］.Baltimore:Johns Hopkins,1955:51-73.

［143］考彼尔特斯,等.战争的道德制约:冷战后局部战争的哲学思考［M］.北京:法律出版社,2003:18.

［144］CLAUDE I L. Just war doctrines and institutions［J］. Politics Science Quarterly, 1980, 95

（1）：87.

［145］徐贲.战争伦理和群体认同分歧［J］.开放时代，2003(4).

［146］阿奎那.阿奎那政治著作选［M］.马清槐，等，译.北京：商务印书馆，1997：103－127，138－140.

［147］MILLER L H.The contemporary significance of the doctrine of just war［J］.World Politics，1964，16(2)：255.

［148］魏宗雷，邱桂荣，孙茹.西方"人道主义干预"理论与实践［M］.北京：时事出版社，2003：5.

［149］DRAPER G I A D.Grotius' place in the development of legal ideas about war［M］//BULL H，ROBERTS A. Hugo Grotius and international relations. Oxford：Oxford University Press，1992：195.

［150］汉默顿.西方名著提要［M］.何宁，等，译.北京：商务印书馆，1963：114.

［151］RENGGER N.On the just war tradition in the 21st century［J］.International Affairs，2002，78(2)：356.

［152］WALZER M. Just and unjust wars：A moral argument with historical illustrations［M］.2nd ed. New York：Basic Books，1992：3.

［153］NARDIN T，MAPEL D R. Traditions of international ethics［M］. Cambridge：Cambridge University Press，1992：52－54.

［154］沃勒斯坦，布热津斯基，等.大变局：30位国际顶级学者研判后"9·11时代的世界格局"［M］.陈家刚，等，译.南昌：江西人民出版社，2002：119.

［155］登特列夫.自然法——法律哲学导论［M］.李日章，等，译.台北：台湾联经出版社，1984：3.

［156］PLATO. Republic and other works［M］.Sioux City，Iowa：Anchor Books，1973：137.

［157］西塞罗.论共和国论法律［M］.王焕生，等，译.北京：中国政法大学出版社，1997：120.

［158］CICERO. On the commonwealth［M］. New York：Macmillan Publishing Company，1976：197－216.

［159］CICERO.De Finibus Bonorum et malorum［M］. Cambridge：Harvard University Press，1941.

［160］FONTEYNE L.The customary international law doctrine of humanitarian intervention：Its current validity under the UN charter［J］.California Western International Law Journal，1974，4：214.

［161］汉默顿.西方名著提要［M］.何宁，等，译.北京：商务印书馆，1963：80－120.

［162］韩德培.人权的理论与实践［M］.武汉：武汉大学出版社，1995：969.

［163］LAUTERPACHT H.The Grotian tradition in international law［M］//MALANCZUK P.Humanitarian intervention and the legitimacy of the use of force.Amsterdam：Het Spinhuis，1993：7.

［164］ NUSSBAUM A. A concise history of the law of nations［M］. New York：The Macmillan Company，1947：276.

［165］张文显.二十世纪西方法哲学思潮研究［M］.北京：法律出版社，1998：109.

［166］DUKE S. The state and human rights：Sovereignty versus humanitarian intervention［J］.International Relations，1994，7（2）：30.

［167］罗尔斯.正义论［M］.何怀宏，等，译.北京：中国社会科学出版社，2001：61.

［168］BUCHANAN A. Justice，legitimacy，and self-determination［M］.New York：Oxford University Press，2004：15-29.

［169］BULL H. The anarchical society：A study of order in world politics［M］.New York：Columbia University Press，1977：38.

［170］VINCENT J. Human rights and international relations［M］.Cambridge：Cambridge University Press，1986：55.

［171］李强.自由主义［M］.北京：中国社会科学出版社，1998：8.

［172］施蒂纳.唯一者及其所有物［M］.金海民，等，译.北京：商务印书馆，1997：113.

［173］WEISS T G，COLLINS C. Humanitarian challenges and intervention：World politics and the dilemmas of help［M］.New York：Westview Press，1996：17.

［174］林克莱特.世界公民权［M］//伊辛，特纳.公民权研究手册.王小章，等，译.杭州：浙江人民出版社，2007：438.

［175］MILL J S. Vindication of the French revolution of February 1848：In reply to lord brougham and others［M］.New York：Haskell House，1973：379.

［176］LUBAN D.Just war and human rights［J］.Philosophy and Public Affairs，1980，9（2）：174-175.

［177］边沁.道德与立法的原理绪论［M］//周辅成.西方伦理学名著选辑（下卷）.北京：商务印书馆，1996：212.

［178］VINCENT R J. Non-intervention and international order［M］.New Jersey：Princeton University Press，1974：283.

［179］布尔.无政府社会——世界政治秩序研究［M］.张小明，等，译.北京：世界知识出版社，2003：190-206.

［180］WHEELER N J，DUNNE T. Hedley Bull's pluralism of the intellect and solidarism of the will［J］.International Affairs，1996（1）：94.

［181］ BULL H. The Grotian conception of international society［M］.London：Macmillan，2000：97.

［182］ 许嘉."英国学派"国际关系理论研究［M］.北京：时事出版社，2008：276.

［183］ VINCENT R J. Western conceptions of a universal moral order［J］.British Journal of International-al Studies，1975，4(1)：42.

［184］ VINCENT R J. Non-intervention and international order［M］.New Jersey：Princeton University Press，1974：15.

［185］ WALZER M. Just and unjust wars：A moral argument with historical illustrations［M］.4th ed. New York：Basic Books，2006：108.

［186］ BULL H. Intervention in World Politics［M］.Oxford：Oxford University Press，1984：193.

［187］ VINCENT J. Human rights and international relations［M］.Cambridge：Cambridge University Press，1986：114.

［188］ MILLER J D. The world of states［M］.London：Croom Helm，1981：16.

［189］ NEUMANN I B，WAEVER O. The future of international relations：Masters in the making？［M］.Oxford：Routledge，1997：47-49.

［190］ VINCENT J. Grotius, human rights, and intervention［M］.Oxford：Clarendon Press，1990：247-252.

［191］ DUNNE T. Inventing international society：A history of the English school［M］.Oxford：Macmil-lan，1998：143-144.

［192］ WHEELER N J，Dunne T. Hedley bull's pluralism of the intellect and solidarism of the will［J］. International Affairs，1996，72(1)：94-95.

［193］ BULL H. The anarchical society：A study of order in world politics［M］.New York：Columbia U-niversity Press，1977：22.

［194］ WHEELER N J.　Pluralist or solidarist conceptions of international society：Bull and Vincent on humanitarian intervention［J］.Etudes Internationals，1992(12)：466.

［195］ WHEELER N J. Pluralist or solidarist conceptions of international society：Bull and Vincent on humanitarian intervention［J］.MILLENNIUM，1992，21：469.

［196］ VINCENT R J. Non-intervention and international order［M］.New Jersey：Princeton University Press，1974：308.

［197］ WHEELER N J，DUNNE T. Hedley Bull's pluralism of the intellect and solidarism of the will［J］.International Affairs，1996，72/1：103-106.

[198] 吴征宇.主权、人权和人道主义干涉——评约翰·文森特的国际社会观[J].欧洲研究, 2005(1).

[199] VINCENT J. Human rights and international relations[M].Cambridge：Cambridge University Press,1986：125.

[200] VINCENT J,WILSON P. Beyond non-intervention[M]//FORBES I,HOFFMAN M.Political theory,international relations and the ethics of intervention.London：Macmillan,1993：124-125.

[201] WHEELERS N.Saving strangers：Humanitarian intervention in international society[M].Oxford：Oxford University Press,2000：39.

[202] WHEELER J,DUNNE T. Hedley Bull's pluralism of the intellect and solidarism of the will[J]. International Affairs,1996,72(1)：95.

[203] 陈志瑞,等.开放的国际社会——国际关系研究中的英国学派[M].北京：北京大学出版社,2006：473.

[204] WHEELERS N.Saving strangers：Humanitarian intervention in international society[M].Oxford：Oxford University Press,2000：34.

[205] VINCENT R J. Foreign policy and human rights：Issues and responses[M].Cambridge：Cambridge University Press,1986：104.

[206] LITTLE R. The English shool's contribution to the study of international relations[R].University of Manchester：BLSA Annual Conference,1999：3-20.

[207] 汤普森.国际思想大师——20世纪主要理论家与世界危机[M].耿协峰,译.北京：北京大学出版社,2003：68.

[208] BULL H. The great irresponsibles? The United States,the Soviet Union and world order[J].International Journal,1980,35(3)：437-447.

[209] 王逸舟.西方国际政治学：历史与理论[M].上海：上海人民出版社,1998：378.

[210] WIGHT M. International theory：The three traditions[M].New York：Home & Meier,1992：96-97；128.

[211] WATSON A. The evolution of international society：A historical comparative analysis[M].London：Routledge,1992：318.

[212] BULL H, WATSON A. The expansion of international society[M].Oxford：Clarendon Press,1984.

[213] 许嘉."英国学派"国际关系理论研究[M].北京：时事出版社,2008：288.

[214] BULL H. Martin Wight and the theory of international relations[M] // WIGHT M.International theory:The three traditions.New York:Holmes & Meier Publishers,1992:22.

[215] BULL H. International theory:The case for a classical approach[J].World Politics,1966,18(4):362.

[216] NORTHEDGE F S, GREIVE M J. A hundred years of international relations[M].New York:Praeger,1972:4.

[217] WHEELERS N. Saving strangers:Humanitarian intervention in international society[M].Oxford:Oxford University Press,2000:402.

[218] 王存刚.可借鉴的和应批判的——关于研究和学习英国学派的思考[J].欧洲研究,2005(4).

[219] 郭观桥.国际社会及其机理——赫德利·布尔的国际关系思想[J].欧洲研究,2005(4).

[220] DUNNE T. The social construction of international society[J].European Journal of International Relations,1995,1(3):16.

[221] 秦亚青.第三种文化:国际关系研究中科学与人文的契合[J].世界经济与政治,2004(1).

[222] 石斌."英国学派"国际关系理论概观[J].历史教学问题,2005(2).

[223] WIGHT M. International theory:The three traditions[M].New York:Home & Meier,1992:15.

[224] BUZAN B. From international to world society? English school theory and the social structure of globalization[M].Cambridge:Cambridge University Press,2004:20-21.

[225] FINNEMORE M. Exporting the English school? [J].Review of International Studies,2001:509-513.

[226] HOFFMANN S. Hedley Bull and his contribution to international relations[J].International Affairs,1986,62(2):188.

[227] 许嘉."英国学派"国际关系理论研究[M].北京:时事出版社,2008:287.

[228] 任东波.欧洲经验与世界历史:英国学派的封闭性与开放性[J].吉林大学学报:社科版,2007(2).

[229] VINCENT J. Hedley Bull and order in international politics[J].Journal of International Studies,1990,17(2):196.

[230] SUGANAMI H. Manning and the study of international relations[J].Review of International Studies,2001,27(1):1;100.

[231] BUZAN B. From international system to international society:Structure realism and regime

theory meet the English school［J］.International Organization，1993，47（3）：327-352.

［232］王丽萍.人道主义干预：国际政治中的理想与现实［J］.北京大学学报，2000（6）.

［233］KAPLAN M A，KATZENBACH N B. The political foundations of international law［M］. New York：John Wiley & Sons，Inc.，1961：135.

［234］邢贲思，江涛.当代西方思潮评析［J］.中国社会科学，2000（1）：3.

［235］HANS J. Morgenthau，politics among nations：The struggle for power and peace［M］.7th ed.London：McGraw Hill，2006：316.

［236］NYE J S，Jr.Understanding international conflicts：An introduction to theory and history［M］. London：Longman，2000：149.

［237］HANS J. Morgenthau，politics among nations：The struggle for power and peace［M］.7th ed.London：McGraw Hill，2006：332.

［238］农华西.经济全球化与国家主权［J］.学术论坛，2001（2）.

［239］MARITAIN J. The concept of sovereignty［J］.American Political Science Review，1950，44：344.

［240］THANSEN H B.STEPPUT F. Sovereignty bodies：Citizens，migrants，and states in the post-colonial world［M］.Oxford：Princeton University Press，2005：5.

［241］谷春德.西方法律思想史［M］.北京：中国人民大学出版社，2000：84.

［242］李强.全球化、主权国家与世界政治秩序［J］.战略与管理，2001（2）.

［243］卢明华.当代国际关系理论与实践［M］.南京：南京大学出版社，1998：12.

［244］HOFFMANN S. The problem of intervention［M］//BULL H. Intervention in world politics.Oxford：Clarendon Press，1984：11.

［245］王铁崖.国际法［M］.北京：法律出版社，1999.

［246］斯特兰奇.权力流散——世界经济中的国家与非国家权威［M］.肖宏宇，耿协峰，等，译.北京：北京大学出版社，2005.

［247］陈岳.国际政治学概论［M］.2 版.北京：中国人民大学出版社，2006：87.

［248］ORFORD A. Reading humanitarian intervention：Human rights and the use of force in international law［M］.London：Cambridge University Press，2003.

［249］HENKIN L，et al. Right vs might［M］.New York：Council on Foreign Relations Press，1989：61.

［250］李少军.论干涉主义［J］.欧洲研究，1994（6）.

［251］TESON F R. A philosophy of international law［M］.New York：Westview Press，1998：39.

［252］刘杰.论"人道主义干预的合法性问题"［M］//周琪.人权与主权——人权与外交国际研

讨会论文集.北京:时事出版社,2002:381.

[253] 吴宁铂.论"保护的责任"的国际法困境与出路——以叙利亚危机为视[J].行政与法,2015(4).

[254] 詹宁斯,瓦茨.奥本海国际法:第一卷第一分册[M].王铁崖,等,译.北京:中国大百科全书出版社,1995:308-309.

[255] HOFFMANN S,et al. The ethics and politics of humanitarian intervention[M].Notre Dame:University of Notre Dame Press,1996:42-43.

[256] TESON F. The liberal case for humanitarian intervention[M]//HOLZGREFE J L,KEOHANE R.Humanitarian intervention:Ethical,legal,and political dilemmas.Cambridge:Cambridge University Press,2003:93.

[257] GIDDENS A. Runaway world[M].New York:Routledge,2000.

[258] 杨泽伟.主权论——国际法上的主权问题及其发展趋势研究[M].北京:北京大学出版社,2006:190.

[259] ANNAN K A."WE the peoples":the role of the United Nations in the twenty-first century[EB/OL].(2010-07-01)[2015-12-21].http://iefworld.org/unsgmill.htm.2000:7,217.

[260] MILLER L H. Global order:Power and value in international politics[M].London:Westview,1985:60.

[261] GIDDENS A.The third way:The renewal of social democracy[M].London:Polity Press,1998:25.

[262] SALAMON L M. The rise of the non-profit sector[J].Foreign Affairs,1994,73(4):109.

[263] 大自由、实现人人共享的发展、安全和人权[EB/OL].(2005-06-02)[2015-12-21].http://www.un.org/chinese/largerfreedom/report.html.

[264] MURPHY S D. Humanitarian intervention:The United States in an evolving world order[M].Philadelphia:University of Pennsylvania Press,1996:11.

[265] HABERMAS J. Kants idee des ewigen friedens—ausdem historischen abstand von 200 jahren[J].Frankfurt,1996,9:7-24.

[266] 倪世雄.当代西方国际关系理论[M].上海:复旦大学出版社,2001:444.

[267] KANT I. On permanent peace[R].Cambridge:Harvard University,1984:257.

[268] 谭灵焱,李桐.人道主义干涉的定性及其国际法规制[J].财经界,2006(3).

[269] WALKER R B J. Inside/outside:International relations as political theory[M].Cambridge:Cam-

bridge University Press,1993.

[270] 周桂银.奥斯威辛、战争责任和国际关系伦理[J].世界经济与政治,2005(9).

[271] 张慧玉.透视中国参与联合国维和行动[J].思想理论教育导刊,2004(9).

[272] 董健.从主权破裂到新文明朦胧[M].北京:当代世界出版社,2002:232.

[273] DEUDNEY D,MATTHEW R. Contested grounds:Security and conflict in the environmental politics[M].New York:State University of New York Press,1998.

[274] 周振春.人道主义干涉的国际法规制[J].集美大学学报:哲学社会科学版,2006(3).

[275] 中国人权研究会.国外关于新干涉主义的部分论述,2000:5.

[276] 王铁崖.国际法[M].北京:法律出版社,1995:114.

[277] 管丽萍."人道主义干预":一个法理学的思考[J].学术探索,2005(2).

[278] HOFFMANN S,et al. The ethics and politics of humanitarian intervention[M].Notre Dame:University of Notre Dame Press,1996:23;42-43.

[279] 魏宗雷,邱桂荣,孙茹.西方"人道主义干预"理论与实践[M].北京:时事出版社,2003:79 .

[280] 熊昊.从索马里维和行动的失败看国际人道主义干预的困境[J].经济与社会发展,2007(6).

[281] 王铁崖.国际法[M].北京:法律出版社,1981:67.

[282] 王铁崖.国际法[M].北京:法律出版社,1995:113.

[283] THOMAS C. New states,sovereignty and intervention[M].London:Gower,1985:1-5.

[284] 陈志尚.霸权主义的理论根据——评所谓"人权高于主权"[N].光明日报,1999-05-28(2).

[285] WALZER M. Just and unjust wars[M].New York:Basic Books,1992:61-62.

[286] 哈斯.规制主义:冷战后的美国新战略[M].陈遥遥,荣凌,等,译.北京:新华出版社,1999:4.

[287] GLENNON M. The new interventionism:The search of a just international law[J].Foreign Affairs,1999(5/6).

[288] 杨成绪.新挑战——国际关系中的"人道主义干预"[M].北京:中国青年出版社,2001:342.

[289] RIEFF D. Slaughterhouse:Bosnia and the failure of the west [M]. New York:Simon & Schuster,1995.

[290] MANDELBAUM M. A perfect failure[J].Foreign Affairs,1999,78(5):2-8.

[291] 张旗.道德的迷思与人道主义干预的异化[J].国际政治研究,2014(3).

[292] 米尔斯海默.大国政治的悲剧[M].王义桅,唐小松,等,译.上海:上海人民出版社, 2002:59.

[293] 王琼.国际法准则与"保护的责任"兼论西方对利比亚和叙利亚的干预[J].西亚非洲,2014 (2).

[294] 丁隆.索马里冲突的根源与解决途径探析[J].西亚非洲,2007(3).

[295] 陈乐民.黑格尔的"国家理念"和国际政治[J].中国社会科学,1989(3):146.

[296] WIGHT M. International theory:The three traditions[M].New York:Home & Meier,1992: 113-115.

[297] VINCENT R J. Human rights and international relations[M].Cambridge:Cambridge University Press,1986:146.

[298] 许纪霖.全球正义与文明对话[M].南京:江苏人民出版社,2004:368.

[299] 杨成绪.新挑战——国际关系中的"人道主义干预"[M].北京:中国青年出版社, 2001:346.

[300] 大沼保昭.人权、国家与文明[M].王志安,等,译.北京:生活·读书·新知三联书店, 2003:113.

[301] HOLZGREFE J. The humanitarian intervention debate[M]//HOLZGREFE J,KEOHANE K O. Humanitarian intervention:Ethical,legand political dilemmas.Cambridge:Cambridge University Press,2003:28-29.

[302] TRAUB J. The best intentions:Kofi Annan and the UN in an era of American power[M].London:Bloomsbury,2006:99.

[303] DAVID V. The lonely pragmatist:Humanitarian intervention in an imperfect world[J].BYU Journal of Public Law,2003,18(1):1-58.

[304] NANDA V P. From paralysis in Rwanda to bold moves in Libya:Emergence of the "responsibility to protect" norm under international law-is the international community ready for it?[J]. Houston Journal of International Law,2011,34(1):25.

[305] 洛克著.政府论[M].瞿菊农,叶启芳,译.北京:商务印书馆,1982:4.

[306] VINCENT J. Grotius,human rights,and intervention[M]//BULL H,KINGSBERY B,Roberts A. Hugo Grotius and International Relations.Oxford:Oxford University Press,1990:242.

[307] SARKIN J. The role of the united nations,the African Union and Africa's sub-regional organiza-

tions in dealing with Africa's human rights problems: Connecting humanitarian intervention and the responsibility to protect[J].Journal of Africa Law,2009,53(1):8.

[308] The responsibility to protect[EB/OL].(2010-09-17)[2015-12-21].http://www.un.oi/en/preventgenocide/adviser/responsibility,shtml.

[309] 袁娟娟.从"干涉的权利"到"保护的责任"——对国家主权的重新诠释和定位[J].河北法学,2012(8).

[310] ANNAN K. Two concepts of sovereignty[J].The Economist,1999(9).

[311] 杨泽伟.主权论——国际法上的主权问题及其发展趋势研究[M].北京:北京大学出版社,2006:250.

[312] 罗国强."人道主义干涉"的国际法理论及其新发展[J].法学,2006(11).

[313] EVANS G.The Responsibility to protect:Rethinking humanitarian intervention[R].Washington DC:ASIL Proceedings of the 98th Annual Meeting,2004:79.

[314] EVANS G. The responsibility to protect:Ending mass atrocity crimes once and for all[M].Washington,D.C.:Brookings Institute Press,2008:3.

[315] 联合国威胁、挑战和改革问题高级别小组.一个更安全的世界,我们的共同责任[EB/OL].(2004-12-02)[2015-12-21].http://dacessdds.un.org/doc/UN-DOC/GEN/No4/602/30/PDF/No460230.pdf.

[316] 大自由、实现人人共享的发展、安全和人权[EB/OL].(2005-06-02)[2015-12-21].http://dacessdds.un.org/doc/UN-DOC/GEN/No5/77/PDF/No527077.pdf.

[317] HEHIR A. The responsibility to protect in international political discourse: Encouraging statement of intent or illusory platitudes?[J].The International Journal of Human Rights,2011,15(8):1343.

[318] 2005 World Summit outcome document,UN doc A/RES/60/1 (16 September 2005)[EB/OL].(2005-09-16)[2015-12-21].http://www.un.org/summit2005.

[319] BADESCU C G.Humanitarian intervention and the responsibility to protect:Security and human rights[M].Washington DC:Brookings Institution Press,2008:7-11.

[320] BADESCU C G.Humanitarian intervention and the responsibility to protect:Security and human rights[M].New York:Routledge,2010:110.

[321] 邱美荣,周清."保护的责任":冷战后西方人道主义介入的理论研究[J].欧洲研究,2012(2).

[322] BADESCU C G.Humanitarian intervention and the responsibility to protect:Security and human rights[M].Washington DC:Brookings Institution,2008.

[323] MORRIS J. Libya and Syria:R2P and the specter of the swinging pendulum[J].International Affairs,2013,89(5):1276.

[324] FROST M. Ethics in international relations:A constitutive theory[M].Cambridge:Cambridge University Press,1996.

[325] BYMAN D. Explaining the western response to the Arab Spring[J].Journal of Strategic Studiesy,2013,36(2):289-320.

[326] 曾向红,王慧婷.不同国家在"保护的责任"适用问题上的立场分析[J].世界经济与政治,2015(1).

[327] DAVIDSON J W. France,Britain and the Intervention in Libya:An integrated analysis[J].Cambridge Review of International Affairs,2013,26(2):320-325.

[328] COHEN R. Developing an international system for internally displaced persons[J].International Studies Perspectives,2006,7(2):87-101.

[329] GLANVILLE L.Intervention in Libya:From sovereign consent to regional consent[J].International Studies Perspectives,2013,14(3):329.

[330] BELLAMY A,DAVIES S. The responsibility to protect in the Asia-Pacific region[J].Security Dialogue 2009,40(6):547-573.

[331] EVANS G. Russia,Georgia and the responsibility to protect[J].Amsterdam Law Forum,2009,1(2):25.

[332] PURI H S.Permanent mission to the UN (India)[R].Hague:the General Assembly Plenary Meeting on Implementing the Responsibility to Protect,2009.

[333] 陈拯.金砖国家与"保护的责任"[J].外交评论,2015(1).

[334] Human Rights Center.The responsibility to protect:Moving the campaign forward[R].Berkeley:University of California,2007:13.

[335] BADESCU C G.Humanitarian intervention and the responsibility to protect:Security and human rights[M].Washington DC:Brookings Institution Press,2008:8.

[336] SERRANO M. The responsibility to protect and its critics:Explaining the consensus[J].Global Responsibility to Protect,2011,3:8-10.

[337] MATACONIS D. The 'responsibility to protect' doctrine after Libya[J].Outside the Beltway,

2011(9).

[338] DUNNE T, BELLAMY A. Syria and R2P[J]. Asia Pacific Centre for the Responsibility to Protect Brief,2013,3(5).

[339] Crisis alert:The responsibility to protect in Libya[EB/OL].(2011-03-17)[2015-12-21].http:// www.responsibility to protect.org/index.php/component/content/article/136-latest-news/3200-crisis-alert-the-responsibility-to-protect-in-libya.

[340] 联合国安全理事会.第1970(2011)号决议 S/RES/1970(2011)[EB/OL].(2011-02-26)[2015-12-21].http://www.un.org/chinese/aboutun/prinorgs/sc/sres/2011/s1970.htm,2011-05-20.

[341] 联合国安全理事会.第1973(2011)号决议 S/RES/1973(2011)[EB/OL].(2011-03-17)[2015-12-21].http://www.un.org/chinese/aboutun/prinorgs/sc/sres/2011/s1973.htm,2011-05-26.

[342] WYATT E.Security council calls for war criminal inquiry in Libya[N].The New York Times, 2011-02-26.

[343] KUWALI D.Responsibility to Protect:Why Libya and not Syria?[J].Policy & Practice Brief, 2012(1).

[344] BOREHAM K.Libya and R2P:The limits of responsibility[EB/OL].(2011-03-31)[2015-12-21].http://www.eastasiaforum.org/2011/03/31/libya-and-r2p-the-limits-of-responsibility/.

[345] 时殷弘.严格限制干涉的法理与武装干涉利比亚的现实[J].当代世界,2011(11).

[346] SAIRA M. Taking stock of the responsibility to protect[J].Stanford Journal of International Law,2012,48(2):339.

[347] ZVEREVA T.Sarkozy vs Qaddafi[J].International Affairs,2011,57(4):81.

[348] 汪舒明."保护的责任"与美国对外干预的新变化——以利比亚危机为个案[J].国际展望, 2012(6).

[349] 温特.国际政治的社会理论[M].秦亚青,译.上海:上海人民出版社,200:180-181.

[350] ROTHSTEIN R L. Consensual knowledge and international collaboration:Some lessons from the commodity negotiations[J].International Organization,1984,38(4):736.

[351] BELLAMY A.The responsibility to protect and international law[M].Leiden:Martinus Nijhoff Publishers,2011:7;137.

[352] MILNE A J M. Human rights and human diversity:An essay in the philosophy of human rights [M].New York:State University of New York Press,1986:1.

[353] ADLER E,HAAS P M.Conclusion:Epistemic communities,world order,and the creation of a re-

flective research program[J].International Organization,1992,46(1):383-384.

[354] WHEELER N J. The humanitarian responsibility of sovereignty:Explaining the development of a new norm of military intervention for humanitarian purposes in international society[M]// WELSH J M. Humanitarian intervention and international relations[M]. Oxford:Oxford University Press,2004:29-51.

[355] STAHN C.Responsibility to protect,political rhetoric or emerging legal norm?[J].American Journal of International Law,2007,101(1).

[356] 李杰豪,龚新连."保护的责任"法理基础析论[J].湖南科技大学学报:社会科学版,2007 (5).

[357] DAALDER I H. Beyond preemption:Force and legitimacy in a changing world[M].Washington DC:Brookings Institute Press,2007:3.

[358] CHANDLER D. Unraveling the paradox of "the responsibility to protect"[J].Irish Studies in International Affairs,2009,20:27-39.

[359] JACKSON R H. Quasi-state:Sovereignty,international relations,and the third world[M].Cambridge:Cambridge University Press,1990.

[360] WEISS T G. Humanitarian intervention:Ideas in action[M]. Cambridge:Polity Press, 2007:2001.

[361] MCCORMACK T. The responsibility to protect and the end of the western century[J].Journal of International and State Building,2010,4(1).

[362] REISMAN W M. Comment,sovereignty and human rights in contemporary international law[J]. The American Journal of International Law,1990:866-869.

[363] STAHN C.Responsibility to protect,political rhetoric or emerging legal norm?[J].American Journal of International Law,2007(1).

[364] WELSH J M. Taking consequences seriously:Objections to humanitarian intervention[M].Oxford:Oxford University Press,2004:53.

[365] EVANS G. Responsibility to protect:An idea whose time has come-and gone[N]. The Economist,2009(7).

[366] KUPERMAN A J. The moral hazard of humanitarian intervention:Lessons from the balkans[J]. International Studies,2008,52:49-80.

[367] Ensuring:Responsibility to protect,lessons from Darfur[J].Human Rights Brief,2007,2(14).

［368］BRUNNEE J，TOOPE S N. Institutions and UN reform，the responsibility to protect［J］.Journal of International Law & International Relations，2005，2(1).

［369］SAECHAO T. Natural disasters and the responsibility to protect：From chaos to clarity［J］. Brooklyn Journal of International Law，2007，32(2)：663-707.

［370］罗艳华.“保护的责任”的发展历程与中国的立场［J］.国际政治研究，2014(3).

［371］联合国人权理事会调查委员会.调查委员会：效忠卡扎菲和反对卡扎菲的部队均犯下严重罪行［EB/OL］.(2012-03-02)［2015-12-21］.http://www.un.org/zh/focus/northafrica/newsdetails.asp? newsID=17334&criteria=libya.

［372］BRETT M.Libya and the danger of humanitarian intervention［J］.Socialist Project，2011(3).

［373］丁果.联合国制裁利比亚作用有限［J］.南方人物周刊，2011(10).

［374］BELLO W. The crisis of humanitarian intervention［J］.Foreign Policy in Focus，2011(8).

［375］LOBE J. U.S.-Libya：Debate stoked over leading from behind［J］.Inter Press Service，Washington，2011(9).

［376］O'HANLON M. Libya and the Obama doctrine：How the United States won ugly［J］.Foreign Affairs，2011(8).

［377］BELASCO A.The cost of Iraq，Afghanistan，and other global war on terror operations since 9/11 ［EB/OL］.(2011-03-29)［2015-12-21］.http://fas.org/sgp/crs/natsec/RL33110.pdf.

［378］HAGUE W. EU has "intensified" sanctions against Syria［J］.The Telegraph，2012(2).

［379］BLOMFIELD A.As Bashar Al-Assad secures 90pc in referendum，Syria death toll passes 8000 ［J］.The Telegraph，2012(2).

［380］MACFARQUHAR N.Forces tighten grip in rebel city under siege［N］.The New York Times，2012-02-29.

［381］DOMBEY D.Turkish diplomacy：An attentive neighbor［J］.The Financial Times，2012(2).

［382］Clinton calls for allies of Syria to unite［J］.The Wall Street Journal，2012(2).

［383］RASLAN R. So-called free Syrian army receives weapons from the U.S. and France［EB/OL］. (2012-03-01)［2015-12-21］.http://sana.sy/eng/22/2012/03/01/403460.htm.

［384］MENON A.European defence policy from Lisbon to Libya［J］.Survival：Global Politics and Strategy，2011，53(3).

［385］SCIANNA M B.It's smart defense，stupid：The european common security and defense policy and hegemony in the 21st century［J］.The Small Wars Journal，2012(2).

［386］ MARQUAND R. How Libya's Qaddafi brought humanitarian intervention back in vogue［J］.The Christian Science Monitor,2011(3).

［387］ MICHAEL C,STEPHEN M. The myth of U. S. humanitarian intervention in Libya ［J］. International Socialist Review,2011,77(5/6).

［388］ 吕德胜.对叙动武是否会绕过联合国［N］.解放军报,2012-02-25(3).

［389］ NYE J S. Get smart:Combining hard and soft power［J］.Foreign Affairs,2009,88(4):161.

［390］ DAALDER I H,STAVRIDIS J G.NATO's victory in Libya［J］.Foreign Affairs,2012(2).

［391］ CARR J.In Tunisia,cyberwar precedes revolution［J］.The Forbes,2011(1).

［392］ Clinton H R.Internet rights and wrongs:Choices & challenges in a networked world［EB/OL］. (2011-02-15)［2015-12-21］.http://www.state.gov/secretary/rm/2011/02/156619.htm.

［393］ OBAMA B. Remarks by the president on the Middle East and North Africa［R］.Washington,D. C.:Office of the Press Secretary,2011.

［394］ BENICSAK P. Overview of private military companies［J］.A Arms Management,2012,11(2): 315-324.

［395］ WESTERN J,GOLDSTEIN J S. Humanitarian intervention comes of age［J］.Foreign Affairs, 2011,90(6):50.

［396］ ZUNES S. Libya:R2P and humanitarian intervention are concepts ripe for exploitation［J］.Foreign Policy,2011(3).

［397］ MICHAEL H. U.S. policy in Syria and Libya:Realpolitik versus "humanitarian" intervention ［J］.Geopolitics Examiner,2011(6).

［398］ VALENTINO B A.The true costs of humanitarian intervention［J］.Foreign Affairs,2011,90 (6):68.

［399］ PATRICK S. Libya and the future of humanitarian intervention［J］.Foreign Affairs,2011(8).

［400］ PATTISON J.The ethics of humanitarian intervention in Libya［J］.Ethics & International Affairs,2011,25(3):273.

［401］ 时殷弘,沈志雄.论人道主义干涉及其严格限制———一种侧重于伦理和法理的阐析［J］.现代国际关系,2001(8):57.

［402］ 李鸣.联合国安理会授权使用武力问题探究［J］.法学评论,2002(3):73.

［403］ 多国联军对利比亚军事行动或已超出联合国授权［EB/OL］.(2011-03-29)［2015-12-21］. http://news.xinhuanet.com/world/2011/03/29/c_121244433.htm.

［404］Libya,Europe and the future of NATO:Always waiting for the U.S. cavalry［J］.The Economist,2011(6).

［405］PATTISON J. The ethics of humanitarian intervention in Libya［J］.Ethics & International Affairs,2011,25(3):275.

［406］MILNE S . If the Libyan war was about saving lives,it was a catastrophic failure［N］.The Guardian,2011-10-26.

［407］时殷弘,沈志雄.论人道主义干涉及其严格限制——一种侧重于伦理和法理的阐析［J］.现代国际关系,2001(8):61.

［408］MILNE S.If the Libyan war was about saving lives,it was a catastrophic failure［N］.The Guardian,2011-10-26.

［409］ASWAL B S.NGO in The Human Rights Management［M］.New Delhi:Cyber Tech Publications,2010.

［410］PACK P. Amnesty international:An evolving mandate in a changing world［M］//HEGARTY A,LEONARD S.Human rights:An agenda for the 21st century.New York:Cavendish Publishing Limited,1999:267.

［411］ABIEW F K. Assessing humanitarian intervention in the post-cold war period:Sources of consensus［J］. International Relations,1998,14(2):70.

［412］WELCH C E.NGO and human rights:Promise and performance［M］.Philadelphia:University of Pennsylvania Press,2001:1.

［413］ATKINSON J,SCURRAH M. Globalizing social justice:The role of non-government organization in bringing about social change［M］.New York:Palgrave Macmillan,2009:240.

［414］WILLETTS P.The conscience of the world:The influence of non-government organizations in the UN system［R］.Washington D.C.:Brooking Institution,1996:15.

［415］LAVOYER J P,MARESCA L. The role of the ICRC in the development of international humanitarian law, in international negotiation［M］. Netherlands:Kluwer Law International, 1999:501-524.

［416］马长山.法治进程中的"民间治理"——民间社会组织与法治秩序关系的研究［M］.北京:法律出版社,2006:10 .

［417］WALTZ S. Human rights and reform:Changing the face of north African politics［M］. Oakland:University of California Press,1995:139.

［418］王震.它们一直在行动:中东剧变中的NGO［J］.世界知识,2012(16).

[419] ZAFER D.Aid and the Arab Spring:Why the World Bank and NGOs just don't get it[N].World-crunch,2012-02-23.

[420] WALTZ S. Making waves:The political impact of human rights groups in north Africa[J].The Journal of Modern African Studies,1991(3):504.

[421] CRYSTAL J.The human rights movement in the Arab world[J].Human Rights Quarterly,1994(3):439.

[422] AN-NA'IM A. Human rights in the arab world:A regional perspective[J].Human Rights Quarterly,2001(3):709.

[423] 吕耀军.中东非政府人权组织的特征与挑战[J].阿拉伯世界研究,2012(1).

[424] STIGLITZ J E.The Arab Spring is at risk without aid now[N].Financial Times,2011-06-06.

[425] NADIA O,et al. The Kefaya movement:A case study of a grassroots reform initiative[M].Pittsburgh:Rand Corporation,2008:14-20.

[426] SHAH A.Gulf states cast dim eye on reform after tumult[N].The New York Times,2011-04-18.

[427] 黄培昭.埃及军方突袭西人权机构[N].环球时报,2011-12-31(4).

[428] HENKIN L. Human rights:Ideology and aspiration,reality and prospect[M] //POWER S,AL-LISON G.Realizing human rights:Moving from inspiration to impact.New York:Palgrave Macmillan,2006:24.

[429] 张蕴岭.西方新国际干预的理论与现实[M].北京:社会科学文献出版社,2012:231.

[430] KANDIL H.Revolt in Egypt[J].New Left Review,2011,68:20.

[431] POLGREEN L.Arab uprisings point up flaws in global court[N].The New York Times,2012-07-07.

[432] Letter to rosoboronexport on Syrian weapons supplies[J].Human Rights Watch,2012(4).

[433] 周琪.人权与外交[M].北京:时事出版社,2002:186.

[434] STEINER H J. Diverse partners:Non-governmental organizations in the human rights movement:The report of a retreat of human rights activists[R].Boston:Harvard Law School,1991:39.

[435] EDWARDS M,HULME D.Beyond the magic bullet:NGO performance and accountability in the post-cold war world sterling[M].Sterling,VA:Kumarian Press,1996:7.

[436] BRETT R. The role and limits of human rights NGOs at the united nations[J].Political Studies,1995,43:98.

［437］NIXON R. U.S. Groups helped nurture Arab uprisings［N］.The New York Times,2011-04-14.

［438］BANDOW D.War in Libya:Barack Obama gets in touch with his inner neocon［J］.Huffpost World,2011(3).

［439］WESTER J,GOLDSTEIN J S. Humanitarian intervention comes of age［J］.Foreign Affairs, 2011,90(6):55.

［440］EVANS G. Cooperation for peace:The global agenda for the 1990's and beyond［M］.St.Leonard, NSW:Allen & Unwin,1993:99.

［441］WALZER M. On humanitarianism:Is helping others charity,or duty,or both?［J］.Foreign Affairs,2011,90(4):73.

［442］KENNEDY E A.Syria conflict:UN Secretary-General Ban Ki-Moon says unrest could have global repercussions［J］.The Huffington Post,2012(3).

［443］GLADSTONE R. UN council backs plan for ending Syria conflict［N］.The New York Times, 2012-03-21.

［444］Presidential study directive on mass atrocities.［EB/OL］.(2011-08-04)［2015-12-21］.http://www. whitehouse. gov/the-press-office/2011/08/04/presidential-study-directive-suspension-entry-immigrants-and-nonimmigran.

［445］COHEN R. Leading from behind［N］.The New York Times,2011-10-31.

［446］Syria crisis:Obama rejects U.S. military intervention［N］.BBC News,2012-03-06.

［447］张旺.国际关系规范理论的复兴［J］.世界经济与政治,2006(8).

［448］FINNEMORE M,SIKKINK K. International norm dynamic and political change［J］.International Organization,1998,52(4):887-890;896-915.

［449］VERWEY W D. Humanitarian intervention under international law［J］.Netherlands International Law Review,1985,32(3):377.

［450］MALANCZUK P. Humanitarian intervention and the legitimacy of the use of force［M］.Amsterdam:Het Spinhuis,1993:11.

［451］RUSSETT B,SUTTERLIN J S. The UN in a new world order［J］.Foreign Affairs,1991(1):69.

［452］伯根索尔.国际人权法概论［M］.潘维煌,顾世荣,译.北京:中国社会科学出版社,1995:2-3.

［453］EVNAS G,SALLNOUN M. Intervention and state sovereignty:Breaking new ground［J］.Global Governance,2001:7.

［454］唐纳利.普遍人权的理论与实践［M］.王浦劬,等,译.北京:中国社会科学出版社,2001:298-299.

［455］ANSARI M H. Some reflections on the concepts of intervention,domestic jurisdiction and international obligation［J］.Indian Journal of International Law,1995,35:202.

［456］WEILER J H H,CASSESE A,SPINEDI M. International crime of state:A critical analysis of the ILC's draft article 19 on state responsibility［M］.Berlin:Walter de Gruyter & Co.,1988:164.

［457］SMITH M J. Humanitarian intervention revisited［J］. Harvard International Review,2000,22(3).

［458］SAROOSHI D.The United Nations and the development of collective security［M］.London:Clarendon Press Oxford,1999:153;186.

［459］AMERASINHE C F.Principles of the institutional law of international organizations［M］.New York:Cambridge University Press,1996:244.

［460］李万才.当前国际人权法面临困境的原因［J］.国际关系学院学报,1999(3).

［461］FALK R A. Kosovo,world order,and the future of international law［J］.The American Journal of International Law,1999,93:847-857.

［462］吴昊.两难困境:论国际人道主义干涉［EB/OL］.(2015-10-15)［2016-01-09］.http://article.chinalawinfo.com/Article_Detail.asp? ArticleID=2100.

［463］FINNEMORE M. Constructing norms of humanitarian intervention［M］// KATZENSTEIN P J. The culture of national security:Norms and identity in world politics.New York:Columbia University Press,1996:176.

［464］王铁崖.国际法［M］.北京:法律出版社,1995:14.

［465］杨泽伟.人道主义干涉在国际法中的地位［J］.法学研究,2000(4).

［466］TESON F R.A philosophy of international law［M］.New York:Westview Press,1998:56.

［467］AREND A C,BECK R J.International law and the use of force-beyond the UN Charter Paradigm［M］.Oxford:Routledge,1993:132.

［468］克雷格,乔治.关于非完美主义的道德立场和伦理观［M］.时殷弘,等,译.北京:商务印书馆,2004:387-389.

［469］张春,潘亚玲.有关人道主义干涉的思考［J］.世界政治与经济,2000(7).

［470］《联合国宪章》第五十二条.(2006-05-01)［2015-12-21］.http://www.un.org/chinese/aboutun/charter/chapter8.htm.

[471] SHAW M N. International law[M].Cambridge：Cambridge University Press,1997：202-203.

[472] WLAZER M. Just and unjust wars：A moral argument with historical illustrations[M].4th ed. New York：Basic Books,2006：97-98.

[473] 杨成绪.新挑战——国际关系中的"人道主义干预"[M].北京：中国青年出版社,2001：355.

[474] FARER T. Intervention in unnatural humanitarian emergencies[J].Human Rights Quarterly, 1996,18：9-13.

[475] 石慧.对人道主义干涉现象的新解读——以社会学方法为研究路径[J].现代法学,2005 (2).

[476] 肖凤城.国际法对人道主义干涉的否定与再思考[J].西安政治学院学报,2002(1).

[477] 支元.论人道主义干涉的合法性及其国际法规制[J].西北工业大学学报：社会科学版, 2007(2).

[478] 张义山在安理会发言强调：保护平民需要预防冲突[EB/OL].(2005-12-10)[2015-12-21].http：//news.sina.com.cn/o/2005-12-10/10477672825s.shtml.

[479] 习近平主席在韩国首尔大学的演讲[EB/OL].(2015-12-21)[2014-07-04].http：//news.xinhuanet.com/world/2014-07/04/c_1111468087.htm.

[480] 王逸舟.当代国际政治析论[M].上海：上海人民出版社,1995：82.

[481] 沈志雄.西方学者有关人道主义干涉的理论争论评析[J].国际论坛,2003(1).

[482] 张旗.变革的中国与人道主义干预[J].世界经济与政治,2015(4).

[483] WAAL A D.Briefing：Darfur,Sudan：Prospects for peace[J].African Affairs,2005(1)：134.

[484] TAYLOR L.China's oil diplomacy in Africa[J].International Affairs,2006,82(9).

[485] LEE P K,CHAN G,CHAN L H. China in Darfur：Humanitarian rule-maker or rule-taker?[J]. Review of International Studies,2012,38.

[486] EVANS G.The responsibility to protect after Syria and Libya[R].Melbourne：the Annual Castan Center for Human Rights Law Conference,2012.

[487] MEPHAM D, RAMSBOTHAM A. Safeguarding civilians：Delivering on the responsibility to protect in Africa[R].London：Institute for Public Policy Research,2007：6.

[488] 王逸舟.创造性介入：中国外交新取向[M].北京：北京大学出版社,2011：21.

[489] PRANTL J,NAKANO R.Global norm diffusion in East Asia：How China and Japan implement the responsibility to protect[J].International Relations,2011,25(2)：212-213.

[490] 姚匡乙.中国在中东热点问题上的新外交[J].国际问题研究,2014(6).

[491] JOB B,ANASTASIA S.China as a global norm-shaper:Institutionalization and implementation of the responsibility to protect[M].Oxford:Oxford University Press,2014.

[492] 阮宗泽.负责任的保护:建立更安全的世界[J].国际问题研究,2012(3).

[493] 潘亚玲.从捍卫式倡导到参与式倡导——试析中国互不干涉内政外交的新发展[J].世界经济与政治,2012(9).

[494] PRANTL J,NAKANO R.Global norm diffusion in East Asia:How China and Japan implement the responsibility to protect[J].International Relations,2011,25(2).

[495] 吴建民.中国外交大发展的30年[J].今日中国,2008(11).

[496] 赵磊.中国参与联合国维和行动的类型及地域分析[J].当代亚太,2009(2).

[497] 吕蕊.中国联合国维和行动25年:历程、问题与前瞻[J].国际关系研究,2015(3).

[498] TEITT S. The responsibility to protect and China's peacekeeping policy[J].International Peacekeeping,2011(4).

[499] 阎学通.国际环境与外交思考[J].现代国际关系,1998(8).

[500] 国家人权行动计划(2009—2010年)[N].(2009-04-13)[2015-12-01].http://www.china.com.cn/policy/txt/2009-04/13/content_17594931.htm.

[501] 王逸舟.全球政治和中国外交:探寻新的视角与解释[M].北京:世界知识出版社,2003:31.

[502] KATZENSTEIN P J,OKAWARA N. Japan,Asian-Pacific security,and the case for analytical eclecticism[J].International Security,2001,26(3):154.

[503] WEI Z Y. The literature on Chinese outward FDI[J].Multinational Business Review,2010,18(3):73-111.